Adam Frank, Marcelo Gleiser
y Evan Thompson

EL PUNTO CIEGO

Por qué la ciencia no puede ignorar la experiencia humana

Traducción del inglés de Juan Manuel Cincunegui

editorial Kairós

Título original: The Blind Spot
Why Science Cannot Ignore Human Experience

MIT Press desea dar las gracias a las personas anónimas que han revisado los borradores de este libro. El generoso trabajo de los expertos académicos es esencial para otorgar autoridad y calidad a nuestras publicaciones. Reconocemos con gratitud las contribuciones de estos lectores que, si no, no estarían acreditados.

Revisión: Raúl Alonso

Diseño cubierta: Editorial Kairós
Fotocomposición: Grafime. 08027 Barcelona
Impresión y encuadernación: Índice. 08040 Barcelona

Primera edición: Noviembre 2024
ISBN: 978-84-1121-296-0
Depósito legal: B 17.493-2024

Este libro ha sido impreso con papel que proviene de fuentes respetuosas con la sociedad y el medio ambiente y cuenta con los requisitos necesarios para ser considerado un «libro amigo de los bosques».

Sumario

Una introducción al punto ciego

Esta vez el fuego

Escribimos este libro con un sentido de urgencia, porque creemos que nuestro futuro colectivo y el proyecto civilizatorio de la humanidad están en peligro. El éxito de la ciencia moderna en la adquisición de conocimiento y el control de la naturaleza ha sido espectacular. Pensemos, por ejemplo, en el reciente desarrollo de las vacunas de ARNm, un tipo de vacuna totalmente nuevo, con enormes implicaciones para el tratamiento de muchas enfermedades. Al mismo tiempo, aumenta el negacionismo científico y la sociedad civil se fragmenta. Lo más amenazador es que nuestra civilización científica se enfrenta a una calamidad ineludible creada por sí misma, la crisis climática planetaria. Si no somos capaces de encontrar un nuevo camino, nuestra civilización planetaria global y todos los que dependen de ella serán incapaces de hacer frente a inmensos desafíos.

Sostenemos que necesitamos, ni más ni menos, un nuevo tipo de visión científica. Desde los albores de la Ilustración, hemos recurrido de manera creciente a la ciencia para saber quiénes somos, de dónde venimos y hacia dónde vamos. En el siglo XVII comenzó a extenderse una nueva visión del mundo, íntimamente relacionada con el auge de la ciencia moderna, pero no idéntica a ella. En el siglo XIX, la ciencia se convirtió en una especie de bestia que transformó la cultura y su base material más rápidamente que en cualquier otro momento de la historia humana. Según esta visión del mundo, la naturaleza no es más que una disposición espaciotemporal cambiante de entidades físicas fundamentales. Desde este punto de vista, la mente es un conjunto físico derivado, o algo radicalmente distinto de la naturaleza. Y lo que es más importante, la ciencia da cuenta literalmente de la realidad física objetiva o, al menos, de la totalidad de los hechos físicos observables. Esta visión de la naturaleza, de la mente y de la ciencia, acabó apuntalando nuestros sistemas políticos, nuestras estructuras económicas y nuestra organización social. Pero es precisamente esta perspectiva filosófica, incluida su presencia en las propias teorías científicas, la que ahora está en crisis, como demuestra su incapacidad para explicar la mente, el significado y la consciencia, que son la fuente misma de la ciencia. Tras una larga serie de enigmas y paradojas sobre el tiempo y el cosmos, la materia y el observador, la vida y el sentido, la mente y el significado, y la naturaleza de la consciencia, que describimos en los capítulos de este libro, nos hemos quedado sin saber cómo dar sentido a nuestro propio ser y a nuestro lugar en el mundo. Peor aún, la crisis de nuestra comprensión se produce en un momento crucial de la historia en el que nos enfrentamos a múltiples retos existenciales, como el cambio climático, la destrucción del hábitat, las nuevas pandemias mundiales, la vigilancia digital y la creciente prevalencia de la inteligencia artificial, todos ellos impulsados por el éxito de la ciencia y la tecnología. La pandemia del COVID-19 ha puesto de manifiesto la urgencia de estas preocupaciones, ya que hemos experimentado la fragilidad de nuestra especie en un mundo natural con el que ya no podemos ni debemos relacionarnos simplemente como si fuera un recurso material por controlar.

Nuestra visión científica del mundo ha quedado cautiva en una contradicción imposible, lo cual hace que nuestra crisis actual sea, fundamentalmente, una crisis de sentido. Por un lado, la ciencia hace que la vida humana parezca, en última instancia, insignificante. Los grandes relatos de la cosmología y de la evolución nos caracterizan como un pequeño accidente contingente en un universo vasto e indiferente. Por otro lado, la ciencia nos muestra repetidamente que nuestra situación humana es ineludible cuando buscamos la verdad objetiva, porque no podemos salir de nuestra forma humana y alcanzar una visión de la realidad «desde el punto de vista de Dios». La cosmología nos dice que solo podemos conocer el universo y su origen desde nuestra posición interior, no desde el exterior. Vivimos dentro de una burbuja causal de información —la distancia que recorrió la luz desde el Big Bang— y no podemos saber lo que hay fuera. La física cuántica sugiere que la naturaleza de la materia subatómica no puede separarse de nuestros métodos para interrogarla e investigarla. En biología, el origen y la naturaleza de la vida y la sensibilidad siguen siendo un misterio, a pesar de los maravillosos avances en genética, evolución molecular y biología del desarrollo. En última instancia, no podemos renunciar a confiar en nuestra propia experiencia de estar vivos cuando tratamos de comprender el fenómeno de la vida. La neurociencia cognitiva insiste en este punto al indicar que no podemos comprender plenamente la consciencia sin experimentarla desde dentro. En última instancia, cada uno de estos campos queda atrapado en sus propias paradojas de lo interno frente a lo externo, y del observador frente a lo observado, lo cual conjuntamente nos enfrenta al enigma que supone intentar comprender la consciencia y la subjetividad en un universo que se suponía totalmente descriptible en términos científicos objetivos, sin referencia a la mente. Lo sorprendente de esta paradoja es que la ciencia nos dice, por un lado, que somos periféricos en el esquema cósmico de las cosas, pero también que somos fundamentales para la realidad que descubrimos. A menos que entendamos cómo surge esta paradoja y lo que significa, nunca seremos capaces de entender la ciencia como una actividad humana y seguiremos recurriendo, por defecto, a una visión de la naturaleza como algo que debemos dominar.

Cada uno de los casos que acabamos de mencionar —la cosmología y el origen del universo, la física cuántica y la naturaleza de la materia, la biología y la naturaleza de la vida, la neurociencia cognitiva y la naturaleza de la consciencia— representan algo más que un campo científico individual. En conjunto, representan los grandes relatos científicos de nuestra cultura sobre el origen y la estructura del universo, y la naturaleza de la vida y la mente. Apuntalan el proyecto en curso de una civilización científica global. Constituyen una forma moderna de *mythos*: son las historias que nos orientan y estructuran nuestra comprensión del mundo. Por estas razones, las paradojas a las que se enfrentan estos campos son más que meros rompecabezas intelectuales o teóricos. Señalan las grandes perspectivas no reconciliadas del conocedor y lo conocido, la mente y la naturaleza, la subjetividad y la objetividad, cuya fractura amenaza nuestro proyecto de civilización. Nuestras tecnologías actuales, que nos acercan cada vez más hacia amenazas existenciales, concretan esta escisión al tratar todo —incluidos, paradójicamente, la consciencia y el conocimiento mismo— como un recurso informacional objetivable y cuantificable. Es precisamente esta escisión —el divorcio entre el conocedor y lo conocido, y la supresión del conocedor en favor de lo conocido— lo que constituye nuestra crisis de sentido. La emergencia climática, que surge de tratar a la naturaleza como un simple recurso para nuestro uso es la manifestación más pronunciada y catastrófica de nuestra crisis.

En resumen, aunque hemos creado la forma de conocimiento objetivo más poderosa y exitosa de todos los tiempos, carecemos de una comprensión comparable de nosotros mismos como conocedores. Tenemos los mejores mapas de la historia, pero hemos olvidado tener en cuenta a los creadores de los mapas. A menos que cambiemos nuestra forma de navegar, nos adentraremos en el peligro y la confusión.

Lamentablemente, las tres respuestas más conocidas a la crisis de sentido de nuestra cosmovisión científica son callejones sin salida.

En primer lugar, el triunfalismo científico reafirma la supremacía absoluta de la ciencia. Sostiene que ninguna cuestión o problema está fuera del alcance del discurso científico. Se anuncia como heredero directo de la Ilustración. Pero simplifica y distorsiona a los pensadores de la Ilustración, que a menudo se mostraban escépticos ante el progreso, y tenían opiniones sutiles y sofisticadas sobre los límites de la ciencia. La concepción triunfalista de la ciencia sigue siendo estrecha y anticuada. En gran medida, se apoya en versiones problemáticas del reduccionismo —la idea de que los fenómenos complejos siempre pueden explicarse exhaustivamente en términos de fenómenos más simples— y en formas burdas de realismo —la idea de que la ciencia proporciona un relato literalmente verdadero de cómo es la realidad en sí misma, al margen de nuestras interacciones cognitivas con ella—. Su visión de la objetividad se basa en una metafísica, a menudo no reconocida, de una realidad perfectamente cognoscible y definida que existe «ahí fuera», independientemente de nuestras mentes y acciones. A menudo niega el valor de la filosofía y sostiene que una cuota mayor del mismo pensamiento estrecho y anticuado será lo que nos mostrará el camino que seguir. Como resultado, los modelos teóricos se vuelven cada vez más artificiosos y distantes de los datos empíricos, mientras que los recursos experimentales se aplican a proyectos de investigación de bajo riesgo que eluden cuestiones más fundamentales. Al igual que el espiritismo de la época victoriana y la añoranza de fantasmas, el triunfalismo científico mira hacia atrás, hacia el espíritu fantasioso de una época muerta hace mucho tiempo, lo cual no le permite proporcionar un camino hacia delante para superar los retos monumentales a los que se enfrentan la ciencia y la civilización en el siglo XXI.

Una segunda respuesta está representada por la negación de la ciencia por parte de la derecha, y el llamado posmodernismo en la izquierda. Ambos movimientos rechazan la ciencia. En particular, rechazan su capacidad para establecer verdades sobre el mundo que puedan servir de base para un mayor conocimiento, y para políticas y acciones sensatas. Peor aún, ofrecen a ciertos grupos la oportunidad de manipular la interpretación de los hechos para sus propios fines egoístas e ideológicos, difundiendo así desinformación intencionada en forma de los llamados hechos y verdades alternativos. Aunque los motivos de estos dos movimientos sin duda difieren, ambos socavan los valores de la sociedad moderna de los que ellos mismos dependen, ofreciendo a cambio escepticismo y negativismo, o desinformación intencionada.

Por último, el movimiento de la nueva era utiliza la ciencia marginal o la seudociencia para justificar ilusiones engañosas. Aunque este movimiento ha tenido menos repercusión que los demás, ha enturbiado las aguas a quienes buscamos nuevas perspectivas en el quehacer científico. Su adopción acrítica de diversas tergiversaciones de las cosmovisiones asiáticas o indígenas toma la ciencia reduccionista como norma de toda ciencia y, por tanto, no comprende las ideas y prácticas científicas de esas otras culturas.[1] En consecuencia, el diálogo constructivo con otras tradiciones culturales sobre sus prácticas epistémicas resulta raro, si no imposible.

Dado que estas tres respuestas no consiguen abordar la crisis de sentido de nuestra cosmovisión científica, ¿cómo podemos encontrar el camino que seguir? Lo primero y más importante es saber de dónde viene la crisis. Nuestro objetivo es identificar su origen, ofrecer pistas sobre un nuevo camino que seguir, y presentar una nueva perspectiva sobre algunas de las cuestiones más importantes a las que se enfrenta la ciencia actual. Estas cuestiones incluyen el tiempo y la cosmología, la física cuántica y su problema de medición, la naturaleza de la vida y la existencia sintiente, cómo funciona la mente y su relación con la IA, la naturaleza de la consciencia y, por último, el cambio climático y la entrada de la Tierra en la nueva época con forma humana llamada «Antropoceno». El abanico de temas que abarca nuestra nueva perspectiva es realmente amplio, y el panorama es igualmente expansivo. Creemos que nuestra perspectiva puede ayudar a transformar y reavivar nuestra apreciada cultura científica a medida que se enfrenta a sus mayores retos, al tiempo que reconfigura nuestra visión del mundo para un proyecto civilizatorio sostenible.

Llamamos «punto ciego» a la fuente de la actual crisis de sentido. En el corazón de la ciencia hay algo que no vemos y que hace posible la ciencia, del mismo modo que el punto ciego se encuentra en el centro de nuestro campo visual y hace posible la visión. En el punto ciego visual se encuentra el nervio óptico; en el punto ciego científico se encuentra la experiencia directa, aquello por lo que cualquier cosa aparece, se muestra o se pone a nuestra disposición. Es una condición previa para la observación, la investigación, la exploración, la medición y la justificación. Las cosas aparecen y se hacen disponibles gracias a nuestro cuerpo y a su capacidad de sentir y percibir. La experiencia directa es experiencia corporal. «El cuerpo es el vehículo del ser en el mundo», dice el filósofo francés Maurice Merleau-Ponty, pero, como veremos, la experiencia corporal directa permanece escondida en el punto ciego.[2]

La parábola de la temperatura

Para ilustrar de forma tangible lo que entendemos por «punto ciego», consideremos una idea tan familiar como la temperatura. Damos por sentado que la temperatura es una propiedad objetiva del mundo: está «ahí fuera», independiente de nosotros. Cuando somos niños en la escuela, aprendemos que el agua se congela a cero grados y hierve a cien grados centígrados. Traducimos de forma natural los informes diarios de temperatura en grados Fahrenheit o Celsius a expectativas sobre el calor o el frío que sentiremos y la ropa que tendremos que ponernos para salir a la calle. Sin embargo, destilar nuestra idea familiar de temperatura a partir de nuestras sensaciones corporales de calor y frío supuso un enorme y difícil esfuerzo científico que duró varios siglos. Hoy vemos la temperatura como una propiedad objetiva del mundo, debido a que hemos olvidado de qué modo el concepto de temperatura como cantidad física —el grado o intensidad de calor presente en un objeto— deriva de la experiencia directa del mundo a través de nuestros cuerpos. Hemos perdido de vista la experiencia vivida que subyace al concepto científico y pensamos que el concepto se refiere a algo más fundamental que nuestras sensaciones corporales. Esta forma de pensar es un ejemplo del punto ciego.

Aquí resulta útil un poco de historia de la ciencia. El punto de partida para crear la termometría (la medición de la temperatura) fueron las sensaciones corporales de frío y calor. Los científicos tuvieron que asumir que nuestra experiencia corporal es válida y puede comunicarse a los demás; de lo contrario, no habrían tenido ninguna base para construir el conocimiento científico. Se dieron cuenta de que las sensaciones de frío y de calor se correlacionaban con los cambios de volumen de los fluidos (los líquidos se dilatan con el calor) y utilizaron tubos de cristal sellados, llenos parcialmente de líquidos, como dispositivos de medición para ordenar las experiencias («fenómenos») como más calientes o más frías. Estas herramientas les permitieron determinar que ciertos fenómenos, como el punto de ebullición del agua, eran lo suficientemente constantes como para poder utilizarlos como puntos fijos para construir termómetros con escalas numéricas.[3]

Pero una vez inventados los termómetros y, por tanto, el concepto de temperatura, los científicos descubrieron que los puntos de ebullición y congelación del agua no estaban fijados con tanta precisión en el mundo natural como pensaban en un principio. En lo alto de una montaña, por ejemplo, el agua hierve a una temperatura más baja que a nivel del mar. Este descubrimiento obligó a los científicos a intervenir y controlar al máximo el contexto de sus mediciones fabricando puntos fijos reales en entornos muy artificiales y controlados. Este esfuerzo requirió la construcción de lugares especiales para secuestrar los fenómenos que estaban investigando. Los aspirantes a practicantes de la termometría tuvieron que construir lo que el filósofo de la ciencia Robert Crease llama «el taller», la infraestructura científica comunal necesaria para crear nuevos experimentos precisos junto con las herramientas para manipularlos, investigarlos y comunicarlos.[4]

Una vez que los científicos crearon el taller, utilizaron sus herramientas para redefinir los fenómenos de formas cada vez más alejadas de la experiencia directa. La invención de la termometría se produjo en ausencia de una teoría establecida de la temperatura. Pero una vez que la capacidad de medir la temperatura fue desarrollada, los científicos del siglo XIX dieron un paso más y empezaron a elaborar la teoría abstracta de la termodinámica clásica. A continuación, como si se tratara de un juego de niños, utilizaron la termodinámica para definir la temperatura de forma aún más abstracta. Ahora, la temperatura podía definirse sin hacer referencia a las propiedades de ninguna sustancia en particular. La termodinámica permitía incluso definir algo físicamente imposible: el cero absoluto, el límite ideal de temperatura en el que un sistema termodinámico carece de energía. Más tarde, todavía en el siglo XIX, los físicos idearon la mecánica estadística, dando un paso más en la abstracción, ya que la temperatura termodinámica se definió en términos microfísicos como el movimiento medio de las moléculas o los átomos.

El punto ciego llega cuando pensamos que la temperatura termodinámica es más fundamental que la experiencia corporal del frío y el calor. Esto ocurre cuando nos quedamos tan atrapados en la espiral ascendente de la abstracción y la idealización que perdemos de vista las experiencias corporales concretas que anclan las abstracciones y siguen siendo necesarias para que tengan sentido. El avance y el éxito de la ciencia nos convencieron de que debíamos restar importancia a la experiencia y dar el lugar de honor a la física matemática. Desde la perspectiva de esta cosmovisión científica, los conceptos abstractos y matemáticamente expresados de espacio, tiempo y movimiento de la física son verdaderamente fundamentales, mientras que nuestras experiencias corporales concretas son derivadas y, de hecho, a menudo quedan relegadas a la categoría de ilusión, un fantasma de los cálculos que tienen lugar en nuestros cerebros.

Esta forma de ver las cosas da lugar a un problema completamente nuevo que amplía el punto ciego: una vez que eliminamos el carácter cualitativo de la experiencia corporal del inventario de la realidad objetiva, ¿cómo vamos a dar cuenta de las sensaciones de cualidades sentidas como el frío y el calor? Se trata del conocido problema mente-cuerpo, que hoy en día recibe el nombre de «el problema difícil de la consciencia» o la «brecha explicativa» entre los fenómenos mentales y físicos.

Quitar importancia a nuestra experiencia directa del mundo perceptivo y elevar las abstracciones matemáticas a la categoría de lo verdaderamente real es un error fundamental. Cuando nos centramos únicamente en la temperatura termodinámica como una magnitud microfísica objetiva y la consideramos más fundamental que nuestro mundo perceptual, no vemos la riqueza ineludible de la experiencia que subyace y sustenta el concepto científico de temperatura. La experiencia concreta siempre desborda las representaciones científicas abstractas e idealizadas de los fenómenos. La experiencia es siempre mucho más de lo que pueden abarcar las descripciones científicas. Incluso los «observadores objetivos» que la cosmovisión científica privilegia por encima de los seres humanos reales son en sí mismos abstracciones. La incapacidad de ver la experiencia directa como fuente irreductible de conocimiento es precisamente el punto ciego.

La tragedia que nos impone el punto ciego es la pérdida de lo que es esencial para el conocimiento humano: nuestra experiencia vivida. El universo y el científico que trata de conocerlo se convierten en abstracciones sin vida. En realidad, la ciencia triunfalista carece de humanidad, aunque surja de nuestra experiencia humana del mundo. Como veremos, esta desconexión entre ciencia y experiencia, la esencia del punto ciego, se encuentra en el corazón de los muchos retos y callejones sin salida a los que se enfrenta actualmente la ciencia a la hora de pensar la materia, el tiempo, la vida y la mente.

Nuestro propósito en este libro es desenmascarar el punto ciego y ofrecer algunas orientaciones que puedan servir de alternativa a su visión incompleta y limitada de la ciencia. El conocimiento científico no es una ventana a una perspectiva incorpórea, el ojo de Dios. No nos da acceso a una realidad objetiva perfectamente cognoscible y atemporal, una «visión desde ninguna parte», según la conocida expresión del filósofo Thomas Nagel.[5] Por el contrario, toda ciencia es siempre nuestra ciencia, profunda e irreductiblemente humana, una expresión de cómo experimentamos el mundo e interactuamos con él. Pero nuestra ciencia también es siempre la ciencia del mundo, una expresión de cómo el mundo interactúa con nosotros. La ciencia se esfuerza por ser una narrativa autocorrectiva. Una narrativa científica de éxito se construye a partir de la evolución conjunta del mundo y nuestra experiencia de él.

Sondear las profundidades de la experiencia directa

No es casualidad que, mientras la ciencia ascendía por la espiral de la abstracción matemática y la idealización en los siglos XIX y XX, en la literatura y la filosofía se produjera un movimiento para sondear las profundidades ocultas de la experiencia directa. Escritores como Emily Dickinson, William Faulkner, James Joyce, Marcel Proust y Virginia Woolf describieron la corriente subjetiva del pensamiento y los sentimientos, mientras que filósofos como Henri Bergson, William James, Edmund Husserl, Susanne Langer,

Maurice Merleau-Ponty, Kitarō Nishida y Alfred North Whitehead se esforzaron por descubrir la primacía de la experiencia directa en el conocimiento.

Un momento crítico en el que estos movimientos culturales se cruzaron fue el famoso encuentro entre Henri Bergson y Albert Einstein en París el 6 de abril de 1922. Como veremos más adelante, ambos debatieron sobre la naturaleza del tiempo: Einstein insistía en que solo existe el tiempo físico mensurable y Bergson sostenía que el tiempo del reloj carece de significado aparte de la experiencia directa de la duración. La historiadora de la ciencia Jimena Canales, en *El físico y el filósofo*, considera que su enfrentamiento es emblemático de la creciente brecha cultural entre ciencia y filosofía en el siglo XX.[6] Esa brecha sigue existiendo hoy en día, a pesar de las numerosas colaboraciones amistosas entre físicos y filósofos (como este libro).

Desvelar el punto ciego puede ayudar a reparar esta brecha y la división más general entre la ciencia y la experiencia vivida. Pero más allá de desvelar el punto ciego, también necesitamos sondear las profundidades de la experiencia que oculta.

Basándonos en algunos de los filósofos que acabamos de mencionar, argumentaremos que la experiencia directa se encuentra en el corazón del punto ciego. La experiencia directa precede a la separación entre conocedor y conocido, observador y observado. Su núcleo es la pura consciencia, la sensación de ser. Está con nosotros cuando nos levantamos cada mañana y cuando nos vamos a dormir cada noche. Es fácil pasarla por alto porque está muy cerca y nos resulta familiar. Solemos prestar atención a las cosas, en lugar de fijarnos en la consciencia en sí. Sin consciencia, nada puede aparecer y convertirse en objeto de conocimiento.[7]

Los filósofos han ofrecido diversas concepciones de la experiencia directa. William James, el padre de la psicología estadounidense, y uno de los filósofos estadounidenses más influyentes del siglo XIX, hizo hincapié en la «experiencia pura», que describió como «el flujo original de la vida antes de que la reflexión la haya categorizado».[8] Un poco antes, Bergson escribió sobre la experiencia de la «duración», la intuición consciente inmediata del paso o flujo del tiempo. El filósofo japonés del siglo XX Kitarō Nishida se inspiró en Bergson y James, pero revisó sus ideas a la luz de la filosofía budista y su experiencia de la práctica de la meditación zen.[9] Nishida describió la experiencia pura como la experiencia directa no mediada por la división entre sujeto y objeto. Otros filósofos han utilizado palabras como *intuición*, *sensación* y *campo fenoménico* para referirse a este tipo de experiencia inmediata o modo de presencia. Nishida, en sus últimos escritos, utilizó el término *acción-intuición* para subrayar que la experiencia directa no es pasiva e incorpórea; ser consciente es ya actuar con nuestro cuerpo.[10] Por ejemplo, al mover los ojos, el foco de nuestra consciencia cambia. Como escribe Nishida: «Cuando pensamos que hemos percibido de un vistazo la totalidad de una cosa, una investigación cuidadosa revelará que la atención se desplazaba automáticamente a través del movimiento de los ojos, permitiéndonos conocer el todo».[11] La experiencia directa no es simple e instantánea; es compleja y tiene ritmos de duración. Y lo que es más importante, es anterior al conocimiento explícito. Conocer presupone experimentar, y no se puede derivar experiencia solo de episodios de conocimiento. Tu ser es siempre más que lo que sabes.

En este libro conoceremos a algunos de estos filósofos que lucharon por articular la experiencia directa y recuperar su primacía, y que trabajaron para que nuestra comprensión de la naturaleza no se bifurcara en sujeto y objeto, mente y cuerpo. Nuestra preocupación central será siempre la dependencia de la ciencia respecto de la experiencia, una dependencia que es mucho más rica y compleja que la obvia dependencia de la ciencia respecto de los observadores y los experimentos. El problema, y la fuente de la crisis de sentido de nuestra visión del mundo, es que nos hemos quedado tan embelesados por el espectacular éxito de la ciencia que hemos olvidado que la experiencia directa es la fuente esencial y el apoyo constante de la ciencia.

Al sondear las profundidades de la experiencia, no pretendemos restar importancia al éxito y al valor de la ciencia. Rechazamos la negación de la ciencia, pero también el triunfalismo científico. Nuestra disputa se centra en una concepción particular y errónea de la ciencia, que se ha incorporado a nuestra actual visión científica del mundo, pero que no es una parte esencial de la ciencia. Esta concepción errónea, que describimos en el capítulo 1, es esencialmente una filosofía de la ciencia basada en ciertos supuestos metafísicos sobre la naturaleza y el conocimiento humano. Sostenemos que la ciencia no necesita esta filosofía y que, dados sus fracasos, deberíamos desecharla y seguir adelante.

De este modo, pedimos una perspectiva equilibrada, en la que reconozcamos tanto el éxito de la ciencia como los problemas que esta ha contribuido a crear. El espectacular éxito de la ciencia nos proporcionó rápidamente nuevas vacunas para la pandemia mundial de coronavirus, pero la ciencia también nos proporcionó las condiciones de rapidez de los viajes internacionales y de destrucción generalizada del medio ambiente que hicieron posible la pandemia, con mayores probabilidades de pandemias peores en el futuro. La ciencia ha contribuido a crear la crisis climática. El «próximo incendio» ya está aquí. Necesitamos otra forma de entender y practicar la ciencia que no provoque el incendio de nuestro mundo y que pueda ayudar a apagar el fuego que ya hemos provocado. En resumen, necesitamos un nuevo tipo de cosmovisión científica. Nuestro punto de partida es recuperar la profunda conexión entre ciencia y experiencia humana que se perdió con el punto ciego.

Empezamos diciendo que escribimos este libro con un sentido de urgencia. El punto ciego nos ha limitado a una visión del mundo que malinterpreta la ciencia y empobrece el mundo vivo y nuestra experiencia. Descubrir el punto ciego y revelar lo que oculta es despertar del engaño del conocimiento absoluto. Es abrazar la esperanza de que podemos crear una nueva cosmovisión científica, en la que nos veamos a nosotros mismos como expresión de la naturaleza y fuente de su autocomprensión. Como describiremos más adelante, estamos atrapados en un extraño bucle en el que es imposible separarnos, como conocedores, de la realidad que pretendemos conocer. Necesitamos nada menos que una ciencia alimentada por esta sensibilidad para que la humanidad florezca en el nuevo milenio.[12]

Parte I.
¿Cómo llegamos hasta aquí?
Guía para perplejos

1. La sustitución subrepticia: orígenes filosóficos del punto ciego

La humanidad en crisis

«Nos encontramos en el mayor peligro de ahogarnos en el delirio escéptico y perder así el control sobre nuestra propia verdad».[1] Edmund Husserl, matemático y filósofo alemán del siglo XX, escribió estas palabras unos pocos años antes del estallido de la Segunda Guerra Mundial. Son de su último libro *La crisis de las ciencias europeas y la fenomenología trascendental*, que leyó por primera vez en forma de conferencias en 1935, en Praga. Husserl fundó el influyente movimiento de la fenomenología, que toma la experiencia como eje central. Nacido en el seno de una familia judía, fue destituido de su cargo universitario por ser «no ario» cuando Hitler subió al poder en 1933. Aislado y discriminado, Husserl murió en 1938, pocos meses antes del comienzo de la Segunda Guerra Mundial.

Husserl creía que la civilización «occidental», en particular la europea, había perdido el rumbo. Achacaba las profundas raíces de la «crisis de la humanidad europea» a un fracaso de la razón y a un malentendido fundamental del significado de la ciencia moderna. La confusión llevaba siglos gestándose. La ciencia en sí, la práctica real de los científicos, no estaba en crisis. Al contrario, la ciencia tenía un éxito tremendo. Por el contrario, la crisis surgió de la significación que se había atribuido a la ciencia. Una cosmovisión particular se le había injertado a la ciencia, la cosmovisión que llamamos el punto ciego. La concepción filosófica dominante de la ciencia condujo a elevar las abstracciones matemáticas como lo verdaderamente real y a devaluar el mundo de la experiencia inmediata, que Husserl llamó el «mundo de la vida». La humanidad moderna había perdido de vista el hecho de que la realidad y el significado son mucho más ricos de lo que se representa en la filosofía materialista dominante vinculada a la ciencia. Esa filosofía había conducido a un «desencantamiento del mundo», en palabras del sociólogo alemán Max Weber (Weber era contemporáneo de Husserl). A su vez, la absorción del mundo desencantado en la cultura, la economía y la política provocó una reacción de esfuerzos irracionales y fanáticos por reencantar el mundo, personificada por la promoción genocida nazi de una patria alemana racialmente definida.

La retórica de Husserl en *La crisis* ha sido tachada de grandilocuente, pero en la era actual de las noticias falsas, la desinformación, la negación de la ciencia, el racismo, la insurrección, la invasión y el auge del autoritarismo, deberíamos repensarla. No tenemos que aceptar su narrativa etnocéntrica sobre el «telos de la humanidad europea», o estar de acuerdo en que su versión de la fenomenología es la solución a la crisis, para reconocer que puso el dedo en un profundo problema, endémico de nuestra cultura científica. La polarización entre el triunfalismo científico y la negación de la ciencia, combinada con la amenaza existencial que supone para el mundo de la vida el cambio climático provocado por el ser humano, indica que en este siglo hemos exacerbado el problema. La crisis de Husserl sigue siendo nuestra crisis.

Nos convendría, por lo tanto, considerar el diagnóstico de Husserl, en particular su análisis de cómo malinterpretamos la ciencia y el mundo de la vida cuando promovemos entidades matemáticas abstractas al rango de lo que es verdaderamente real, mientras degradamos nuestra experiencia perceptiva concreta. Alfred North Whitehead, otro matemático y filósofo de principios del siglo XX, también criticó mordazmente lo que llamamos el punto ciego. Sus escritos, combinados con ideas recientes de la filosofía de la ciencia, nos permitirán identificar los elementos clave de la visión del mundo del punto ciego y ver por qué motivo no son sólidos. Nuestro primer paso es describir los contornos filosóficos generales de esta visión del mundo.

El aire que respiramos

El punto ciego es como el aire —invisible, pero todo a nuestro alrededor—. En las clases de ciencias del instituto nos dan versiones sencillas de ello, y en los documentales científicos lo encontramos como un supuesto tácito de fondo. Si te dedicas a la ciencia, a menudo es como un mapa invisible que te marca el camino a través de las clases de física, química y biología. Aunque ha habido sofisticadas articulaciones filosóficas de las ideas que conforman lo que llamamos la visión del mundo del punto ciego, para la mayoría de la gente, incluidos la mayoría de los científicos, es tan omnipresente que no parece filosófica en absoluto. Más bien, la gente piensa simplemente que es «lo que dice la ciencia».

En realidad, sin embargo, no es lo que dice la ciencia. Se trata más bien de una metafísica opcional, vinculada a la práctica de la ciencia, pero separable de ella. Hay otras formas, mejores, de entender la relación entre la ciencia y el mundo, como argumentamos aquí.

Aunque el punto ciego surge de una perspectiva filosófica concreta, y la expresa, no es una teoría. Se trata más bien de una perspectiva amplia que abarca muchas teorías e ideas problemáticas diferentes. Entre ellas se incluyen posiciones opuestas sobre diversas cuestiones científicas y filosóficas, por lo que las ideas y teorías que abarca no siempre tienen por qué ser coherentes entre sí. Por ejemplo, con respecto al problema de cómo se relaciona la mente con el cuerpo (el problema mente-cuerpo), el punto ciego incluye tanto el materialismo o fisicalismo, según el cual los estados de consciencia son estrictamente idénticos a (una y la misma cosa que) los estados cerebrales, como el dualismo, según el cual la consciencia es una propiedad mental especial irreductible al cerebro. Además, en la filosofía de la ciencia, el punto ciego puede incluir el realismo, según el cual las teorías científicas pretenden dar cuenta de una realidad independiente de la mente, o el instrumentalismo, según el cual las teorías científicas son principalmente herramientas para hacer predicciones acertadas sobre las observaciones. Sin embargo, a pesar de estas diferencias, es posible resumir lo que implica el punto ciego en términos filosóficos generales. A continuación enumeramos las ideas principales.

1) **La bifurcación de la naturaleza.** *El color es una ilusión, no forma parte del mundo real*. Esta idea no se basa en la práctica real de los físicos cuando miden la luz, o construyen modelos ondulatorios o de partículas de la luz, sino en las reflexiones teóricas de los físicos —es decir, en sus pensamientos filosóficos—. Dividen la naturaleza en lo que existe externa y objetivamente, y lo que es mera apariencia subjetiva, o existe solo en la mente del perceptor. Las ondas luminosas, con propiedades matemáticas como amplitud, frecuencia y longitud, existen realmente fuera del perceptor en la naturaleza, mientras se dice que el color es solo una apariencia subjetiva o ilusión perceptiva. En última instancia, la ilusión del color debe explicarse (o eliminarse) en términos de lo que realmente existe, de modo que el rojo, por ejemplo, es solo una sensación subjetiva o ilusión perceptiva causada por la radiación electromagnética de determinadas longitudes de onda. Del mismo modo, la temperatura, definida como la energía cinética media de los átomos o moléculas, existe realmente; el frío y el calor son meras apariencias sensoriales. O, si llevamos la idea al límite, las partículas y las fuerzas son fundamentalmente reales; los objetos visibles y tangibles son construccio-

nes perceptivas ilusorias. Whitehead llama a esta forma de pensar «la bifurcación de la naturaleza», porque divide la naturaleza en realidad externa y apariencia subjetiva. Discutiremos ampliamente la bifurcación de la naturaleza.

2) **Reduccionismo.** *Las partículas elementales son los componentes fundamentales de la materia y todo en el universo se reduce a ellas.* El reduccionismo es una compleja constelación de ideas. Una de ellas es *el pequeñismo*, la idea de que las cosas pequeñas y sus propiedades son más fundamentales que las cosas grandes que constituyen. Las personas son más fundamentales que los grupos sociales que componen, las células son más fundamentales que las personas que componen, las moléculas son más fundamentales que las células que componen, los átomos son más fundamentales que las moléculas que componen y, por último, las partículas elementales son más fundamentales que cualquier otra cosa. El pequeñismo implica que la verdadera acción de la naturaleza tiene lugar en la escala microfísica más pequeña, porque es ahí donde se cree que ocurren los procesos causales más básicos. El reduccionismo pertenece al ámbito de lo que los filósofos llaman ontología, la teoría de qué tipos de cosas existen y cuáles son sus relaciones entre sí. Otra parte del reduccionismo pertenece al ámbito de la epistemología, la teoría del conocimiento y la explicación. Esta parte es la idea de que el principal método preferido para explicar un sistema es la *microrreducción*, que consiste en descomponer un sistema en sus elementos y explicar las propiedades del todo en términos de las propiedades de sus partes. El pequeñismo y la microrreducción implican que la física de partículas elementales es la ciencia preeminente, porque es la única ciencia que queda una vez que se reducen progresivamente los enunciados sobre grandes cosas o sistemas en sociología, psicología, biología y química a

enunciados sobre las cosas más pequeñas en física fundamental. El reduccionismo se resume en la ocurrencia: «Los biólogos ceden ante los químicos, estos ante los físicos, estos ante los matemáticos y estos ante Dios».

3) **Objetivismo.** *La ciencia se esfuerza por alcanzar una visión desde la perspectiva de Dios de la realidad en su conjunto*. Esta es la idea de que la ciencia, en particular la física fundamental, pretende proporcionar acceso a la realidad al margen de cualquier perspectiva humana. La ciencia descubre verdades sobre aspectos observables e inobservables de la realidad, independientes de la mente. Las entidades físicas fundamentales son objetos reales independientes de la mente y tienen sus propiedades esenciales independientemente de cualquier observación.

4) **Fisicalismo.** *Todo lo que existe es físico*. Si se hace una lista de todo lo que existe en el universo, todo lo que aparece en la lista será completamente físico en su naturaleza y constitución. Y, si se hace una lista de todos los hechos físicos del universo, se habrán determinado *ipso facto* todos los estados de cosas del universo, incluidos todos los estados de cosas químicos, biológicos, psicológicos, sociales y culturales. Así pues, los hechos físicos agotan la realidad. *Materialismo* es el término más antiguo para esta idea, pero los filósofos de hoy prefieren *fisicalismo*, porque la física ha demostrado que no todo es material en el sentido clásico de ser una sustancia inerte con la propiedad de extensión. Por ejemplo, los campos y las fuerzas son físicos, pero no materiales. El fisicalismo es ante todo una tesis metafísica general, no científica. No es una tesis que pertenezca a ninguna teoría de la física. Es una interpretación filosófica de la física y de la ciencia en general. Hoy se considera que el principal obstáculo para el fisicalismo es cómo dar cuenta de la mente, en particular de la consciencia, dentro de un marco fisicalista.

5) **Reificación de las entidades matemáticas.** *Las matemáticas son el lenguaje de la naturaleza.* Se trata de la idea de que las verdaderas propiedades estructurales del universo son sus propiedades matematizables. Las entidades matemáticas de los modelos, leyes y teorías científicas existen «ahí fuera», aparte de nosotros. Solo ellas constituyen la verdadera estructura del universo. Como escribió Galileo, haciéndose eco de una idea más antigua que se remonta a Platón y Pitágoras: «El universo está escrito en el lenguaje de las matemáticas».[2]
6) **La experiencia es epifenoménica.** *La consciencia es la ilusión de usuario del cerebro.* Una ilusión de usuario es una imagen visual, como la imagen de un escritorio en la pantalla de un ordenador, creada para la comodidad de la persona que utiliza el ordenador. Del mismo modo, se dice que las experiencias conscientes son representaciones generadas por el cerebro para su comodidad a la hora de controlar las interacciones del cuerpo con el mundo. Las experiencias conscientes no son más reales que los iconos del escritorio del ordenador. Las experiencias son el resultado de cálculos computacionales cerebrales, pero no desempeñan ningún papel significativo en ellos. La subjetividad, la experiencia de ser, es un efecto derivado de los acontecimientos físicos del cerebro y tiene una influencia casi insignificante en ellos. La impresión de que la consciencia es eficaz es, en gran medida, una ilusión.

Esta lista no pretende ser exhaustiva ni definitiva. No estamos diciendo que estas ideas sean individualmente necesarias, ni en su conjunto suficientes para el punto ciego. Científicos y filósofos han combinado diferentes aspectos o subconjuntos de estas ideas de diversas maneras a lo largo de los siglos. Nuestro objetivo, una vez más, es identificar un conjunto de ideas que conforman nuestra actual visión científica del mundo y que muchas personas, incluidos muchos científicos, dan ahora mayoritariamente por sentado.

Aunque hemos presentado estas ideas en términos filosóficos, el punto ciego es mucho más que una perspectiva por debatir entre filósofos académicos. Dada la gran autoridad y poder de la ciencia, cualquier postura que pretenda hablar en nombre de la ciencia tendrá una enorme influencia social y medioambiental. La cosmovisión del punto ciego tiene un gran impacto como fuerza social que constriñe a la gente a pensar de determinadas maneras prescritas sobre cómo funciona la ciencia, cómo encaja la vida humana en la biosfera de nuestro planeta Tierra y cómo se relaciona la mente humana con el cosmos. Además, el desarrollo y despliegue de la ciencia y sus vástagos tecnológicos durante los últimos cuatro siglos han sido inseparables de la mejora del poder económico y militar, ya sea en países capitalistas o socialistas. Como veremos más adelante, las concepciones ciegas de la naturaleza, la energía y la información han condicionado nuestra forma de pensar sobre los recursos naturales, la producción de energía, las tecnologías de la información y la inteligencia artificial. Por estas razones, es importante recordar que el punto ciego es como el aire que respiramos: es una mentalidad culturalmente omnipresente, y no una constelación de filosofías abstrusas.

La sustitución subrepticia

Pasemos ahora a la crítica de Husserl de lo que llamamos el punto ciego. La formación de Husserl como matemático le permitió comprender cómo utilizamos las abstracciones en las ciencias, especialmente en la física matemática. Llamó a la elevación de construcciones matemáticas como la de la temperatura al estatus de realidad fundamental «la sustitución subrepticia». Para Husserl, esta sustitución es un error fundamental.

En el desarrollo de la cosmovisión científica moderna, que Husserl considera que comienza con Galileo, la representación abstracta e idealizada de la naturaleza en la física matemática se sustituye de manera encubierta por el mundo real concreto, el mundo que percibimos. El mundo perceptivo es degradado al estatus de mera apariencia subjetiva, mientras que el universo de la física matemática es promovido al estatus de realidad objetiva. Así, según esta forma de pensar, la temperatura o la energía cinética media de los átomos o moléculas es lo objetivamente real, mientras las sensaciones de frío y calor son meras apariencias subjetivas.

Husserl argumenta que la sustitución subrepticia no está justificada, porque se basa en un malentendido fundamental de la física matemática. Las leyes físicas especifican, en términos matemáticos, cómo se comportan las cosas en situaciones idealizadas. Por ejemplo, la ley de Galileo de los cuerpos en caída libre establece que, en el caso idealizado de ausencia de resistencia del aire, todos los cuerpos caen con la misma aceleración, independientemente de su masa. Galileo demostró matemática y experimentalmente que la distancia que recorre un cuerpo en caída libre es directamente proporcional al cuadrado del tiempo que tarda en caer. Del mismo modo, la ley de los gases ideales, también conocida como ecuación general de los gases, establece la relación entre la presión, el volumen y la temperatura de un gas ideal. En esta ecuación, las moléculas no se atraen ni se repelen, ni ocupan volumen. En su lugar, las moléculas se representan como puntos geométricos llamados «partículas ideales sin estructura».

De estos ejemplos se desprende que las leyes de la física matemática se refieren a objetos idealizados y a sus propiedades: cuerpos en caída libre, planos sin fricción, gases ideales hipotéticos, colisiones perfectamente elásticas, etcétera. Estos objetos y propiedades idealizados no son físicamente reales. No existen realmente en el espacio y el tiempo, y no participan en interacciones causales. Por tanto, no constituyen ni pueden constituir el mundo real de la naturaleza. Son entidades ficticias que utilizamos como herramientas. Son instrumentos conceptuales necesarios para formular enunciados matemáticos exactos que podemos aplicar al mundo real mediante una serie de aproximaciones cada vez más precisas. Así es como adquirimos un conocimiento predictivo de las cosas y un control sobre ellas.

La idealización y la aproximación matemáticas constituyen un método para saber cómo se comportarán las cosas en diversas condiciones. Pero el método no nos dice qué son las cosas, ni por qué se comportan como lo hacen. Por tanto, pensar que las leyes idealizadas de la física matemática describen el ser inherente de la naturaleza es un error fundamental. Pensar así es confundir el mapa —una representación idealizada y limitada del terreno— con el territorio. Como dice Husserl, pensar así es «tomar por *ser verdadero* lo que en realidad es un *método*».[3] Esta es la sustitución subrepticia —la sustitución de una herramienta para describir fenómenos por la naturaleza misma, o confundir un instrumento de predicción con el modo de ser de las cosas en sí mismas—. Es una especie de error categorial.

En términos de la filosofía de la ciencia, Husserl puede ser descrito como un *instrumentalista* o, de manera más general, como un *antirrealista* de las leyes científicas (pero no necesariamente de las entidades científicas, como los electrones, como veremos más adelante).[4] Según su punto de vista, las leyes son instrumentos precisos de predicción, y los objetos idealizados de las leyes tienen un estatus ideal, matemático, no una existencia real, física.

Nancy Cartwright, una filósofa de la ciencia estadounidense y británica, defiende una concepción antirrealista similar de las leyes científicas en su libro clásico *How the Laws of Physics Lie* (*Cómo mienten las leyes de la física*).[5] Según Cartwright, las leyes físicas matemáticas no describen la realidad, sino objetos idealizados en modelos. Necesitamos estos modelos para poder aplicar las teorías abstractas de la física matemática al mundo real. Por ejemplo, en mecánica clásica, el concepto de fuerza es abstracto y debe sustituirse por una fuerza específica, como la gravedad, para describir la atracción entre cuerpos masivos. Para ello se utilizan modelos más simplificados e idealizados, como el de dos cuerpos esféricos (aproximados por dos objetos puntiformes con masa) en un espacio vacío. Esta simplificación hace que las ecuaciones del movimiento sean manejables. La descripción científica consiste en pasar de conceptos abstractos y teóricos, a aplicaciones concretas del mundo real a través de modelos idealizados. Cartwright los denomina «modelos interpretativos».[6]

El modelo de Galileo de un plano sin fricción, el modelo de Bohr del átomo con un núcleo denso rodeado de electrones en órbitas cuantizadas, los modelos biológicos evolutivos de poblaciones totalmente aisladas, son representaciones idealizadas que existen en la mente de los científicos. No son realidades concretas de la naturaleza. No debemos sustituir subrepticiamente la realidad concreta por representaciones mentales abstractas, el mapa por el territorio. Como veremos a continuación, Husserl también pensaba que no deberíamos sustituir subrepticiamente el mundo por el taller científico.

El taller científico

Hoy damos por sentado que la ciencia requiere laboratorios especializados en universidades e institutos de investigación, financiados por organismos públicos y privados. Estos laboratorios colaboran internacionalmente para fomentar la innovación tecnológica y formar a la próxima generación de científicos. Pero esta infraestructura científica mundial, el taller científico en la terminología de Robert Crease, tiene poco más de unos siglos.[7] Es un logro muy reciente en la historia de la civilización humana, por no hablar de la historia de la humanidad en su conjunto.

La idea del taller se remonta al siglo XVI. Francis Bacon, filósofo y estadista inglés que vivió entre 1561 y 1626, fue el primero en concebir el taller científico.[8] Tuvo la idea de crear instalaciones dedicadas a investigar y controlar la naturaleza de forma sistemática, utilizando métodos experimentales y herramientas especializadas. Nos legó la idea de la ciencia experimental como empresa colectiva alojada en institutos de investigación que trabajan en beneficio de la humanidad.

Bacon es una figura difícil y ambigua. La historiadora Carolyn Merchant, en su obra clásica *The Death of Nature: Women, Ecology, and the Scientific Revolution (La muerte de la naturaleza: mujeres, ecología y la revolución científica*), sostiene que, aunque Bacon impulsó el igualitarismo al establecer el método inductivo por el que cualquiera, en principio, puede verificar por sí mismo las verdades de la ciencia, también contribuyó a socavar la sociedad agraria comunal en favor de «una emergente economía de mercado que tendía a ampliar la brecha entre las clases sociales alta y baja al concentrar más riqueza en manos de comerciantes, pañeros, emprendedores aventureros y campesinos mediante la explotación y alteración de la naturaleza en aras del progreso».[9] En otras palabras, la concepción de Bacon de una empresa científica basada en la inducción y llevada a cabo en el taller estaba totalmente al servicio del emergente sistema capitalista mundial y de su concepción de la naturaleza como un recurso esencial para la humanidad. Bacon también utilizó imágenes femeninas para describir la naturaleza y su sometimiento por la ciencia. Como explica Merchant, «la naturaleza encarnada en el género femenino, cuando es despojada de actividad y convertida en pasiva, puede ser dominada por la ciencia, la tecnología y la producción capitalista. Francis Bacon abogaba por extraer de la naturaleza los secretos de "su" seno a través de la ciencia y la tecnología. La subyugación de la naturaleza como femenina... era, por tanto, parte integral del método científico como poder sobre la naturaleza».[10] Es precisamente esta concepción moderna de la naturaleza como algo que debe ser subyugado por la ciencia y la tecnología lo que ha provocado el calentamiento global causado por el ser humano y la crisis climática.

En Bacon vemos el comienzo de una tendencia en el pensamiento científico moderno a la que Husserl se opondría enérgicamente. No nos referimos a la opresiva imagen de género —es poco probable que Husserl hubiera sido sensible a esto—, sino a la tendencia a ver la naturaleza fuera del taller enteramente en términos de conceptos y procedimientos aplicados a la naturaleza dentro del taller. Dentro del taller secuestramos fenómenos, los protegemos de las influencias externas, los sometemos a nuestros artefactos especializados, y así manufacturamos nuevos fenómenos. El resto del mundo de la vida, del que depende el taller para su propósito y significado, reside fuera del taller. Husserl afirma que cuando manipulamos fenómenos en el taller, ampliamos nuestra comprensión de la realidad y adquirimos nuevos medios de control sobre las cosas. Pero se opone a que las herramientas conceptuales y experimentales del taller se conviertan en árbitros definitivos de lo real. En palabras de Crease, Husserl rechaza la idea de que «la realidad es lo que aparece en el taller científico», que la realidad pueda equipararse o definirse en términos de mediciones objetivas en el taller.[11] Esa idea es una versión de la sustitución subrepticia: sustituye el mundo por el taller.

Puede que seamos escépticos ante esta línea de pensamiento. ¿Acaso la ciencia básica, especialmente la física fundamental, no lo abarca todo? ¿Por qué no podemos trasladar las teorías científicas del taller al mundo?

El mundo en el taller y el taller en el mundo

Como explica Cartwright, los modelos predictivos de la física funcionan sobre todo en los confines de las paredes: las paredes de un laboratorio, un detector de partículas, un termo grande, la carcasa de una batería, etc.[12] En otras palabras, los modelos funcionan en lugares que podemos controlar y proteger de influencias externas, y donde podemos organizar con precisión las condiciones para que se ajusten a los modelos. A veces, los modelos también funcionan fuera de los muros, en casos en los que las parcelas locales de la naturaleza se asemejan lo suficiente a uno de nuestros modelos del taller. A menudo, estos casos tienen que ver con cosas que construimos para que se ajusten a nuestros modelos, como aviones y cohetes, que diseñamos para que se ajusten a los modelos de la mecánica clásica, u ordenadores, en los que utilizamos la mecánica cuántica para diseñar elementos semiconductores que implementan con precisión los cálculos computacionales de la lógica digital.

Sin embargo, hacemos una sustitución subrepticia cuando suponemos que esos modelos físicos o computacionales se aplican al resto de la naturaleza, incluido el mundo de la vida humana, más allá de lo que somos capaces de modelizar y predecir con éxito. Por ejemplo, suponemos que debe existir, en principio, un modelo mecánico predictivo para la acción del viento y el agua sobre una pluma de gaviota perdida, arrastrada por la brisa y las olas en la playa. O suponemos que debe existir, en principio, un modelo predictivo computacional para las actividades cerebrales interactivas de los músicos que improvisan en un quinteto de jazz. Por supuesto, admitimos que probablemente nunca seremos capaces de formular estos modelos porque son demasiado complejos. No obstante, suponemos que, en principio, son formulables.

Debemos desconfiar de esta forma de pensar, y en este libro criticaremos varios ejemplos. Esta forma de pensar se basa en un pesado e innecesario supuesto metafísico sobre cómo es el mundo fuera del alcance de nuestra capacidad para construir y probar modelos predictivos. El supuesto es que el comportamiento de las cosas en entornos estrictamente controlados y manufacturados debería ser nuestra guía para saber cómo se comportan las cosas en entornos no controlados y no fabricados. En otras palabras, se supone que los hechos reglamentados dentro del taller son un ejemplo del mundo fuera del taller. Como señala Cartwright, esta forma de pensar equivale a una especie de fundamentalismo, porque exige una adhesión estricta a los modelos del taller como verdades literales sobre cómo es el mundo fuera del taller.[13]

Esta actitud fundamentalista suele ir acompañada de la idea de que las medidas objetivas del taller son más válidas que la experimentación directa del mundo basada en nuestra percepción corporal. Pero esta idea objetivista es errónea, como demuestra Crease utilizando el ejemplo de los surfistas (extraído de las memorias de William Finnegan, *Barbarian Days*[14]). Las medidas objetivas de la altura de una ola son irrelevantes para los surfistas; lo que les importa es cómo calibran el tamaño y la ferocidad de una ola en relación con sus cuerpos y su habilidad para surfear, es decir, en relación con su experiencia directa. Lo que más les importa a los surfistas, marineros y nadadores es cómo interactúan con las olas a través de la experiencia directa, no las medidas objetivas de las olas, aparte de cómo se experimentan.

La combinación de fundamentalismo y objetivismo sobre los modelos científicos ejemplifica el punto ciego. Ocluye nuestra experiencia directa del mundo fuera del taller científico. Se anuncia como «lo que dice la ciencia» —cuando en realidad es una mentalidad filosófica, no algo establecido por la práctica científica real—. Se basa en una generalización a partir de un pequeño número de casos en los que tenemos modelos predictivos exitosos, a un número mucho mayor de casos en los que no tenemos, y podría decirse que no podemos tener, este tipo de conocimiento, porque el mundo fuera del taller está demasiado enredado y es demasiado complejo. Como sugiere cada vez más la ciencia de redes, el comportamiento de las cosas, especialmente en el mundo fuera del taller, a menudo depende más de la estructura global y entrelazada de los acontecimientos que de la disposición local de las partes que a veces podemos aislar y proteger. De ello se deduce que nos equivocaremos no solo en la teoría, sino también en la práctica y en la política social, si tratamos el mundo como si no existiera, como si fuera una versión ampliada de lo que ocurre dentro del taller.

La amnesia de la experiencia

Lo que subyace a la sustitución subrepticia es una especie de amnesia de la experiencia. Tomamos esta idea de Michel Bitbol, un filósofo de la ciencia francés que se inspira en Husserl.[15] Bitbol señala que producimos conocimiento objetivo en dos pasos principales. En primer lugar, dejamos progresivamente de lado todo aquello en nuestra experiencia sobre lo que no podemos llegar a un acuerdo absoluto, como la sensación o el aspecto de las cosas, o nuestras preferencias, gustos y valores individuales. En otras palabras, nos abstraemos progresivamente de la experiencia concreta. En segundo lugar, conservamos un «residuo estructural» de la experiencia que podemos convertir en objeto de consenso, especialmente cuando lo refinamos en el taller. Los residuos estructurales incluyen esquemas de clasificación (taxonomías), modelos, proposiciones generales y sistemas lógicos. Los tipos más abstractos de residuos estructurales son matemáticos, como las magnitudes. La amnesia se produce cuando olvidamos que la experiencia directa es el punto de partida implícito y el requisito constante de este procedimiento de creación de conocimiento objetivo.

Nuestra parábola de la temperatura (en la introducción) nos sirve de ilustración. El punto de partida es la experiencia del frío y el calor. En primer lugar, eliminamos todo aquello sobre lo que no podamos ponernos definitivamente de acuerdo como, por ejemplo, si un cuenco de agua está caliente o frío, dado que una mano lo siente de una manera, y la otra, de otra (por utilizar el ejemplo de Locke[16]). De este modo, nos abstraemos de las cualidades particulares sentidas. En segundo lugar, destilamos progresivamente los fenómenos en forma de experiencias notables en las que podemos estar de acuerdo, como las correlaciones observadas entre las sensaciones de calor y frío y los cambios en el volumen de los fluidos (los líquidos se expanden con el calor), y los puntos observados en los que el agua empieza a congelarse o a hervir. Utilizamos estos puntos relativamente estables para construir termómetros con escalas numéricas, de modo que podamos describir los fenómenos en términos de magnitudes objetivas consensuadas. El perfeccionamiento de este procedimiento, junto con el desarrollo de teorías físicas (termodinámica clásica y mecánica estadística), conduce finalmente al concepto abstracto de temperatura termodinámica (la energía cinética media de las partículas). Este concepto abstracto es un ejemplo de residuo estructural altamente refinado de la experiencia. Bitbol denomina al objeto abstracto correspondiente (energía cinética debida al movimiento de las partículas) «foco estructural invariante» de la experiencia.

Hasta aquí, todo bien. El problema es cuando la experiencia desaparece de la historia. Nos quedamos tan cautivados por el éxito del método que olvidamos su ineludible dimensión experiencial. Es la amnesia de la experiencia. Este es el punto ciego.

La amnesia de la experiencia conduce finalmente a una idea extraña y sin sentido, prevalente en ciertos sectores de la ciencia y la filosofía, de que la experiencia puede reducirse a uno u otro de sus residuos estructurales. Un caso llamativo es la idea de que la consciencia puede reducirse al residuo estructural de los procesos de información y computación del cerebro. Esta forma de pensar invierte todo el procedimiento de producción de conocimiento objetivo, al suponer que un residuo estructural abstracto de la experiencia (como la «información») puede explicar o fundamentar el ser concreto de la consciencia. Aquí nos encontramos con el punto ciego en su máxima expresión.

Husserl (y Whitehead, como veremos) reconoció claramente que esta forma de pensar es absurda *en principio*. Los conceptos científicos abstractos (temperatura termodinámica, información, cálculo) surgen de la experiencia concreta y, por tanto, no pueden explicar ni fundamentar la experiencia. Lo abstracto nunca puede explicar o fundamentar lo concreto como principio general. Al contrario, lo opuesto es y debe ser siempre el caso. Parte de la crisis de nuestra cultura científica es que nos hemos permitido olvidar esta verdad fundamental.

¿Son reales los objetos inobservables?

Hasta ahora nos hemos centrado en los modelos y las leyes científicas. Hemos argumentado que los objetos y propiedades ideales de los modelos científicos y las regularidades idealizadas de las leyes científicas no son físicamente reales, por lo que una sustitución subrepticia se produce cuando las tratamos como si fueran verdaderamente reales, y al mundo perceptivo como si fuera meramente aparente. También hemos subrayado que la mayoría de los fenómenos de la física moderna se fabrican en el taller, lo que implica que se produce otra sustitución subrepticia cuando sustituimos el mundo por el taller.

Sin embargo, los modelos y las leyes no son toda la ciencia; también existen las teorías científicas. Según la concepción estándar de la ciencia en los libros de texto, mientras que los modelos y las leyes describen lo que ocurre, las teorías proporcionan un marco explicativo general. Por ejemplo, la teoría especial de la relatividad de Einstein postula que las leyes de la física (las afirmaciones que describen o predicen los fenómenos físicos) son invariantes en todos los marcos de referencia inerciales (marcos de referencia sin aceleración) y que la velocidad de la luz es una constante universal. En biología, la teoría de la evolución de Darwin explica la especiación como resultado del proceso de selección natural. Tomemos, por otro lado, la teoría cinética de los gases. Esta explica de qué modo el comportamiento de los átomos o moléculas da lugar a la regularidad macroscópica conocida como ley de Boyle, que establece que la presión de un gas varía inversamente con su volumen a temperatura constante. Una característica crucial de las teorías científicas es que postulan entidades, como átomos y electrones, o genes, que interactúan causalmente para producir comportamientos observables, pero que no podemos observar directamente. Los modelos utilizan estas entidades para describir los datos observados.

Postular entidades inobservables como los átomos plantea la cuestión de qué realidad debe concedérseles. Creemos que postular ciertos tipos de entidades inobservables y considerar que son físicamente reales puede resulta perfectamente legítimo. El problema surge cuando perdemos de vista que la experiencia directa está detrás de este tipo de procedimiento científico. Este es otro ejemplo del punto ciego.

En primer lugar, debemos reconocer que, aunque tanto las leyes como las teorías científicas pueden referirse a objetos inobservables, los tipos de objetos y las razones por las que son inobservables difieren en ambos casos.[17] Los objetos abstractos e ideales, como son las partículas puntiformes o un gas ideal, no son posibles objetos de percepción, por lo tanto, los objetos ideales a los que se refieren las leyes de la física matemática no pueden ser percibidos por ningún perceptor posible, no solo por los seres humanos.

Sin embargo, las entidades inobservables a las que se refieren las teorías físicas, como determinados tipos de moléculas, átomos y partículas subatómicas, no son ideales; se supone que son reales. Son espaciotemporales y participan en interacciones causales. Aunque no podemos ver las moléculas y los átomos a simple vista, podemos obtener imágenes de ellos gracias a los avances de la microscopía. En el siglo XX se utilizaron cámaras de nubes y cámaras de burbujas para detectar partículas subatómicas cargadas eléctricamente. La teoría física se utilizó para interpretar lo que vemos con nuestros ojos —las estelas de condensación de las gotas de agua— como indicio de la presencia de nuevos tipos de entidades, a saber, tipos específicos de partículas subatómicas, como los muones. En otras palabras, gracias a la teoría física, aprendimos a ver los rastros de condensación como señales o huellas de estas partículas. Por último, aunque las moléculas, los átomos y las partículas subatómicas son imperceptibles para los seres humanos, de ello no se deduce que sean imperceptibles para cualquier perceptor lógica o conceptualmente posible. No hay nada lógica o conceptualmente contradictorio en la suposición de que podría haber un tipo de perceptor, como un extraterrestre con órganos sensoriales especiales, capaz de percibirlos. Por el contrario, es lógica o conceptualmente imposible que objetos ideales, como una carga esférica perfecta, puedan ser percibidos, porque no son reales; no son espaciotemporales y no participan en interacciones causales, por lo que no hay forma de que puedan ser percibidos por los sentidos.

El siguiente paso es reconocer que las teorías y experimentos científicos que nos llevan a postular entidades inobservables no nos sacan de la experimentación, sino que la amplían y enriquecen. Por ejemplo, los físicos del siglo XX utilizaron cámaras de nubes para descubrir las partículas positrón, muón y kaón. Aunque no podemos ver directamente estas partículas elementales, los físicos pudieron ver indicios de su presencia en forma de curvatura y dirección de estelas de pequeñas gotas. Dada la teoría de la física de partículas y las precisas observaciones realizadas en las condiciones altamente manufacturadas y controladas de la cámara de nubes —una herramienta fundamental del taller científico de los físicos de partículas desde la década de 1920 hasta la de 1950—, plantear la existencia de esas partículas era la mejor explicación de los datos, incluyendo especialmente lo que era directamente observable en la cámara de nubes.

Esta forma de inferencia suele denominarse «inferencia a la mejor explicación», pero nosotros preferimos el término de Cartwright, «inferencia a la causa más probable».[18] En la vida cotidiana recurrimos todo el tiempo a este tipo de inferencia. Por ejemplo, por la mañana entramos en la cocina y nos encontramos con un montón de platos sucios y la mayoría de los alimentos que compramos ayer no están en la nevera. Inmediatamente concluimos que nuestros hijos adolescentes se han hecho la comida a medianoche y les ha dado pereza limpiar. Esta es la causa más probable, teniendo en cuenta muchas otras cosas que sabemos y hemos observado; sin duda, es más probable que la hipótesis que hayan entrado a robar a nuestra casa personas hambrientas que prepararon una cena a altas horas de la noche y se marcharon sin limpiar.

Aunque la inferencia a la causa más probable en el taller científico es más rigurosa y restringida que en este ejemplo, se trata esencialmente del mismo tipo de procedimiento de razonamiento. Este tipo de inferencia es fundamental para experimentar el mundo y orientarnos en él. De este modo, aunque los físicos del taller utilicen la inferencia a la causa más probable para inferir la presencia de entidades inobservables que van más allá del alcance de la percepción humana, siguen operando enteramente dentro de la esfera de la experiencia humana.

Igualmente importante es el hecho de que el contenido de las observaciones del taller se enriquece cuando la existencia de estas partículas se establece utilizando la inferencia a la causa más probable. Podemos decir ahora que las observaciones cuentan como «observaciones de signos perceptivos», como cuando vemos las huellas de algún animal en la nieve. De hecho, los físicos llaman «huellas» de partículas cargadas eléctricamente a las estelas de formas diversas que forman las diminutas gotitas en una cámara nubosa. Estas huellas pertenecen al mundo real de la percepción humana. Nuestra percepción de ellas es una especie de «ver como»: vemos las estelas de las gotas *como* huellas. Tenemos buenas razones para verlas así, e inferir que están causadas por partículas. Del mismo modo que podemos saber que un ciervo ha subido una colina viendo sus huellas en la nieve, el físico puede saber que la partícula es un positrón por la forma y orientación de su rastro de condensación. La forma del rastro funciona como un «signo indicativo» de la partícula, por utilizar el término de Husserl. Este tipo de percepción —percibir algo como signo de otra cosa, «consciencia de signo indicativo»— es fundamental para percibir el mundo.[19]

Por supuesto, hay una diferencia entre ver las huellas de un ciervo y ver las huellas de una partícula. Podemos seguir las huellas del ciervo y llegar a ver al ciervo. Seguir las huellas de la partícula, en cambio, nunca nos llevará a ver la partícula a simple vista. Este hecho, no obstante, no debería conducirnos a concluir que la partícula no existe, o que es solo una suposición ficticia, del mismo modo que los objetos matemáticos de las leyes físicas idealizadas son suposiciones ficticias. Aunque no podamos ver las partículas, podemos manipularlas, como cuando los físicos pulverizan electrones desde un cañón de electrones. Como escribió el filósofo canadiense de la ciencia Ian Hacking hace cuarenta años: «Si puedes rociarlos, entonces son reales».[20] (O, en la versión más prudente de Cartwright, «*Cuando puedes* pulverizarlos, son reales», ya que solo se pulverizan en condiciones controladas con precisión en el taller[21]). Esto marca otra diferencia entre las entidades inobservables de la teoría física y los objetos inobservables de la ley física: estos últimos no solo son imperceptibles en principio; también son no manipulables en principio, precisamente porque no son espaciotemporales, y no pueden participar en interacciones causales. No se puede pulverizar un gas ideal.

Hemos estado argumentando que podemos tener buenas razones para postular la existencia de entidades inobservables, pero que estas razones dependen esencialmente de la experiencia directa: nuestra experiencia de percepción (ver las huellas de las partículas) y nuestra experiencia de acción (rociar electrones). Sin embargo, pensar que las partículas elementales y los campos de fuerza son reales no implica que el mundo que percibimos sea de algún modo menos real que estas entidades. Sencillamente, esto no es lógico. Al avanzar en esta degradación de la realidad del mundo perceptivo y sustituirla por las entidades de la física de partícula, es un paso de sustitución subrepticia.

El problema de la sustitución subrepticia es que socava el terreno sobre el que se asienta la ciencia. Esta debe presuponer la realidad concreta del mundo perceptivo, especialmente de las cosas macroscópicas que percibimos y manipulamos en el taller científico. El taller científico solo funciona en el marco más amplio del mundo de la vida, el mundo inmediatamente dado de las cosas concretas, las situaciones y las comunidades humanas con sus valores y proyectos. La ciencia es esencialmente un proyecto dentro del mundo de la vida; puede ampliar y enriquecer nuestra concepción de la realidad, pero no puede salir del mundo de la vida.

Además, poner en duda la validez de nuestro modo humano de percepción haría que la ciencia perdiera su fundamento epistémico. Por ejemplo, la inferencia a la causa más probable requiere que los estados de cosas en los que se basa sean perceptibles. La cocina está realmente desordenada, así que concluimos que nuestros hijos no limpiaron lo que ensuciaban; hay un rastro observable de gotas con una forma particular, así que concluimos que el positrón existe. Del mismo modo, para que algo sea un signo indicativo de la presencia de otra cosa, debe ser perceptible, como las huellas en la nieve o las huellas en la cámara de una nube. En términos más generales, nuestra experiencia corporal concreta constituye el punto de partida y la fuente final de pruebas para la ciencia, por lo que impugnar por completo su validez, convertirla en un espectáculo secundario epifenoménico, es abandonar la verdadera base de la ciencia.

La bifurcación de la naturaleza

Es hora de introducir a Alfred North Whitehead en el debate. Whitehead reconoció claramente lo que llamamos el punto ciego, pero también trazó una nueva filosofía de la ciencia y la naturaleza más allá de él. Defendió la ciencia y la importancia de la abstracción, pero se negó a permitir que lo abstracto usurpara lo concreto, e insistió en no bifurcar la naturaleza en realidad objetiva frente a apariencia subjetiva. Whitehead reconocía que la ciencia tiene su fuente en la experiencia directa, que la percepción ya hace abstracción de lo que está a su disposición por medio de nuestro cuerpo vivo, y que la ciencia amplía rigurosamente esta abstracción sin dejar nunca atrás la experiencia. En su libro de 1920 *El concepto de naturaleza*, Whitehead parte de la observación de que la naturaleza es aquello de lo que somos conscientes en la percepción sensorial.[22] Los físicos, sin embargo, deben abstraerse de la percepción para centrarse en los aspectos matematizables de la naturaleza, como el tiempo, el espacio, el movimiento, las fuerzas y las partículas. Hasta aquí todo bien. La «bifurcación de la naturaleza» se produce siempre que este procedimiento de abstracción se interpreta en el sentido de que la naturaleza consta de dos tipos de cosas diferentes, los constituyentes no percibidos y fundamentales de la realidad, y lo que aparece subjetivamente en la percepción. Bifurcamos la naturaleza cuando la dividimos en «dos sistemas de realidad»: «la naturaleza aprehendida en la consciencia y la naturaleza que es causa de la consciencia».[23]

La bifurcación científica de la naturaleza surgió en el siglo XVII con la distinción de Galileo, Descartes y Locke entre «cualidades primarias» (tamaño, forma, solidez, movimiento y número), que se considera que pertenecen a entidades materiales en sí mismas, y «cualidades secundarias» (color, sabor, olor, sonido, calor y frío), que se considera que solo existen en la mente y que están causadas por las cualidades primarias que inciden en los órganos de los sentidos y crean sensaciones o impresiones mentales.

Aunque nuestra comprensión de la materia cambió radicalmente en los siglos XIX y XX, la bifurcación de la naturaleza siguió vigente. Un ejemplo moderno son las «dos mesas» del físico del siglo XX Arthur Eddington, la mesa ordinaria y la mesa científica. La mesa ordinaria tiene forma, color y solidez, y pertenece al mundo cotidiano de la percepción. La mesa científica es, en su mayor parte, espacio vacío impregnado de campos de fuerza. La física moderna nos asegura, según Eddington, que la mesa científica es la única que existe realmente.[24] Aquí radica el problema característico del punto ciego: la degradación de la experiencia concreta y la elevación de las abstracciones.

Whitehead se niega rotundamente a aceptar la bifurcación de la naturaleza porque viola la premisa de la filosofía natural (el nombre más antiguo de la ciencia) y tiene consecuencias inaceptables. La premisa de la filosofía natural es que «todo lo percibido está en la naturaleza. No podemos elegir».[25] La naturaleza, para la tradición empirista desde la que trabaja Whitehead, es «aquello que observamos en la percepción a través de los sentidos».[26] Mejor aún, la percepción sensorial es la piedra de toque de la naturaleza, porque la naturaleza también incluye aquello que podemos abstraer rigurosamente de la percepción mediante la lógica, la matemática y la experimentación controlada. Así, deducimos la existencia de átomos, electrones y otras partículas subatómicas mediante experimentos detallados. Pero, como dice Whitehead, el rojo de la puesta de sol forma parte de la naturaleza tanto como las moléculas y las ondas luminosas que explican los científicos.[27]

La tarea de la filosofía natural es analizar cómo estos elementos —rojo, moléculas, ondas luminosas— están conectados en un sistema de relaciones. «No hay más que una naturaleza ante nosotros, a saber, la naturaleza que está ante nosotros en el conocimiento perceptivo».[28] Sin embargo, la teoría de la bifurcación, un aspecto fundamental del punto ciego, corta la naturaleza en dos, haciendo que una parte sea real y la otra aparente, siendo la parte real la causa de la parte aparente. Así, la temperatura (la energía cinética media de las partículas) y la luz (parte del espectro electromagnético) existen realmente, mientras que el frío y el calor, por un lado, y el color, por el otro, son meras apariencias. De igual modo, la «tabla científica» (partículas, espacio impregnado de campos de fuerza) existe realmente, pero la tabla ordinaria es solo una imagen perceptiva. Este corte separa el mundo de la percepción del resto de la naturaleza y no nos permite volver a unirlos. Una realidad física oculta es la causa del mundo perceptual, el cual se aloja en la mente: «De esta manera, habría dos naturalezas, una es la conjetura y la otra es el sueño».[29] Se supone que el sueño (frío y calor, color, objetos perceptivos ordinarios) es explicable en términos de la conjetura (partículas, radiación electromagnética), pero esto acaba siendo imposible, porque la conjetura presupone el sueño. La realidad física oculta postulada es una abstracción de los elementos concretos de la naturaleza que se nos presentan en la percepción sensorial y no puede existir por sí misma aparte de esos elementos concretos.

Whitehead no se opone a la abstracción (después de todo, es matemático). Pero se opone a situar las abstracciones por encima de la experiencia concreta en una jerarquía del conocimiento, y a confundir las abstracciones con realidades concretas. Nuestra parábola de la temperatura ilustra la cuestión: la energía cinética debida al movimiento de los átomos, y la temperatura termodinámica como medida del movimiento atómico, son abstracciones de la realidad concreta del frío y el calor. El argumento de Whitehead es que la temperatura termodinámica es abstracta, mientras que el frío y el calor son concretos, y que las abstracciones presuponen una base concreta, por lo que no deberíamos pensar que la temperatura termodinámica es más real que el frío y el calor. Como escribe la filósofa de la ciencia Isabelle Stengers en *Thinking with Whitehead* (*Pensando con Whitehead*), «Entre la experiencia más concreta y las diversas abstracciones, no hay jerarquía para Whitehead. La cuestión que le preocupa, como siempre, es la de la abstracción y, más precisamente, la falta de resistencia característica de la época moderna al dominio intolerante de las abstracciones que declaran frívolo, insignificante o sentimental todo lo que se les escapa».[30]

En *Science and the Modern World* (*La ciencia y el mundo moderno*), publicado en 1925, Whitehead llama a la sustitución subrepticia de abstracciones por realidades concretas «la falacia de la concreción equivocada».[31] Se trata del «error accidental de confundir lo abstracto con lo concreto» —accidental porque es innecesario para la práctica real de la ciencia—.[32] La bifurcación de la naturaleza ejemplifica la falacia de la concreción fuera de lugar, porque surge de confundir las abstracciones matemáticas de la física (energía cinética media de átomos o moléculas) con la realidad concreta (frío y calor) y proponer reducir lo concreto a lo abstracto. Esta reducción invierte sin sentido la relación de dependencia (lo abstracto presupone siempre lo concreto).

Una vez que bifurcamos la naturaleza, no podemos evitar situar la mente fuera de ella y, sin embargo, nos vemos obligados a invocarla de forma misteriosa para explicar lo que aparece en la percepción. Supongamos que decimos que las ondas luminosas y la actividad cerebral nos hacen ver el rojo. Dada la bifurcación de la naturaleza, las ondas luminosas y la actividad cerebral son físicamente reales, mientras que el rojo es una apariencia subjetiva. Pero las apariencias subjetivas son fenómenos mentales. Así que, al decir que la luz y el cerebro causan el rojo, invocamos un tipo ilícito de causalidad, que salta misteriosamente de entidades materiales a entidades mentales extrañas. Planteamos una relación causal que ya no opera dentro del único dominio de la naturaleza. En su lugar, atraviesa la naturaleza y el dominio extraño de la mente. En otras palabras, una vez que la mente es empujada fuera de la naturaleza, lo que ocurre inexorablemente con la bifurcación de la naturaleza, cualquier transacción físico-mental no puede contar como una interacción dentro de la naturaleza. La ciencia natural, sin embargo, se basa en la premisa de no referirse a nada fuera de la naturaleza en sus explicaciones. Por tanto, apelar a la mente, aunque solo sea como supuesto punto final de una cadena causal, es inaceptable.

Como observa Whitehead, desde la perspectiva de las ciencias naturales, no explicamos en realidad el rojo cuando mencionamos la luz que entra en nuestros ojos y la subsiguiente actividad cerebral.[33] En cambio, presuponemos la presencia perceptiva del rojo y determinamos que va acompañada de la respuesta del cerebro a la recepción de la luz por el ojo. Por tanto, deberíamos decir que la presencia perceptiva del rojo en la naturaleza se produce de forma interdependiente con la entrada de luz en nuestros ojos y la consiguiente actividad cerebral, no que la luz y la actividad cerebral causen la aparición mental del rojo. Mientras que la segunda forma de hablar bifurca la naturaleza (en real frente a aparente, físico frente a mental), la primera no lo hace (solo hay un sistema de sucesos interdependientes).

Invocar la mente o las «adiciones psíquicas», en términos de Whitehead, para explicar cómo la realidad física causa el mundo aparente de la percepción deja a la mente colgando por su cuenta, sin relación con nada más. Cuando intentamos incorporar la mente de nuevo a la naturaleza, nos enfrentamos a un problema insoluble, el problema mente-cuerpo. La versión actual —¿cómo es posible la consciencia en un universo puramente físico?— es un artefacto de la bifurcación de la naturaleza y el punto ciego.

Los avances de la neurociencia amplían el problema, pero no lo resuelven. Mucho más que en la época de Whitehead, ahora somos capaces de delinear muchos de los acontecimientos físicos y neuronales que se producen de forma interdependiente con la percepción consciente. Pero estamos bloqueados por la llamada brecha explicativa entre la naturaleza física y la experiencia consciente. Whitehead nos diría que la brecha explicativa es el resultado de la bifurcación de la naturaleza, y que no hay forma de superarla mientras se mantenga esa división. La neurociencia cognitiva no puede salvar la brecha porque presupone la experiencia de la percepción en primera persona del científico. Stengers pone el dedo en la llaga: «De explicación en explicación, de situación experimental en situación experimental, la "mente" permanece entre paréntesis, en el sentido de que la caracterización de la relación experimental no incluye a la persona para la que constituye una explicación. Pretender explicar el "rojo percibido" es pretender que surja de repente, como un conejo sacado de la chistera de un mago, un término que designa, no lo que los científicos han logrado percibir, sino aquello que todos sus logros presuponen».[34] En otras palabras, aunque los científicos están estableciendo correlaciones cada vez más precisas entre las actividades neuronales y los informes de percepción consciente de los participantes en sus experimentos, estos éxitos presuponen la consciencia de los propios científicos como condición previa de toda la empresa científica. Pensar que los mismos métodos que utilizamos para estudiar las correlaciones entre las actividades cerebrales y los informes de experiencia consciente pueden volver a la consciencia como condición previa de la presencia de cualquier cosa, en particular para la ciencia, es como pensar que se puede sacar un conejo de una chistera de mago vacía.

El problema de cómo incorporar la experiencia consciente a una naturaleza física de la que ha sido deliberadamente expurgada es un problema mal formulado. Es sintomático del punto ciego. Sin embargo, de ello no se sigue que la comprensión de la relación interdependiente entre la actividad cerebral y aquello de lo que somos conscientes en la experiencia no plantee problema alguno. Whitehead lo reconoce: «Realmente hay una dificultad que afrontar al relacionar, dentro del mismo sistema de entidades, la rojez del fuego con la agitación de las moléculas».[35] Lo que se niega a hacer al enfrentarse a esta dificultad es a permitir que la naturaleza se bifurque: «En lo que respecta a la realidad, todas nuestras percepciones sensoriales están en el mismo barco, y deben ser tratadas según el mismo principio».[36]

Desde nuestra perspectiva, la dificultad de integrar la experiencia consciente y la naturaleza física dentro de un mismo sistema es un reto que hay que reconocer y aceptar, no barrer bajo la alfombra, ignorando la primacía de la experiencia directa y recurriendo a la sustitución subrepticia, o a la falacia de la concreción fuera de lugar. Uno de los costes del punto ciego han sido siglos en los que prácticamente no se ha avanzado en el problema mente-cuerpo. Como veremos más adelante, aunque el reconocimiento de la irreductibilidad de la experiencia no resuelve la dificultad, abre la puerta a nuevos enfoques que permanecen conectados a la fuente de la ciencia en la experiencia directa.

Lo que hemos aprendido hasta ahora

Comenzamos este capítulo identificando un conjunto de elementos clave de la metafísica del punto ciego. Ahora podemos resumir cómo conducen a la oclusión de la experiencia a través de los siguientes errores entrelazados:

1) **Sustitución subrepticia.** Se trata de la sustitución del ser concreto, tangible y observable por construcciones matemáticas abstractas e idealizadas. Además de la parábola de la temperatura, otros ejemplos que discutiremos son: la sustitución del tiempo del reloj por la duración, la naturaleza en un instante por la naturaleza como proceso, la computación por el significado, y la información por la consciencia. La sustitución subrepticia es esencialmente la sustitución del ser por los productos de un método para obtener un tipo particular de conocimiento. También es la sustitución del mundo de la vida y la naturaleza fuera del taller científico por lo que fabricamos dentro del taller.
2) **La falacia de la concreción equivocada.** Es el error de confundir lo abstracto con lo concreto. Subyace a la sustitución subrepticia.
3) **Reificación de invariantes estructurales.** La ciencia produce invariantes estructurales mediante la abstracción a partir de la experiencia en el taller científico. Estos incluyen esquemas de clasificación, modelos, proposiciones generales, sistemas lógicos y leyes y modelos matemáticos. Son residuos muy destilados de la experiencia. La cosificación se produce cuando se consideran cosas o entidades que son esencialmente no experienciales que constituyen el tejido objetivo de la realidad.
4) **La amnesia de la experiencia.** Esto ocurre cuando nos quedamos tan atrapados en la sustitución subrepticia, la falacia de la concreción fuera de lugar y la cosificación de invariantes estructurales, que la experiencia finalmente desaparece por completo de nuestra vista. Ahora reside en el punto ciego que hemos creado al malinterpretar el método científico.

Esta lista detalla en términos abstractos nuestro diagnóstico de las causas subyacentes de la crisis de sentido de nuestra cosmovisión científica global. Creemos que estos errores fundamentales también están implicados en las crisis existenciales a las que se enfrenta ahora nuestra cultura científica.

Volvamos a la parábola de la temperatura para ilustrarla. Si decimos que la sensación de frío o calor es subjetiva y aparente, mientras que la temperatura termodinámica (la energía cinética media del movimiento atómico) es objetiva y real, estamos pensando en términos de bifurcación de la naturaleza. Estamos sustituyendo subrepticiamente una abstracción —una media matemática, un único número tomado como representativo de una lista de muchos números— por algo concreto, un objeto de percepción sensorial. Al tratar la abstracción como si fuera concreta, cometemos la falacia de la falta de concreción. También estamos cosificando una invariante estructural de la experiencia. Como resultado, hemos perdido de vista la experiencia directa como fuente y sustento de la ciencia. Hemos olvidado todo el proceso por el cual invariantes estructurales como la temperatura termodinámica se extraen de la experiencia directa en el taller científico, pero permanecen como tales. Hemos sucumbido a la amnesia de la experiencia. Estamos plenamente instalados en el punto ciego.

La ironía es que, como resultado del calentamiento global provocado por el hombre, la concreta realidad del frío y el calor nunca ha sido más tangible. Al mismo tiempo, es imposible entender el cambio climático y el sistema terrestre sin la termodinámica y la mecánica estadística. Tenemos que afirmar la validez tanto de la experiencia corporal como de la ciencia sin crear una división en nuestras ideas sobre lo que es real y una jerarquía del conocimiento basada en esa división. Sentimos el calor antes de saber medirlo cuantitativamente. Pero necesitamos tanto la sensación como la medida para afrontar los retos del calentamiento global.

Si nos negamos a que la naturaleza se bifurque en nuestro pensamiento, nuestra visión del mundo cambia. El frío y el calor son tan reales como la energía cinética media de las partículas. El frío y el calor se encuentran en la naturaleza, como las partículas que tienen una amplia gama de energías cinéticas, con la mayoría de las partículas que tienen energías próximas a la mitad de la escala. El frío y el calor son concretos; la temperatura es abstracta. Mejor aún, el calor y el frío son relativamente más concretos, y la temperatura es relativamente más abstracta, porque destacar el calor y el frío entre la miríada de sensaciones y percepciones ya es abstraerse del flujo de acontecimientos. Por eso decimos coloquialmente que cuanto más te concentres en tener calor, más calor sentirás. La belleza y el poder de la ciencia es que nos permite intensificar, prolongar y refinar la abstracción ya iniciada por la percepción sensorial, utilizando las herramientas de la lógica, las matemáticas y la experimentación controlada en el taller científico. No permitir que la naturaleza se bifurque en nuestro pensamiento es el primer paso más allá del punto ciego hacia una visión renovada de la ciencia.

La ciencia no pierde su autoridad en esta nueva visión; al contrario, su autoridad gana una base adecuada. La ciencia tiene autoridad precisamente porque es una forma muy refinada de experiencia. Su objetividad se deriva de nuestra capacidad para abstraernos de la experiencia directa y hacer de nuestras abstracciones objetos de conocimiento público. Los poderosos métodos de la ciencia, visibles en el parámetro de la temperatura, demuestran cómo los ciclos ascendentes de abstracción, ideación, experimentación y teorización crean un conocimiento público estable sobre el que las comunidades de investigadores pueden construir. Este tipo de conocimiento enriquece y amplía la experiencia humana. El conocimiento científico es absolutamente necesario para fomentar una civilización global vibrante y ecológicamente viable. Pero la ciencia debe entenderse correctamente para que la naturaleza no se bifurque y el mundo de la vida no se degrade. La ciencia debe integrarse adecuadamente en un mundo fuera del taller, centrado en el respeto a la naturaleza, en lugar de tratarla como algo que subyugar. Debemos tener presente esta perspectiva al profundizar ahora en la aparición del punto ciego en la historia de la ciencia y en la encarnación moderna de la ciencia.

2. La espiral ascendente de la abstracción: orígenes científicos del punto ciego

Tenía sentido en aquel momento

El punto ciego surgió históricamente junto a la ciencia por una buena razón. Fue una respuesta natural al extraordinario éxito que los nuevos métodos estaban proporcionando a las sociedades europeas a partir del siglo XVII. Fue entonces cuando las comunidades de investigadores de toda Europa empezaron a establecer diferentes configuraciones del taller científico en forma de laboratorios, observatorios y sociedades científicas que establecían normas para la recopilación de datos, su análisis, los modos de razonamiento y la argumentación matemática. Como resultado, en el espacio de unos pocos siglos, se lograron notables avances en la comprensión de cuestiones clave, como la naturaleza del movimiento, la fuerza, el calor, la luz e incluso los fundamentos del desarrollo biológico. Estos conocimientos eran empíricos y teóricos, lo que permitió que la ciencia se utilizara rápidamente para remodelar actividades como la agricultura, la minería, el comercio, la guerra e incluso los marcos conceptuales y matemáticos utilizados para financiar estas actividades. Fue una época de triunfos sin precedentes para la ciencia. En la estela de ese éxito, la constelación de elementos que componen el punto ciego parecía surgir de forma natural, y se conectaba de forma natural con las causas fundamentales de ese triunfo.

El periodo comprendido entre finales del siglo XVI y finales del XIX es la era de la física clásica. En este capítulo, nos centraremos en la física porque, más que en ningún otro ámbito, su progreso llegó a definir la forma ideal de lo que la ciencia podía ofrecer. El triunfo de la física clásica entre los siglos XVII y XIX permitió que el marco incorpóreo del punto ciego se formara y arraigara, y acabara por convertirse en dominante, de modo que pasó a un segundo plano como un simple «lo que dice la ciencia».

Así pues, para entender de qué modo el punto ciego limita la cultura científica actual, primero debemos entender cómo llegó a convertirse en natural para la cultura científica del pasado. Empecemos por las raíces griegas de la ciencia. Fue durante ese notable periodo cuando se establecieron los debates clave y sus polaridades esenciales. Puesto que la forma actual de la ciencia surgió de la sociedad europea (aunque debe mucho a las circulaciones globales de conocimiento creadas por otras sociedades), y puesto que la recuperación de las fuentes griegas fue la base del despertar intelectual de los escolásticos y más tarde del Renacimiento, los marcos conceptuales de la ciencia se remontan a los griegos.[1] A partir de ahí, seguiremos la evolución de la física clásica, y sus importantísimas concepciones del movimiento y la fuerza, desde los escolásticos de los siglos XIII y XIV, hasta los logros sin parangón de Newton. Fue Newton quien codificó cómo debía ser una descripción satisfactoria de la realidad para establecer la existencia de «leyes de la naturaleza». Concluiremos con un análisis del perfeccionamiento y las ampliaciones de la obra de Newton por parte de Joseph- Louis Lagrange y William Hamilton. La «mecánica analítica» que ellos y otros desarrollaron, representó el mayor logro de la física clásica. Su nivel de abstracción parecía demostrar que el universo estaba escrito en el lenguaje de las matemáticas.

El objetivo de este recorrido histórico es ver de qué modo los elementos filosóficos del punto ciego —la bifurcación de la naturaleza, el reduccionismo, el objetivismo, el fisicalismo, la cosificación de las entidades matemáticas y la concepción de la experiencia como un espectáculo secundario derivado— surgieron de los logros de la física clásica, y los acompañaron. También debemos estar atentos a cómo la amnesia de la experiencia se convirtió en parte integral del punto ciego y de su metafísica de la ciencia. En los capítulos siguientes se analiza cómo la metafísica del punto ciego limita y distorsiona el pensamiento y la práctica científica en la actualidad en diversos campos, incluida la física. En este capítulo, sin embargo, nos centraremos en las raíces científicas del punto ciego, con el fin de discernir cómo la sustitución subrepticia, la falacia de la concreción errónea, la cosificación de las invariantes estructurales de la experiencia, y la amnesia de la experiencia, se afianzaron a medida que la física clásica se identificaba con la metafísica del punto ciego.

Ideas griegas sobre la naturaleza

«Toda filosofía está teñida con el colorido de algún trasfondo imaginario que nunca emerge explícitamente en su tren de razonamiento».[2] Cuando Alfred North Whitehead escribió estas palabras, se refería concretamente a los griegos, y al papel que desempeñaron en el establecimiento de las raíces de la ciencia moderna. El trasfondo imaginario del punto ciego y sus tácitas concepciones metafísicas se remontan a los griegos y a las culturas monoteístas de las tradiciones abrahámicas. Fue la combinación de la creencia de los griegos en los modelos racionales del mundo y la visión monoteísta de un dios racional como marco de referencia objetivo último lo que proporcionaría el terreno a partir del cual crecería el universo mecanicista de la física clásica.[3] De este modo, para rastrear las raíces de la cosmovisión clásica de la materia y el movimiento, la que serviría de fundamento al punto ciego, comenzaremos con los filósofos griegos presocráticos y luego avanzaremos a través de quince siglos de historia intelectual para considerar las raíces medievales de la ciencia.[4]

Al esbozar el legado griego, tanto para la ciencia como para la metafísica del punto ciego, haremos hincapié en tres cuestiones clave de la filosofía griega: (1) ¿De qué está hecho el mundo? (2) ¿Cómo cambia (o no cambia, si el cambio es irreal)? (3) ¿Qué papel desempeñan las matemáticas en la estructura del mundo? Daremos algunos ejemplos de cómo los griegos abordaron estas cuestiones de maneras que acabarían resultando cruciales para el surgimiento de la física.

La idea de que el mundo está construido a partir de una sustancia original e inmutable define los inicios de la filosofía griega. La idea iba de la mano con el pensamiento de que las cosas naturales (en contraste con las artificiales) constituyen un único «mundo de la naturaleza», y que lo común a todas las cosas naturales es que están hechas de un único material subyacente.[5] Estas ideas fueron fundamentales para los pensadores jonios del siglo VI a. C.

Tales de Mileto, el primero de los filósofos jonios, sostenía que el agua constituía la sustancia fundamental de la que todo está hecho. Sin embargo, Anaximandro, su compatriota de Mileto, consideraba que la materia primigenia no era el agua, que no es más que una de las muchas sustancias naturales, sino algo indiferenciado, de calidad indeterminada e infinita espacial y temporalmente, a la que denominó «lo ilimitado». A finales del siglo VI a. C., Anaxímenes combinó aspectos de estas dos teorías. Al igual que Anaximandro, consideraba que la materia primigenia se extendía infinitamente en tres dimensiones, pero no la consideraba de calidad indeterminada. En su lugar, retomó la posición de Tales de que se trata de una sustancia natural específica, pero sostuvo que esta sustancia es el aire o vapor. Poco después, Heráclito afirmó que el fuego es la sustancia subyacente a todas las cosas.

Con su énfasis en una sustancia única que constituye todo lo que es, estos filósofos griegos abrieron la puerta a una línea de investigación que continúa hasta nuestros días. Su reivindicación era ontológica, pues postulaba la existencia de un sustrato fundacional subyacente a todos los aspectos de la naturaleza.

Aproximadamente un siglo después de Tales, Empédocles, que vivía en Akragas, una ciudad griega de Sicilia, compuso un poema, «Sobre la naturaleza», que no solo contiene una ontología de la naturaleza, sino también una cosmogenia (teoría del origen del universo) y una teoría de la generación y la destrucción.[6] En lugar de estar formado por una única sustancia, todo se compone de cuatro elementos básicos (Empédocles los llamó las «raíces» de todas las cosas) —fuego, tierra, aire y agua— y es el resultado de dos fuerzas, el Amor y la Lucha, que mezclan y separan los elementos respectivamente.

Aristóteles, en su *Metafísica*, atribuye a Empédocles ser el primer filósofo que identificó estos cuatro elementos.[7] Sin embargo, su concepción más influyente procede del propio Aristóteles.[8] Los incluyó en un gran esquema cosmológico que no solo explicaba sus combinaciones en las diversas formas materiales del mundo, sino también sus cambios, incluido el movimiento.

Aristóteles defendía un universo geocéntrico en el que la Tierra está rodeada de esferas cristalinas anidadas, cada una de las cuales está en movimiento y lleva consigo un objeto celeste (Sol, Luna, planetas y estrellas). Para explicar los movimientos celestes observados, incluida la rotación diaria y anual de los cielos (de la Tierra, en realidad, cada día alrededor de sí misma y cada año alrededor del Sol), Aristóteles propuso la existencia de no menos de cincuenta y seis esferas anidadas en corrotación, imaginando un sistema verdaderamente complejo. Pero no se trataba de un sistema mecánico, sino orgánico, porque para Aristóteles el mundo de la naturaleza es un mundo de cosas que se mueven por sí mismas, como lo era para los pensadores jónicos que le precedieron.[9] Los cuatro elementos —fuego, tierra, aire y agua— pertenecen al reino sublunar, donde son posibles la generación, el cambio y la decadencia. El reino más allá de la Luna es perfecto e inmutable, y todos los objetos celestes están formados por un quinto elemento incorruptible (llamado quintaesencia o «quinta esencia»). Sin embargo, los cuatro elementos terrestres no constituyen por sí solos la totalidad de la naturaleza. Las «cualidades sensibles» (caliente, frío, húmedo, seco) se añaden a los elementos fundamentales del mundo. Cuando se combinan por parejas, sustentan el comportamiento de los cuatro elementos. El agua, por ejemplo, es húmeda y fría, mientras que el fuego es caliente y seco. Lo que Aristóteles proponía era un modelo cosmológico, una lista ontológica de lo que existía en la naturaleza independientemente de la percepción humana, así como una descripción de cómo interactuaban los elementos de esa lista.

Todo sistema filosófico necesita una oposición. Para la visión aristotélica de la materia, esa oposición adoptó la forma del atomismo. Un siglo después de Tales, Leucipo de Mileto y Demócrito de Abdera sostuvieron que el universo está compuesto por un número infinito de minúsculos e indivisibles corpúsculos de materia —átomos— que se mueven aleatoriamente en el vacío. Aunque los átomos en sí son inmutables, sus movimientos y colisiones dan lugar a las figuras transitorias que percibimos como mundo macroscópico. Estos primeros atomistas ofrecieron ingeniosas explicaciones de cómo el mundo de la experiencia podía construirse a partir de los movimientos atómicos. Para nosotros, lo más importante es que su visión era reduccionista, materialista y mecanicista en el sentido moderno.[10] Todas las diferencias cualitativas entre las cosas se atribuyen a diferencias en la forma, el tamaño, la disposición y el movimiento hipotético de los átomos, y todos los cambios sustanciales y cualitativos que experimentan los cuerpos físicos se reducen al movimiento y a las diferentes combinaciones de átomos. Además, la única forma en que los átomos pueden afectarse mutuamente es a través de los efectos que producen cuando entran en contacto unos con otros. No existen fuerzas atractivas o repulsivas que puedan actuar a distancia. El universo es un sistema mecánico sin vida construido a partir de los movimientos de átomos inertes que se mueven según reglas que no tienen nada que ver con la vida, la mente o los propósitos. El azar y el movimiento mecánico, no los dioses, gobiernan el mundo.

Más de un siglo después, el atomismo adquiriría un nuevo rostro en la filosofía de Epicuro, para quien el universo era también un eterno vacío infinito poblado por enjambres de átomos en persistente movimiento. Debido al hecho de que a Epicuro le interesaban sobre todo las cuestiones éticas, relacionadas con el modo de vivir una buena vida, su atomismo pretendía liberar a la gente de sus temores supersticiosos, mostrándoles que el mundo y sus características podían entenderse en términos de propiedades intrínsecas que carecían de intención o agencia. Esto significaba que lo que ahora llamamos «cualidades secundarias», como el sabor y el color, no tenían existencia subyacente. Sólo los átomos y el vacío eran reales en última instancia, con sus propiedades de forma, tamaño y peso. Como escribe David Lindberg en su relato de las raíces griegas de la ciencia, para los atomistas no podía haber «ninguna mente gobernante, ninguna providencia divina, ningún destino y ninguna vida después de la muerte».[11]

Sin embargo, Epicuro quiso salvar el albedrío humano de una concepción puramente determinista del universo. Para ello introdujo una «desviación» en su versión del atomismo.[12] Al moverse, cada uno de los átomos se desplaza en la «menor cantidad posible» —añadiendo con ello un elemento no causal al movimiento atómico—. La desviación no está impulsada por ninguna fuerza impuesta. Ninguna predicción puede hacerse de su dirección. Aunque este añadido de aleatoriedad acechará a la versión de Epicuro de la filosofía atomista, en cierto modo anticipa la dimensión no causal que sustenta a los fenómenos cuánticos.

Paralelamente a estas cuestiones ontológicas sobre los elementos constitutivos de la naturaleza, la concepción griega del papel de las matemáticas en la descripción del mundo fue igualmente importante en el largo camino hacia la física clásica. El triunfo de la abstracción en la mecánica clásica también tuvo sus raíces en la Grecia presocrática.

En el año 530 a. C., Pitágoras fundó su escuela en Crotona (Sicilia), una comunidad de místicos matemáticos dedicados a encontrar el plano numérico y geométrico subyacente a la realidad. Aristóteles describió sus puntos de vista (que no apoyaba) de la siguiente manera: «[Los pitagóricos] consideraban que los elementos de los números eran los elementos de todos los seres, y que todo el cielo era armonía y número».[13]

R. G. Collingwood escribe en *La idea de la naturaleza*: «Pitágoras abrió nuevos caminos, con consecuencias trascendentales».[14] Propuso que las diferencias cualitativas en la naturaleza se basan en diferencias de estructura geométrica o patrón, más que en diferencias de materia. La materia es aquello que puede modelarse geométricamente. Para explicar la naturaleza de las cosas, debemos apelar a sus propiedades matematizables, concretamente a sus respectivas estructuras geométricas.

La acústica y la teoría musical permitieron demostrar este nuevo punto de vista. Las diferencias cualitativas entre una nota musical y otra no dependen del material del que están hechas las cuerdas que producen las notas, sino de la velocidad de vibración de las cuerdas. Pitágoras también descubrió que las notas musicales con un tono agradable o «armónico» (palabra inventada por los pitagóricos) para el oído tienen fracciones enteras de la longitud de las cuerdas de una lira. Estas relaciones, que forman una escala musical construida a partir de quintas (3:2) y octavas (2:1), son un ejemplo temprano del descubrimiento de cómo las relaciones numéricas pueden discernirse en y a través de la experiencia sensorial.

El avance pitagórico consistió en considerar que la forma de las cosas las hace ser lo que son. La forma es esencial, no la materia —lo que es capaz de tomar forma—. En palabras de Collingwood:

«En relación con el comportamiento de las cosas en las que existe, la forma es esencia o naturaleza. En relación con la mente humana que la estudia, la forma no es perceptible, como las cosas que componen el mundo natural: es inteligible».[15]

Platón (a quien Aristóteles consideraba un pitagórico) elevó esta concepción de la forma inteligible a un principio del ser verdadero. Un círculo matemático es perfectamente circular, pero un plato redondo es solo aproximada e imperfectamente circular. Cualquier cosa corporal o material solo puede ser aproximada con respecto a su forma perfecta. Además, una cosa material es intrínsecamente transitoria, siempre pierde o se aleja de su forma, muere o se convierte en otra cosa. Pero la forma inteligible es plena y únicamente ella misma y nunca cambia ni muere. Su ser es absoluto. Además, Platón concibe la forma como transcendente. Su ser no pertenece al mundo perceptible de la naturaleza, sino a un mundo independiente e inteligible de formas puras.[16]

En la cosmología de Platón, la forma matemática es preeminente. La materia es aquello que es capaz de recibir forma geométrica, y el mundo material es una imitación imperfecta del mundo inteligible de las formas. Los elementos (fuego, tierra, aire y agua) se identifican con estructuras matemáticamente distintas, concretamente con cuatro de los cinco sólidos geométricos regulares (polígonos regulares que se encuentran en los mismos ángulos tridimensionales y cuyas caras son todas idénticas): el tetraedro para el fuego, el cubo para la tierra, el octaedro para el aire y el icosaedro para el agua. El quinto de los llamados sólidos platónicos, el dodecaedro, se utiliza para el universo en su conjunto, porque es el que más se aproxima a la forma de una esfera. Además, el espacio es simplemente el receptáculo de las formas, por lo que no difiere de la materia y no corresponde a nada del mundo inteligible de las formas. El tiempo, sin embargo, es una copia de algo del mundo inteligible, a saber, la eternidad. Como afirma Platón en su diálogo *Timeo*, el tiempo es una imagen en movimiento de la eternidad.[17] «Eternidad» no significa tiempo infinito que nunca termina. Significa ausencia de tiempo o estar fuera del tiempo. Significa la ausencia total de cambio y de sucesión. (Las cosas circulares van y vienen, pero el círculo matemático no reside en el tiempo y no experimenta ningún cambio). El tiempo (cambio y sucesión) pertenece al mundo natural, no al mundo inteligible de las formas. El tiempo nace con la creación de la naturaleza. La creación es el acto de un artesano divino o «demiurgo», y la naturaleza es su obra. Por tanto, no hay tiempo antes de la creación, y la creación no es un acontecimiento en el tiempo. Es un acto eterno.[18]

Estas ideas platónicas y pitagóricas —la materia es un mero receptáculo de formas matemáticas inteligibles; las matemáticas son el esqueleto invisible de la realidad; el tiempo es una imagen móvil y engañosa de un reino en el que no hay cambio ni sucesión; la naturaleza en su conjunto es una imitación de un orden inteligible superior y perfecto; y la naturaleza es un sistema que puede comprenderse enteramente desde un punto de vista exterior, divino— tendrá profundas influencias en el desarrollo de lo que hoy llamamos física teórica. La capacidad de las abstracciones matemáticas filigranadas para describir el mundo con la máxima precisión se convirtió en la piedra angular del triunfo de la física clásica. Servirá para relegar a un segundo plano la experiencia perceptiva concreta, una postura que Platón ya había defendido. Como escribe Lindberg, «Platón equiparaba sus formas con la realidad subyacente, al tiempo que asignaba una existencia derivada o secundaria al mundo corpóreo de la existencia sensible».[19]

Ahora bien, es importante señalar que los filósofos griegos se enfrentaban a las particularidades de su propio momento histórico y su propia cultura en sus esfuerzos por superar las narrativas politeístas que dominaban el mundo y su orden. Intentaban comprender el mundo utilizando la razón, la observación y la experimentación. Sin embargo, las técnicas que desarrollaron, como la reducción atomística y la elevación de las matemáticas, sobrevivirán a estas urgencias contingentes, y servirán de base para establecer el poderoso lenguaje compartido de investigación que ahora llamamos ciencia. Por este motivo, celebramos con razón sus innovaciones. Sin embargo, los hábitos de pensamiento que asociamos con el punto ciego también eran incipientes en sus filosofías, aunque se invocaran por razones propias de su época. Estas ideas servirían a nuevos propósitos en el auge de la física clásica.

Hacia la mecánica: la búsqueda medieval del movimiento matemático

Tras la caída del Imperio romano de Occidente, la tradición de la «filosofía natural» establecida por los griegos (aunque entonces no se llamaba así) fue retomada por las civilizaciones árabes islámicas. Allí continuaron los debates sobre las cuestiones planteadas por Aristóteles. También se produjeron avances en matemáticas y astronomía basados en la obra de Ptolomeo y su modelo geocéntrico del universo. Aunque el debate sobre el mundo natural continuó hasta cierto punto en la Europa medieval, no fue hasta que aparecieron en el siglo XII traducciones al latín de textos fundamentales en árabe y griego cuando se reanudaron los estudios seriamente. Dado que nos interesa sobre todo el desarrollo de la mecánica clásica entre los siglos XVII y XIX, nos centraremos en primer lugar en la lucha de los eruditos de la Edad Media tardía por formular una comprensión del movimiento, la base de toda la física. Sus trabajos contribuyeron a sentar las bases para los posteriores avances revolucionarios de Galileo, Newton y otros.

Sin embargo, el trabajo realizado entre los siglos XII y XVI no debe verse únicamente bajo el prisma de lo que vino después.

Como dice Lindberg, «nunca debemos caer en la tentación de suponer que, cuando hayamos identificado las piezas de la física medieval de las que se apropiaron épocas posteriores, habremos descubierto lo que los propios físicos medievales consideraban características esenciales de su disciplina».[20] Los escolásticos trabajaban con una visión del mundo que aún no se había bifurcado en cualidades primarias del mundo exterior «ahí fuera», frente a cualidades perceptivas secundarias, tan familiares para los científicos modernos. Esa futura bifurcación de la naturaleza fue lo que el desarrollo revolucionario de la mecánica clásica ayudaría a conseguir.

De Aristóteles, los eruditos medievales heredaron la idea de «movimiento natural». En los reinos lunares y superiores, el movimiento natural era el paso incesante de los cuerpos a lo largo de trayectorias perfectamente circulares. En el reino sublunar, sin embargo, el movimiento podía y debía detenerse cuando un objeto alcanzaba su lugar natural (ya fuera hacia abajo, hacia la Tierra, como una roca que cae, o hacia arriba, hacia el cielo, como el fuego). Según los aristotélicos, los objetos podían ponerse en «movimiento violento» cuando una fuerza actuaba sobre ellos (como una roca lanzada), pero el movimiento se detenía una vez que esa fuerza dejaba de actuar.

Para Aristóteles y sus seguidores, los tipos de movimiento que dominarían las preocupaciones de la física después de Galileo y Newton eran solo uno de los muchos tipos de cambio. Era el menos importante. Las otras tres categorías aristotélicas de cambio eran la generación y la corrupción, la alteración, y el aumento y la disminución. Cada una de ellas estaba asociado, junto al «movimiento local», a un enfoque filosófico vinculado a la cuestión del cambio que los escolásticos medievales se esforzaban por comprender. Particularmente interesante para nuestra historia es de qué modo solo unos pocos eruditos vieron la posibilidad de expresar el movimiento local en términos matemáticos. A lo largo de dos siglos, estos eruditos se esforzarían por traducir las nociones intuitivas de «rapidez», «fuerza», «resistencia», etc., en cantidades matemáticas que pudieran manipularse y analizarse.

Gerard de Bruselas intentó uno de los primeros análisis de este tipo en su breve libro *Sobre el movimiento* (escrito entre finales del siglo XII y mediados del XIII).[21] Reconoció la división adecuada entre cinemática y dinámica. Mientras que la dinámica es el estudio de lo que causa el movimiento (lo que ahora llamamos fuerzas), la cinemática era una pura descripción del movimiento en sí. Poner entre paréntesis (como diría Husserl) las relaciones cinemáticas de distancia, tiempo, velocidad y aceleración, del aparato conceptual necesario para comprender las causas del movimiento resultaría un terreno fértil. Sin embargo, aunque Gerard vio que había que hacer una distinción, no fue él quien desarrolló los refinamientos necesarios para progresar en cinemática. Fue un grupo de eruditos del Merton College de la Universidad de Oxford quienes lo lograron a mediados de la década de 1300.

Los mertonianos, un grupo que incluía a Thomas Bradwardine, William de Heytesbury, Richard Swineshead y otros, desarrollaron el importantísimo vocabulario técnico que permitió identificar, conceptualizar y analizar a los elementos clave de la cinemática. Esto incluía distinguir entre movimiento uniforme y movimiento no uniforme. El primero era el movimiento a velocidad constante. La velocidad era en sí misma un concepto difícil, y la innovación de los mertonianos consistió en reconocerla como la distancia recorrida en un tiempo determinado. Vieron que el movimiento no uniforme significaba aceleración, donde la velocidad cambiaba con el tiempo. Los mertonianos fueron incluso capaces de describir el movimiento uniformemente acelerado, en el que la velocidad cambiaba en cantidades iguales en unidades de tiempo iguales. Al articular cuidadosamente el significado y la relación entre cada uno de estos conceptos, crearon un lenguaje que diseccionaba el movimiento en sus componentes y casos.

A medida que los logros técnicos de los mertonianos llegaban a las universidades de toda Europa, su capacidad para expresar el cambio en términos cuantitativos era ampliada por otros eruditos. En Francia, Nicole Oresme desarrolló un método de representación geométrica que prefiguraba los avances de Descartes y su geometría analítica doscientos años más tarde.

Oresme descubrió que podía representar la «intensidad» de alguna propiedad de un objeto, por ejemplo, el calor, mediante un dibujo bidimensional similar a un gráfico moderno. La «línea temática» o «extensión» podía dibujarse para representar la distancia a lo largo del objeto (lo que llamaríamos el *eje x* en un gráfico moderno). La «intensidad» de la propiedad en cada punto de la longitud del objeto se representaba mediante una línea perpendicular a la extensión (lo que llamaríamos el *eje y*). Así, Oresme podía representar una barra de hierro fría en un extremo y caliente en el otro mediante su método protográfico mostrando una línea horizontal para la barra y una línea diagonal que salía de un extremo y marcaba la intensidad del calor (lo que ahora llamaríamos temperatura).

Tras leer el trabajo cinemático de los mertonianos, Oresme descubrió que podía representar el movimiento de la misma manera. Al hacer que la línea del sujeto representara el tiempo y la línea de la intensidad la distancia, Oresme descubrió una representación geométrica del movimiento que se prestaba a la aplicación del análisis matemático. Utilizando esta representación, él y otros estudiosos que le siguieron fueron capaces de derivar sofisticados resultados cinemáticos. Hoy en día, estos resultados se tratan en la primera clase de un curso moderno de introducción a la física. En la época medieval, sin embargo, representaban una comprensión extremadamente avanzada y difícil de lograr de los elementos básicos del movimiento. La física clásica no habría sido posible sin estos avances.

Aunque los mertonianos y otros eruditos también se interesaron por la dinámica —las causas de los movimientos—, reconocieron que para este problema el terreno estaba embarrado. El legado del movimiento natural de Aristóteles y su insistencia en que las fuerzas debían actuar continuamente sobre un objeto, o este se detendría, suponían un obstáculo considerable. La dificultad residía en desentrañar exactamente qué combinación de magnitudes cinemáticas estaba relacionada con la imposición de una fuerza. Los eruditos medievales tropezaron con diferentes versiones de una respuesta. En París, Jean Buridan acuñó el término *ímpetu* para describir una cualidad «cuya naturaleza es mover el cuerpo en el que está impresa».[22] En primer lugar, Buridan definió una expresión cuantitativa para el ímpetu, cuya fuerza dependía tanto de la velocidad (v) de un cuerpo como de la cantidad de materia (m) que contuviera. Después intentó aplicar su teoría del impulso al movimiento de los proyectiles (un tema que preocupaba a muchos eruditos medievales) y a las órbitas planetarias. Cabe destacar que el ímpetu de Buridan tiene la misma definición que la magnitud que hoy llamamos momentum (masa multiplicada por la velocidad, o mv), que más tarde reaparecería en la obra de Descartes y desempeñaría un papel central en la dinámica de Newton. También cabe destacar que Buridan conjeturó lo que más tarde se conocería como la ley de la inercia, atribuida habitualmente a Galileo: «Este ímpetu perduraría durante un tiempo infinito, si no se viera disminuido y corrompido por una resistencia opuesta o por algo que tendiera a un movimiento opuesto».[23] Aunque el papel del ímpetu de Buridan era totalmente distinto del momentum en la explicación de la fuerza y el movimiento de Newton, su idéntica forma matemática ilustra una transformación que se estaba produciendo a finales de la Edad Media, en consonancia con el trabajo de los pitagóricos dos mil años antes: el número y la cantidad matematizable se estaban convirtiendo en el principal lenguaje para representar el mundo y sus cambios.

Materia, movimiento y el nacimiento de la física clásica

Desde los griegos hasta los escolásticos medievales, Occidente tardó casi dos milenios en llegar a una descripción cuantitativa primitiva del movimiento. El retraso se debió a varias razones, pero destacan dos. En primer lugar, Aristóteles y sus seguidores dividieron el cosmos en dos reinos, cada uno de los cuales satisfacía reglas muy diferentes. Mientras que los objetos celestes se movían en movimientos circulares perpetuos por toda la eternidad, la división aristotélica del movimiento terrestre en movimiento «natural» y «forzado» oscurecía la noción de inercia. En segundo lugar, aunque los mertonianos y algunos otros eruditos medievales dieron los primeros pasos hacia la identificación de la anatomía del movimiento a través de sus estudios cinemáticos, la descripción de las causas del movimiento basada en la fuerza seguía eludiéndolos.

Todo esto empezaría a cambiar en el siglo XVI, con Galileo, Descartes y Newton. A partir de ahí, el progreso aumentó a un ritmo acelerado gracias a los trabajos de Leonhard Euler, Joseph-Louis Lagrange, William Rowan Hamilton y otros, hasta alcanzar un asombroso nivel de sofisticación y abstracción matemática a finales del siglo XIX con los trabajos de Henri Poincaré. La mecánica clásica unificó la física de los reinos celeste y terrestre en un único cuerpo coherente de conocimientos, firmemente arraigado en las matemáticas y con una sólida validación empírica.

En *La ciencia y el mundo moderno*, Whitehead nos recuerda que lo más radical de la época que dio origen a la mecánica clásica no fue una aceptación directa de la razón, sino más bien un rechazo excepcional de la razón y una apelación a los hechos brutos.[24] Esta afirmación puede parecer extraña, dada la enorme sofisticación de los inventos matemáticos que hicieron posible la física clásica. Sin embargo, lo que quiere decir Whitehead es que los creadores de la física clásica, en particular Galileo, abandonaron una metafísica que concebía el mundo como un todo ordenado al que la mente del Creador infundía un propósito. Estos filósofos de la naturaleza se atuvieron a los «hechos irreductibles y obstinados», en lugar de plegar sus inventos a los requisitos racionales del orden teológico aristotélico y medieval. Se propusieron desarrollar una explicación de la materia y el movimiento que funcionara, explicara cómo suceden las cosas, no por qué, y se ajustara a las observaciones y los experimentos. No era necesario un marco filosófico general que explicara por qué suceden las cosas. A falta de ese marco, la metafísica del punto ciego —una supuesta ontología objetiva de la materia matematizable que se mueve a ciegas en el vacío— se impuso como metafísica de la naturaleza y filosofía de la ciencia de facto.

Como veremos, la manifestación del punto ciego en la física clásica se construyó sobre temas griegos. En particular, el papel esencial de las matemáticas como andamiaje invisible detrás de la forma y el cambio del mundo físico fue fundamental para el progreso de la física clásica. La creciente sofisticación y aplicabilidad de la abstracción matemática en la física clásica parecía hacerse eco de la doctrina de Platón sobre las formas inteligibles. Desde el cálculo geométrico de Newton, hasta el espacio de fases hiperdimensional de la dinámica hamiltoniana, la física clásica es una historia de construcciones matemáticas que lograron construir, superar y luego olvidar el papel de la experiencia vivida. La física clásica es también la historia de la sustitución subrepticia, ya que las leyes matemáticas recién formuladas se consideraban más fundamentales que el mundo vivido que se creía que gobernaban.

Galileo marcó la pauta de la nueva era al exigir que toda «filosofía natural» prestara atención directa a la naturaleza mediante métodos específicos de experimentación. Empleando un nuevo instrumento, el telescopio, y utilizando montajes experimentales cuidadosamente elaborados de bloques deslizándose por planos inclinados, o el examen minucioso del movimiento pendular, Galileo desarrolló una nueva norma, tanto para cuestionar la naturaleza como para extraer sus respuestas. Gracias a sus estudios experimentales, algunos iniciados en su juventud, y otros llevados a cabo durante los últimos años de su vida bajo arresto domiciliario, Galileo dio un nuevo rumbo a la mecánica. En particular, fue capaz de ver lo que todos los demás habían pasado por alto, aunque es posible que conociera los descubrimientos de Buridan, incluida su ley de la inercia. El movimiento uniforme —un cuerpo que se desplaza a velocidad constante— era un movimiento que no requería fuerza. Un objeto que se desplaza a velocidad constante, si no se le impone ninguna fuerza, seguirá moviéndose a esa velocidad para siempre. Solo la aplicación de una fuerza interrumpía el movimiento uniforme y producía un cambio. Galileo había (re)descubierto la ley de la inercia, dándole un contexto cinemático adecuado.

El trabajo experimental de Galileo ejemplificó la creación del taller científico.[25] Sus conocimientos no procedían en su mayor parte de la observación de los caballos que tiraban de los carros en el mercado, o de los martillos que rebotaban del yunque de un herrero. Aunque esos lugares comunes podrían haber sido fuente de conocimientos, eran demasiado «ruidosos» para extraer invariantes estructurales de la experiencia. En su lugar, Galileo obtuvo sus conocimientos en un lugar nuevo, específico y artificial. Creó un laboratorio de física en el que la naturaleza podía ser «sometida a coacción y vejada» (en términos de la problemática frase de Francis Bacon).[26] Mediante el uso de bloques de madera y planos inclinados, Galileo aisló las experiencias a las que quería prestar atención. Al hacerlo, forjó los primeros eslabones de un nuevo estudio cuantitativo de la dinámica. Al igual que nuestra parábola de la invención de la temperatura, que condujo finalmente a la termodinámica y a la física estática, el trabajo experimental de

Galileo en cinemática marca los pasos iniciales que condujeron a la física clásica.

Newton daría el siguiente paso trascendental con sus tres leyes de la mecánica. Pero entre Galileo y Newton, René Descartes aportó una clave matemática esencial mediante el desarrollo de la geometría analítica. Descartes creó un formalismo para representar el espacio a través del cual se produce el movimiento. En su esquema, el espacio se dividía en tres direcciones ortogonales, que podían considerarse como la amplitud, la anchura y la altura. Cada dirección se representaba como una línea —un eje— delimitada por coordenadas: x la amplitud, y para la anchura, y z para la altura. Así, cada punto del espacio podía etiquetarse con un triplete de números (x, y, z) que daban las coordenadas del punto.

Era una abstracción potente. Utilizando este sistema de direcciones para el espacio, Descartes proporcionó los medios para representar construcciones geométricas (líneas, curvas, superficies, sólidos) en términos de las funciones de las coordenadas: $f(x, y, z)$. Todos los progresos futuros de la mecánica clásica se basarán en este método abstracto de representación del espacio y de los cambios que se producen en él. Al vincular tan estrechamente el espacio experimentado de la vida cotidiana con el espacio abstraído de este sistema de direcciones, el método de Descartes estableció una imagen fundacional para la cosificación de las matemáticas. Se trataba de un formalismo matemático que elevaba las habitaciones y los caminos, las cajas y las bolas de la vida cotidiana a una realización superior y perfecta en la abstracción pura. Pero también era una abstracción con poder tangible, que permitía que las construcciones del taller (una teoría de la fuerza y el movimiento) se pusieran a trabajar en el mundo fuera del taller en forma de nuevas y poderosas tecnologías (como cañones más precisos).

Descartes también hizo una importante contribución a la mecánica al reconocer la importancia del momentum, impulso o «cantidad de movimiento». Vio que el momentum debía describirse matemáticamente como masa por velocidad (*mv*). Al hacerlo, identificó la cantidad correcta en la que centrarse en la descripción de la dinámica. Por ejemplo, en la interacción entre cuerpos, como una colisión entre dos bolas de billar, el momentum total de las esferas en movimiento (el momentum de la esfera 1 más el de la esfera 2) antes y después de la colisión deben ser iguales. El momentum total no se modifica. Se conserva en la interacción. Tales leyes de conservación llegarían a desempeñar un papel fundamental en el progreso de la física clásica (y, de hecho, en toda la física teórica).

Las aportaciones de Newton a la ciencia fueron enormes. Abarcaron desde estudios fundamentales sobre óptica y la ley de la gravedad universal, hasta la invención independiente del cálculo (el otro inventor fue Gottfried Wilhelm Leibniz). Lo más importante para nuestra historia fue la definición explícita de Newton del efecto de las fuerzas. Partiendo del principio de inercia de Galileo y del concepto de momentum de Descartes, Newton comprendió por fin el papel explícito de las fuerzas como influencias que cambian los estados de movimiento. Una fuerza cambia el movimiento de un objeto modificando su momentum. (En símbolos, $F = d(mv)/dt$), que es la notación de Leibniz, *d*, es la derivada, una medida del cambio de una cantidad. Así, esta fórmula afirma que la fuerza *F* cambia el momentum del objeto en el tiempo). Si la masa del objeto es constante, entonces la fuerza cambia solo la velocidad del objeto, produciendo una aceleración, y dándonos la famosa fórmula, $F = ma = m\,(dv/dt)$. Esta «ley de la fuerza» es universal, lo que significa que describe el efecto de cualquier fuerza ejercida sobre cualquier objeto en cualquier lugar, cósmico o terrestre. Por último, Newton también vio que las fuerzas siempre están emparejadas entre el cuerpo que ejerce la fuerza y el cuerpo que «reacciona», es decir, que responde a ella.

La ley de la inercia, la ley de la fuerza (ley de la masa, la velocidad y la aceleración) y la ley de las fuerzas de reacción (tercera ley del movimiento): estos principios constituyen las tres leyes del movimiento de Newton. Su éxito en la descripción del mundo las convirtió en el prototipo de lo que la nueva era de la ciencia podía lograr. La mecánica de Newton permitió a los científicos describir la trayectoria de planetas y cometas, construir puentes más sólidos y fabricar armas más precisas.

Newton llamaba a sus principios tanto «axiomas» como «leyes». Un axioma es un principio fundamental y establecido. El uso que Newton hace del término alude a un conjunto de trabajos anteriores sobre los principios que rigen el movimiento bajo impacto (fuerza impresa). El concepto *leyes del movimiento* se utilizaba para estos principios desde finales del siglo XVII. Descartes había utilizado anteriormente *leyes de la naturaleza* para referirse a los principios del movimiento. Él y Newton no consideraban estos principios como meras afirmaciones sobre regularidades. Por el contrario, gobiernan el mundo. El mundo natural «obedece» las leyes de la naturaleza. Dios impone leyes naturales al mundo físico (y leyes morales a los seres humanos). Dios es la causa primaria; sus leyes son la causa secundaria.[27] Cuando Newton utilizó el término *leyes*, dio a entender que sus leyes del movimiento son la verdadera estructura que rige la creación de Dios.

No hay que subestimar esta temprana conexión entre la mecánica clásica y el teísmo. Incluso después de que la ciencia abandonara la idea de Dios (especialmente de un dios deísta), la idea seguiría dando forma inconscientemente al punto ciego a través de su énfasis en ontologías objetivistas —el mundo captado objetivamente desde la perspectiva exterior de Dios—. Como dijo Albert Einstein siglos después: «Quiero saber cómo creó Dios este mundo… Quiero conocer sus pensamientos, el resto son detalles».[28]

En el caso de Newton, la conexión entre la mecánica clásica y el teísmo se hace patente en sus pasos conceptuales para describir matemáticamente el movimiento. Necesitaba crear un nuevo marco conceptual para el escenario en el que se desarrollan los fenómenos naturales. Puesto que el movimiento vincula el espacio con el tiempo, Newton necesitaba definir ambos. Así, definió el «tiempo absoluto» como algo que fluye uniformemente por todo el universo, ajeno a todo y a todos. Como veremos en el capítulo siguiente, el tiempo newtoniano era un marcador fijo del cambio, susceptible de una rígida descripción matemática. Un «espacio absoluto» uniforme era igualmente esencial para que sus ecuaciones (sus leyes) tuvieran sentido. En el *Scholium Generale* (Escolio General), anexo a su *Philosophiae Naturalis Principia Mathematica* (conocido como *Principia*), Newton presenta sus argumentos a favor del espacio absoluto como un vacío puro, un marcador fijo de distancias entre puntos. Al igual que el tiempo absoluto, también era susceptible de una rígida descripción matemática. Gran parte del *Scholium* se basa en argumentos dinámicos. Sin embargo, en la base de estas justificaciones encontramos que el marco ontológico de Newton equipara el espacio y el tiempo absolutos —el escenario de la dinámica— con atributos de Dios.[29] En su obra anterior, *Opticks*, Newton ya había afirmado que el espacio absoluto es el «sensorio» o «sensorium» de Dios, de modo que la mente divina percibe todos los cuerpos en el espacio a la vez: «Hay un ser incorpóreo, viviente, inteligente, omnipresente, que en el espacio infinito, como si fuera su sensorio, ve las cosas mismas íntimamente, y las percibe a fondo, y las comprende totalmente por su presencia inmediata frente a sí».[30] Aunque épocas posteriores expulsarían a Dios de esta descripción del espacio, la perspectiva absoluta del Dios newtoniano, su «visión desde ninguna parte» o, más bien, «visión desde todas partes», su «concepción absoluta del mundo», se alojaría como un supuesto incuestionable en la mente de los físicos.[31] Sería el ideal de un punto de vista perfectamente objetivo para ver el mundo como es en sí mismo, un punto de vista que solo la ciencia puede ofrecer. Se convertiría en parte del punto ciego.

De las fuerzas al espacio de fases: el triunfo de la abstracción en la física clásica

A pesar de su potencia, las leyes de Newton eran difíciles de aplicar. Consideremos un problema familiar para cualquier estudiante de física. Un pequeño bloque se desliza por una cuña sin fricción, que a su vez puede moverse a lo largo de la superficie de una plataforma giratoria. Para resolver este problema es necesario conocer la posición inicial del bloque en el espacio tridimensional (etiquetada como $x_0 y_{0,} z_0$) y, a continuación, determinar todas las fuerzas que actúan sobre el en cada dirección de coordenadas. Por último, hay que integrar (resolver) las ecuaciones diferenciales determinadas a partir de las leyes de Newton para obtener el movimiento en cada dirección en función del tiempo: es decir, $x(t), y(t), z(t)$. Para resolver correctamente el problema, las fuerzas sobre la cuña y el bloque deben resolverse en cada dirección, incluidas las fuerzas «no inerciales» de la plataforma giratoria. Como la mayoría de los estudiantes de física pueden atestiguar, la correcta división de las fuerzas y la integración de las ecuaciones resultantes requiere una experiencia y habilidad considerables. Además, si hay otras restricciones impuestas a los cuerpos —por ejemplo, si una serie de bloques está unida por una red de varillas flexibles—, las descripciones de las fuerzas deben incluir también estas restricciones. Yendo más lejos, cuando se considera una gran colección de objetos como una caja llena de átomos (un gas), el enfoque newtoniano requiere resolver ecuaciones para cada átomo. Hay que empezar con todas las posiciones y velocidades iniciales de los átomos y con todas las fuerzas entre ellas resueltas en las tres direcciones. Calcular el estado futuro inconcluso de una minúscula caja de gas exigiría resolver billones y billones de ecuaciones. Así, aunque el programa de Newton para la determinación del movimiento en principio podría llevarse a cabo para cualquier colección de objetos, en la práctica muchas situaciones son simplemente demasiado complejas para resolverlas, o incluso comprenderlas. Además, como veremos en el próximo capítulo, esta incapacidad para resolver directamente las ecuaciones de Newton para sistemas grandes y complejos tiene profundas implicaciones para nuestra comprensión del tiempo.

A medida que las sucesivas generaciones de físicos analizaban la ciencia mecánica, empezaron a buscar otros principios más profundos que dieran forma a la masa y al movimiento. Estos principios se encontrarían en una serie de avances asombrosos que ampliaron enormemente el alcance de la mecánica, al tiempo que la llevaban a niveles cada vez más altos de abstracción matemática.

El avance más importante de esta época descansaba en la idea de que la naturaleza, en cierto sentido, es económica. A medida que los sistemas experimentan cambios, intentan reducir al mínimo algunos aspectos de su movimiento. Estos conceptos «mínimos» ya se habían expresado anteriormente de forma más restringida en varias ocasiones. En el año 60 de la era cristiana, por ejemplo, Herón de Alejandría vio que la luz siempre «elige» el camino más corto cuando se refleja en una superficie. Casi dos milenios más tarde, Pierre Fermat reconsideró el resultado de Herón, pero vio que en realidad se trata de que la luz tarda el menor tiempo posible en su recorrido desde la fuente hasta el espejo y el detector. Además, en los años cercanos a Newton, muchos físicos y matemáticos trabajaron para resolver el famoso problema de la «braquistócrona», tratando de encontrar la forma adecuada de un alambre colgante que minimizara el tiempo de viaje de una cuenta que se deslizara a lo largo de su longitud. Estos y otros ejemplos sirvieron como indicios de que la naturaleza parece elegir trayectorias «extremas», lo que significa que hace que alguna propiedad del movimiento sea mínima o máxima. A su vez, esto implica que existe algún principio organizador universal relacionado con lo que podríamos llamar una economía del movimiento.

La primera expresión de un nuevo principio extremo general para la mecánica llegó con Pierre Louis Maupertuis, hijo de un rico corsario. En la década de 1740, Maupertuis descubrió el «principio de mínima acción». La «acción» era una nueva magnitud que introdujo en la mecánica. Es el producto de la masa de un objeto (*m*), su velocidad (*v*) y la distancia a lo largo de su trayectoria (*d*). Maupertuis sugirió que la acción podía escribirse como *m* x *v* x *d*, y expresó su nuevo principio en los términos más sencillos: «Siempre que se produce un cambio en la naturaleza, la cantidad de acción empleada en este cambio es siempre la menor posible».[32] Al encontrar la cantidad física correcta, la acción, y la idea correcta, su minimización, Maupertuis señaló a la física una dirección más allá de la versión más engorrosa de la mecánica de Newton. Pero no fue lo suficientemente hábil como para traducir el enunciado de un nuevo principio general en un formalismo matemáticamente manejable y de aplicación general. Para ello se necesitaba un notable grupo de físicos matemáticos, entre ellos Jean D'Alembert, Leonhard Euler y el sucesor de Euler como director de matemáticas de la Academia Prusiana de Ciencias de Berlín, Joseph-Louis Lagrange.

Lagrange y el resto del grupo encontraron una forma matemáticamente elegante de expresar la acción de un sistema de objetos a lo largo de toda su evolución. En este nuevo programa para la mecánica, el físico especifica las coordenadas iniciales (x_0, y_0, z_0) y las coordenadas finales (*xf, yf, zf*) para la trayectoria (donde comienza y termina el movimiento). La acción total se suma a lo largo de la trayectoria. En otras palabras, la acción total es la integral de la masa por la velocidad a lo largo de la distancia recorrida. Por último, utilizando el «cálculo de variaciones», se pueden examinar simultáneamente las acciones de todas las trayectorias posibles entre los dos puntos finales fijos. Sorprendentemente (y maravillosamente), el camino elegido por la naturaleza será aquel para el que la acción sea «estacionaria», es decir, aquel para el que la acción tenga un valor mínimo o máximo. En la práctica, el extremo tiende a ser un mínimo en mecánica. Así pues, se dice que la naturaleza expresa un principio de economía en su organización.

Para llevar a cabo el procedimiento descrito, Lagrange creó un nuevo objeto matemático que daría forma a todo el curso de la física, tanto clásica como cuántica, tocando todos los dominios aplicables, desde los campos electromagnéticos hasta la teoría general de la gravedad de Einstein. Este objeto, ahora llamado *lagrangiano*, era una única función (un «escalar») y, por tanto, mucho más fácil de utilizar y formular que las tres ecuaciones de Newton para tres direcciones de movimiento, cada una de ellas formulada para cada objeto de un sistema. Igualmente importante, la lagrangiana se expresaba en términos de las energías de un sistema.

La energía era una idea nueva para los físicos de finales del siglo XVIII. Al igual que ocurrió con el momentum y la fuerza, los físicos tardaron en encontrar una definición matemática específica y adecuada de la energía. Parte de la dificultad se debía a que la energía de un sistema adopta distintas formas. En primer lugar, está la energía encerrada en el movimiento del sistema. Es lo que se denomina *energía cinética*. («Cinética» viene de *kínsi*, la palabra griega para movimiento, como en «cinema»). Para una sola partícula, se expresaba como masa por velocidad al cuadrado (o $1/2 \times m \times v^2$). También existe la energía encerrada en la disposición espacial o configuración de los objetos que componen el sistema. Esta *energía potencial* depende de la naturaleza de las interacciones (o fuerzas) entre los objetos (por ejemplo, a través de campos gravitatorios o eléctricos). La energía potencial se expresaba como una función $U(x, y, z)$ que había que especificar y que podía ser diferente para distintos tipos de interacción. Por ejemplo, un objeto suspendido del suelo a cierta altura H tiene una energía potencial gravitatoria que depende linealmente de H. Si se suelta, el objeto caerá al suelo, una transformación que puede describirse como la conversión de energía potencial en energía cinética.

También es importante el hecho de que el lagrangiano, a través de su expresión en términos de una combinación de diferentes formas de energía, es una descripción de todo el sistema. El lagrangiano abarca conjuntos de cuerpos como un todo. Puede representarlos como un único objeto matemático. El valor extremo de la acción, que también era una descripción de todo el sistema, procede de minimizar el valor del lagrangiano a medida que el sistema sigue una trayectoria desde la posición inicial a la final.

Para que la lagrangiana funcionara, se necesitaba una idea muy diferente de lo que representan las coordenadas. Recordemos que en la física newtoniana, un cuerpo material tiene una ubicación en el espacio físico descrita por las coordenadas cartesianas x, y, z. Las fuerzas sobre el cuerpo se escriben en cada dirección, lo que permite resolver las ecuaciones de movimiento de Newton en estas direcciones. Dado que el programa de Lagrange es un enfoque a nivel de sistemas, «generaliza» el sentido de coordenadas. Las coordenadas generalizadas de Lagrange son específicas del sistema y pueden expresar cualquier restricción que lo defina. Como ejemplo, consideremos un péndulo compuesto de tres pesas, cada una conectada por una varilla rígida con bisagras en la posición de las pesas. Cada pesa oscilará hacia delante y hacia atrás como un péndulo simple, pero los puntos de articulación también oscilan. Para este problema, las coordenadas generalizadas de Lagrange consisten en los ángulos que forma cada barra con la vertical. El lagrangiano para este problema también expresa las energías cinética y potencial del sistema en términos de estos ángulos, haciendo que esta formulación sea mucho más fácil de analizar. Lo que importa para nuestra historia es que las coordenadas generalizadas de Lagrange reimaginan el espacio en términos del propio sistema, en lugar de un marco de referencia rígido fijado al universo (o a Dios). De este modo, representan una abstracción del significado de las coordenadas y del espacio. Así, el programa lagrangiano se aleja del marco cartesiano, que, por supuesto, ya era una abstracción de la experiencia corporal del espacio.

Hay que señalar que el formalismo lagrangiano siempre conduce a un conjunto de ecuaciones dinámicas que recuperan las leyes de Newton, como debe ser, ya que esas leyes siempre se cumplen. No obstante, el planteamiento de Lagrange, con su elegancia y sencillez, permitió a la mecánica clásica ir mucho más allá de Newton, ampliando enormemente su aplicabilidad y sus conocimientos.

El siguiente avance de la mecánica clásica se produjo en 1833, cuando el irlandés William Rowan Hamilton reformuló el principio de mínima acción abstrayendo aún más la representación de las coordenadas y el espacio. Para ello, convirtió el momentum en un nuevo tipo de coordenada, en pie de igualdad con la posición.

En la mecánica newtoniana, las fuerzas modifican el momentum de un cuerpo. Cuando un objeto tiene masa constante, por ejemplo, esto significa que las fuerzas actúan para cambiar la velocidad del objeto, produciendo una aceleración a, expresada matemáticamente como $a = dv/dt$ (recordemos que la aceleración es una medida de cómo cambia la velocidad en el tiempo). Sin embargo, la velocidad no es más que una medida de cómo cambia la posición en el tiempo, $v = dx/dt$. Esto significa que el momentum no es realmente una cantidad independiente de la posición.

Sin embargo, en la formulación de la mecánica de Hamilton, el momento de un objeto se trata como una coordenada independiente, al igual que la posición. Para una sola partícula, esto significaba que el espacio en el que «vivía» el sistema ya no era el de las tres dimensiones cartesianas habituales. En su lugar, la versión de Hamilton de la dinámica tiene lugar en seis dimensiones, definiendo lo que más tarde se llamaría «espacio de fases». Hay tres dimensiones para la posición (x, y y z) y tres dimensiones para el momento (mvx, mvy y mvz). Para sistemas más complejos que una sola partícula, tanto las coordenadas de momentum como las de posición (configuración) pueden generalizarse aún más para captar las restricciones dentro del sistema, al igual que en el marco lagrangiano. Sin embargo, la representación dinámica del sistema siempre existe en un «hiperespacio» de más de tres dimensiones.

Con el tiempo, las herramientas desarrolladas para analizar la versión de Hamilton de la mecánica crecieron en sofisticación matemática, especialmente a través del trabajo de Henri Poincaré a finales del siglo XIX y principios del XX. Como él y otros comprendieron, incluso cuando las ecuaciones dinámicas finales no pueden resolverse debido a su complejidad, la refundición de Hamilton de la masa y el movimiento en términos de espacio de fases sigue permitiendo obtener poderosos conocimientos sobre el comportamiento del sistema estudiado. Por ejemplo, a medida que el sistema evoluciona en el tiempo, traza una trayectoria en su propio espacio de fases multidimensional de momentum generalizado y coordenadas generalizadas. La forma que adquiere esa trayectoria a lo largo del tiempo ofrece pistas importantes sobre la dinámica, por ejemplo, al revelar qué cantidades son invariables (es decir, se conservan) en el tiempo. De este modo, las matemáticas de estos objetos hiperdimensionales pueden traducirse directamente en conocimientos sobre el movimiento real de planetas, partículas o proyectiles.

Los frutos de las formulaciones lagrangiana y hamiltoniana de la mecánica clásica fueron impresionantes, tanto por su alcance como por su potencia. Cuando, a mediados del siglo XIX, Michael Faraday y James Clerk Maxwell introdujeron en el lenguaje dc la física los campos electromagnéticos que se extendían por todo el espacio, estas entidades supusieron un desafío para la visión newtoniana de un universo construido únicamente con partículas y fuerzas. Un campo es una cantidad física que puede variar continuamente en el espacio y el tiempo. Faraday se dio cuenta de su importancia durante sus estudios sobre el magnetismo; determinó que los campos eléctricos y magnéticos determinan el movimiento de las partículas y transportan energía, por lo que deben tener su propia realidad física. Maxwell proporcionó entonces una teoría de campo unificado con ecuaciones que constituyen la base del electromagnetismo clásico. Con el tiempo se descubrió que estos campos podían incluirse elegantemente en el marco lagrangiano, al igual que los medios continuos, como las superficies elásticas. De este modo, los fenómenos relacionados con la luz, que Maxwell había descubierto que eran ondas electromagnéticas viajeras, también se incluyeron en el conjunto de herramientas analíticas de la física clásica. Además, como veremos en los capítulos siguientes, a finales del siglo XIX los átomos reaparecieron triunfalmente en la física gracias a los trabajos de Ludwig Boltzmann y Josiah Gibbs, que utilizaron ampliamente el espacio de fases en su mecánica estadística. También en este caso, los formalismos lagrangiano y hamiltoniano fueron decisivos para que la física adoptara una visión sistémica de billones y billones de átomos en interacción.

El triunfo de la física clásica

A principios del siglo XX, las abstracciones hiperdimensionales de la mecánica analítica clásica parecían abarcar toda la naturaleza, desde los átomos más pequeños hasta los campos invisibles que impregnan el espacio. El enorme poder y alcance del extraordinario esfuerzo de la física sirvió de espectacular reivindicación de la razón humana. La física clásica sirvió de modelo para el triunfo de la ciencia en su conjunto.

Hemos esbozado la historia de la física clásica para poner de relieve cómo la física llegó a asociarse con la cosmovisión del punto ciego y a entenderse en términos de este, tal y como se esbozó en el capítulo anterior. Para concluir este capítulo, destacamos la asociación de la física clásica con los siguientes elementos del punto ciego: la bifurcación de la naturaleza, el reduccionismo, el objetivismo y la cosificación de las entidades matemáticas. Consideraremos cada uno de ellos por separado.

La bifurcación de la naturaleza. Se trata de la idea de que las entidades microfísicas (átomos, ondas de luz) existen externa y objetivamente, mientras que las cualidades perceptivas como el color, o el frío y el calor, son apariencias subjetivas y existen en la mente. La física clásica, por supuesto, fue la principal impulsora de esta cosmovisión, y los primeros físicos modernos (Galileo, Descartes, Newton) fueron sus principales arquitectos. Sin embargo, como sostenía Whitehead, la metafísica de la bifurcación de la naturaleza no se deriva lógicamente de la física clásica como marco explicativo.[33] En su lugar, esa metafísica se superpone a la física. Como resultado, la mente queda desterrada de la naturaleza. Sin embargo, como veremos en los próximos capítulos, la mente vuelve a acechar a la física cuando esta se enfrenta a los problemas del tiempo, la materia y la cosmología en los siglos XX y XXI.

Reduccionismo. El uso extensivo del método de reducción —reducir los fenómenos a sus partes componentes— tuvo tanto éxito en la física clásica que, en la mente de muchos, pasó de ser un método a un principio fundamental del ser. Según ese principio, que podemos llamar «pequeñismo», las cosas pequeñas y sus propiedades son más fundamentales que las cosas grandes que constituyen. Esto va de la mano de un principio del conocimiento llamado «microrreducción»: la mejor manera de entender un sistema es descomponerlo en sus elementos y explicar las propiedades del todo en términos de las propiedades de sus partes. En resumen, la reducción, un método útil e incluso poderoso para ciertos fines en determinados contextos, se convirtió en un «ismo» universal: el reduccionismo. Este «ismo» ha tenido, y sigue teniendo, amplias consecuencias filosóficas y éticas, como veremos a lo largo del libro, en particular cuando tratemos la crisis climática planetaria en el último capítulo.

Objetivismo. La necesidad de Newton de imaginar un marco de referencia fundamental para distinguir entre movimiento inercial y no inercial le llevó a introducir las nociones de espacio y tiempo absolutos. Estas nociones tenían para él connotaciones teológicas. También sirvieron para establecer una visión objetivista, según la cual se supone que la ciencia proporciona una visión divina del universo. «Objetivo» no significa simplemente independiente de la subjetividad individual, comprobable públicamente e invariable bajo transformaciones de perspectivas. Significa cómo son las cosas desde el punto de vista de Dios, desde ninguna parte y desde ningún momento.

Reificación de las entidades matemáticas. La notable potencia de las formulaciones lagrangianas y hamiltonianas contribuyó a impulsar la cosificación de las entidades matemáticas como elemento clave de la metafísica del punto ciego. Estas formulaciones de la mecánica celeste o de la dinámica de partículas tienen una economía y una belleza encantadoras que parecen casi sobrenaturales en su eficacia.[34] Se consideraba que esta eficacia apoyaba, o se entendía, en términos de la concepción platónica de las entidades matemáticas, como lo verdaderamente real. Se consideraba que las matemáticas eran el esqueleto ideal del mundo, en lugar de ser una creación humana nacida del taller y de nuestra capacidad cognitiva para abstraer de la experiencia vivida.

Dada esta poderosa visión del mundo, es fácil ver cómo la física clásica se convirtió en el arquetipo de una comprensión científica del mundo: idealmente, la ciencia debería ser perfectamente objetiva y universal, no contaminada por la experiencia humana. Esta forma de pensar permitió avanzar rápidamente en la consideración de la clase de problemas para los que la física clásica era adecuada. Pero esa amplia clase de problemas dejaba fuera grandes partes de la naturaleza y de la experiencia humana.

A medida que la ciencia ascendía a las cimas cada vez más enrarecidas de la abstracción matemática, la sustitución subrepticia se afianzaba, de modo que se olvidaba el punto de apoyo constante de la experiencia directa necesaria para el ascenso. Este olvido es la amnesia de la experiencia de la que hablamos en el capítulo 1.

Para empezar a recuperarnos de esa amnesia, es importante ver cómo, a lo largo de toda la historia de la física clásica, su éxito siempre se ha basado en la experiencia vivida. Mientras la sustitución subrepticia llevaba inconscientemente a científicos y filósofos a olvidar el fundamento de su investigación, siempre tuvieron que basarse en el fundamento de la experiencia directa.

Por ejemplo, los eruditos medievales y sus luchas conceptuales para cuantificar la cinemática del movimiento ilustran el difícil camino necesario para extraer invariantes estructurales de la experiencia encarnada. Los seres humanos tienen experiencias de movimiento al vivir en el mundo a través de sus cuerpos. En la era inmediatamente anterior a la física clásica, estas experiencias sirvieron de trasfondo intuitivo para encontrar, por ejemplo, una definición matemática adecuada de velocidad a partir de nociones menos explícitas de «rapidez» o «celeridad».

Los progresos posteriores de la física clásica se harían eco de estas luchas cuando los filósofos naturales propusieron y exploraron definiciones formales y matemáticamente manejables de la inercia, el impulso y la fuerza. Después de Newton, se iniciaría una nueva espiral de abstracción, a medida que las sucesivas generaciones de fisiólogos definieran nuevas magnitudes matemáticas, como la energía y la acción, cuyos significados estaban más alejados de la experiencia encarnada y, sin embargo, proporcionaban un poder predictivo aún mayor. Tan poderosas eran estas abstracciones que, con el tiempo, se perdió de vista y se olvidó el hecho de que seguían siendo residuos de la experiencia. A medida que hemos ido ascendiendo en esta espiral ascendente a lo largo de este capítulo, hemos podido ver cómo las abstracciones matemáticas de la física clásica, en su apogeo, llegaron a proporcionar una justificación para una aceptación de sentido común de las prerrogativas metafísicas del punto ciego.

Al igual que ocurrió con la bifurcación de la naturaleza, el reduccionismo, el objetivismo y la cosificación de las matemáticas, los demás elementos de la metafísica del punto ciego (el fisicalismo y el epifenomenalismo sobre la experiencia) se injertaron en los supuestos sobre lo que es la ciencia y lo que dice. Todo parecía tener sentido, aunque siempre ha habido críticas y protestas importantes en el camino, incluso dentro de la propia ciencia. No obstante, muchos científicos, sobre todo físicos, llegaron a soñar que toda la naturaleza estaba a su alcance. Pero la naturaleza, «como aquello que experimentamos», para modificar la frase de Whitehead, tenía otras ideas, como veremos.

Parte II. Cosmos

3. Tiempo

El tiempo humano

Suena el despertador. A regañadientes, te sacudes lentamente los restos del sueño y empiezas a prepararte para recibir el día. Te preparas y dejas que tus sentidos te traigan el mundo. Despertar es dejar atrás el tiempo imaginado de los sueños y volver al flujo inexorable del tiempo de vigilia.

Ese tiempo te acompaña a lo largo del día. Se desarrolla una narrativa interna contigo como protagonista, centrada en tu perspectiva en primera persona, tu sensación subjetiva de estar en el mundo. Te miras al espejo y te ves igual que ayer, pero no igual. Cada día es un poco diferente. Tú, el mundo y tu experiencia estáis siempre presentes, pero siempre cambiáis a medida que surge tu futuro y retrocede tu pasado.

Ser humano es enfrentarse a la experiencia del paso del tiempo y el cambio. Esta experiencia está en el corazón de lo que llamamos tiempo. Experimentamos tanto el momento presente (nuestro sentido del ahora) como su cambio (su inexorable tránsito). Experimentamos el tránsito y el cambio como irreversibles: envejecemos, no rejuvenecemos, y no podemos restaurar momentos pasados y hacerlos «ahora» de nuevo. A diferencia del espacio, donde podemos retroceder y avanzar a voluntad, no podemos controlar el flujo del tiempo. Envejecemos y el entorno que nos rodea cambia, ya sea de forma natural, o como resultado de nuestras acciones. Lo que sí podemos controlar, hasta cierto punto, es lo que hacemos con nuestra existencia a medida que se desarrolla en el tiempo.

Ser humano no es solo experimentar el paso del tiempo y el cambio irreversibles, sino también recordar el pasado y anticipar el futuro, y dividir el tiempo, en función del pasado y el futuro, en pensamiento y acción, palabra y obra. Ordenamos el tiempo secuencialmente para organizar nuestras vidas: nuestro nacimiento, infancia, edad adulta, vejez, muerte y el recuerdo de los que ya no están. Los calendarios son esenciales para nosotros. Marcamos los días y los acontecimientos importantes de nuestras vidas, y a menudo celebramos su repetición cíclica: cumpleaños, graduaciones, aniversarios de boda. Los calendarios basados en acontecimientos astronómicos significativos, como las fases de la luna o el periodo orbital de la Tierra alrededor del sol —el año solar— son herramientas diseñadas para darnos un sentido cuantitativo del paso del tiempo, definiendo lo que está en el pasado y lo lejos que está, y lo que está en el futuro y lo lejos que está.

Así, el tiempo humano tiene el rostro de Jano: una cara mira hacia dentro, al sentimiento de paso irrevocable del tiempo, y la otra cara mira hacia fuera, a lo que Aristóteles llamaba el tiempo como medida del cambio y el movimiento.[1] Probablemente, el tiempo humano siempre ha sido así, desde que tomamos consciencia de la inevitabilidad de nuestra propia muerte y observamos las fases de la luna y el movimiento regular del sol y las estrellas.

Tiempo vivido y tiempo de reloj

El punto ciego aparece en la oposición entre estas dos formas de concebir el tiempo: como tiempo vivido (tiempo de la experiencia) y como tiempo del reloj (el tiempo, tal como lo mide un reloj). El primer pensador que lo comprendió fue el filósofo francés Henri Bergson.

El primer libro de Bergson, *Tiempo y libre albedrío: un ensayo sobre los datos inmediatos de la consciencia*, escrito como tesis doctoral, se publicó en 1889, cuando tenía treinta años.[2] Su idea clave es que el tiempo no es espacio. Cuando pensamos en el tiempo como una serie de puntos mutuamente externos, lo espacializamos. Más concretamente, utilizamos propiedades del espacio que pueden expresarse mediante el lenguaje matemático, como los puntos y las líneas geométricas, para representar mentalmente el tiempo. Conceptualizamos el tiempo como una sucesión de unidades discretas, homogéneas e idénticas (como los segundos). Es el tiempo del reloj. Pero nunca experimentamos el tiempo de esta manera. Una hora en el sillón del dentista es muy distinta de una hora tomando una copa de vino con los amigos. Un grupo de corredores puede terminar una carrera de media maratón, algo más de veintiún kilómetros, en dos horas, pero el paso de esas dos horas variará mucho para cada corredor. Es el tiempo vivido. Para Bergson, el tiempo vivido es el tiempo real, y el tiempo del reloj es una abstracción. El tiempo vivido es devenir. Es continuo, irreversible y asimétrico (el niño se convierte en adulto, no al revés). El tiempo espacializado —el tiempo del reloj— carece de devenir. No hay devenir en una sucesión discreta de unidades homogéneas e idénticas (puntos en una línea, segundos en un reloj). Una vez que espacializamos el tiempo —o, más exactamente, lo geometrizamos— perdemos el devenir. Perdemos las cualidades de continuidad (el tiempo se compone de fases superpuestas y cambiantes, en lugar de unidades discretas), heterogeneidad (cada fase es cualitativamente única) e interpenetración (las fases pasadas, presentes y futuras se mezclan entre sí). En una palabra, perdemos lo que Bergson llama «duración».

La música y la danza son buenos ejemplos para entender la duración. La música y la danza solo existen en la duración. No existen ni en un instante, ni como una serie de momentos discretos. Cada nota de una melodía tiene su propia individualidad y se funde con las demás notas y silencios que la preceden y siguen. En una danza, cada movimiento destaca y se funde con los demás. Las notas y movimientos pasados perduran en los presentes, y las notas y movimientos futuros ya se filtran en los que suceden ahora. Incluso las melodías y danzas que emulan una seriedad discreta no pueden evitar que sus distintos elementos se fundan en los silencios y pausas intermedios y, por tanto, también entre sí. Las melodías y las danzas son fundamentalmente duraderas.

Bergson no se opone a los relojes ni a la medición. Se opone a la sustitución subrepticia del tiempo del reloj por la duración, a la sustitución subrepticia de las cualidades temporales por las cuantitativas espaciales. Se opone a la idea de que el tiempo medido por un reloj es objetivamente real, mientras que la duración es meramente psicológica. Por el contrario, como también pensaba Whitehead, la naturaleza como paso del tiempo, como puro devenir, se da en la duración, y la duración es el manantial para construir sistemas de tiempo utilizando relojes.[3] Pensar que el tiempo del reloj es físicamente real, pero que la duración solo existe en la mente, es un ejemplo de la bifurcación de la naturaleza, de dividir la naturaleza en realidad física externa, frente a apariencia subjetiva interna. De hecho, como señala Isabelle Stengers, la división entre la naturaleza física en un instante, considerada como objetivamente real, y la experiencia vivida del paso del tiempo y la duración, considerada como meramente subjetiva, proporciona «el ejemplo más completo de la bifurcación de la naturaleza».[4] Esta forma de pensar también exhibe la falacia de la concreción equivocada, de confundir lo abstracto (el tiempo del reloj) con lo concretamente real (el devenir). Para Bergson y Whitehead, lo que es concretamente real es el paso de la naturaleza dado en la duración, y el tiempo del reloj es una abstracción del paso de los acontecimientos.

El punto ciego llega cuando objetivamos el tiempo del reloj y lo consideramos el único tiempo real, olvidando su fuente necesaria en la realidad concreta del paso del tiempo. El tiempo como pasaje nos viene dado en la experiencia de la duración. Esto es lo que Bergson vio con tanta claridad. Tenemos que apreciar la fuerza de su argumento de que la medición presupone la duración, mientras que la duración elude la medición. Ahora nos ocuparemos de este argumento.

Bergson sobre la duración

Bergson insiste en que «la duración propiamente dicha no puede medirse», y que «en cuanto intentamos medirla, la sustituimos involuntariamente por el espacio».[5] La clave para entender lo que quiere decir es ver cómo funciona la medición.

Para medir algo, necesitamos estipular la unidad de medida en términos de un estándar. Por ejemplo, el metro patrón era la longitud de una barra de platino que se guardaba en París. Ahora se define como la longitud del camino que recorre la luz en el vacío en un intervalo de tiempo extremadamente corto (1/299.792.458 de segundo), medido por un reloj atómico. Obsérvese que el metro patrón, una medida de longitud, tiene a su vez una longitud (la longitud de la barra de platino, la longitud del camino de la luz). Utilizamos la longitud para medir la longitud, y el volumen para medir el volumen. Por tanto, la unidad estándar ejemplifica la propiedad que mide.

Apliquemos esto al tiempo. Como vio Aristóteles, utilizamos el tiempo para medir el tiempo, pero luego trasladamos el tiempo al espacio. Supongamos que queremos medir el tiempo que tarda un cuerpo en desplazarse de un lugar a otro. Para medir este movimiento, los antiguos griegos (y muchas otras culturas antes que ellos) se dieron cuenta de que podemos utilizar un movimiento paralelo, como el movimiento de una sombra en un reloj de sol (o el flujo de agua en un reloj de agua si no hay sol). Cuando el cuerpo se mueve, también lo hace la sombra, y podemos percibir y registrar la correlación de estos dos movimientos y cambios de lugar. Si numeramos las posiciones de la sombra en el reloj de sol, podemos ordenarlas en términos de antes y después, a pesar de estar todas presentes simultáneamente. Así, decimos que la posición 5 es anterior a la 6 y posterior a la 4. Al hacerlo, traducimos el tiempo —del antes y el después para los movimientos paralelos— a posiciones relativas numeradas que existen todas a la vez en el espacio. Como afirma Aristóteles en su *Física:* «Pero siempre que hay un antes y un después, decimos que hay tiempo, pues esto es el tiempo: un número de movimiento que encaja a lo largo del antes y el después».[6] El antes y el después vienen dados por el movimiento de la sombra en el reloj de sol, y el número de movimiento viene dado por las posiciones relativas. La clave es que, para medir el tiempo, debemos utilizar el tiempo, pero al construir un patrón de tiempo —el tiempo del reloj— espacializamos el tiempo.

Lo que Bergson quiere que veamos es que este procedimiento no funciona para la duración. Para que un reloj pueda medir la duración, el propio reloj debe tener duración. Debe ser una entidad temporal duradera. Debe ejemplificar la propiedad que se supone que mide. Por supuesto, pensamos en los relojes como cosas temporales duraderas. Pero Bergson nos pide que miremos más de cerca. Cualquier estado del reloj —cualquier posición del péndulo oscilante en su ejemplo— es externo a cualquier otro, como los puntos de una línea o los números de la esfera de un reloj.[7] Un reloj puede describirse como una máquina de estados finitos en la que cada estado es externo a todos los demás. Cada estado es una posición en el espacio, yuxtapuesta a otra posición en el espacio. Cada estado es simplemente el ahora, sin que quede nada del pasado. Los estados pasados no perduran en el estado presente. La oscilación precedente del péndulo o el tañido de la campana no se mantienen unidos al presente mientras se aprehenden como pasados en relación con él. *Nosotros* las mantenemos unidas en nuestra memoria, pero el *reloj* en sí no puede hacerlo. Sin embargo, sin esa unión del pasado y el presente, la duración no puede registrarse. Todo lo que se puede registrar es un estado no superpuesto, y luego otro, pero la secuencia como tal no puede registrarse porque eso requiere de la memoria. Sin embargo, la memoria, en el sentido de la retención inmediata del pasado a medida que se desvanece, forma parte de la duración. Toda duración contiene en su «ahora» los hilos del pasado inmediato. Husserl llamó a este tipo de memoria «memoria primaria» o «retención», y dijo que la aprehensión del «ahora» es la cabeza unida a la cola de retenciones del cometa.[8] El reloj, sin embargo, no tiene memoria. Carece de duración y, por tanto, no puede medirla.

Bergson no niega que podamos medir el tiempo. Al contrario, lo que quiere decir es que los *relojes no miden el tiempo, sino que lo hacemos nosotros*. Un reloj que marca las 10:59 y luego las 11:00 no mide el tiempo. La medición requiere que miremos el reloj, leamos los números y nos demos cuenta de que hay un cambio. Debemos conservar los estados anteriores del reloj en nuestra memoria, en nuestra consciencia duracional. Si eliminamos la memoria del medidor, ya no habrá medición del tiempo. El tiempo del reloj presupone el tiempo vivido.

Bergson reconoce que medimos el tiempo con una precisión cada vez mayor. Pero insiste en que no podemos fijar la duración en una medida. No hay ni puede haber una unidad estándar para la duración. No medimos la duración cuando medimos el tiempo. Al contrario, hacemos abstracción de la duración para estructurar una serie temporal.

Este punto sigue siendo cierto incluso cuando medimos lo que los psicólogos y neurocientíficos llaman «duración subjetiva», el periodo de tiempo vinculado a un estímulo por un perceptor. Se trata del tiempo del reloj aplicado a la percepción, no de la duración en el sentido del término de Bergson. De hecho, sería erróneo pensar que la idea de duración de Bergson puede asimilarse a la idea de tiempo psicológico en contraposición al tiempo físico. Bergson no está diciendo que la duración sea un fenómeno psicológico, mientras que el tiempo del reloj es físicamente real.

Al contrario, afirma que el tiempo, tal como se define en la física —el tiempo del reloj—, no puede separarse del tiempo como pasaje, como paso del tiempo, tal como se da en la experiencia de la duración. Los relojes requieren lectores de relojes, la lectura de relojes requiere consciencia, y la consciencia es inherentemente duracional. Estos puntos serán importantes más adelante en el libro, cuando volvamos a Bergson y a su famoso debate con Einstein sobre la naturaleza del tiempo.

Cronometraje

Desde los relojes de sol y de agua hasta los relojes de arena y los relojes mecánicos accionados por pesas, los dispositivos de medición del tiempo tienen una larga y fascinante historia, impulsada sobre todo por la búsqueda incesante de una mayor precisión. No obstante, debemos recordar que la utilidad de cualquier dispositivo de medición del tiempo depende de la información que obtenemos a través de nuestros sentidos, normalmente mirando —la ubicación de la sombra proyectada en un reloj de sol, la posición de las manecillas de un reloj, las lecturas de la frecuencia vibratoria de un cristal de cuarzo— y, por tanto, está directamente relacionada con nuestra experiencia vivida. Un aparato cronométrico traduce la inefable experiencia del paso del tiempo al lenguaje de los números. Al hacerlo, parece cosificar el tiempo, dándole una precisión matemática comparable a la de las medidas físicas, como la distancia, el peso, la velocidad o la presión. Cuanto más preciso es el reloj, más alejado parece estar el tiempo del devenir, del tránsito y de la duración.

El estándar actual de cronometraje utiliza la frecuencia de determinadas transiciones electrónicas atómicas. Los átomos tienen la ventaja de evitar las irregularidades de los movimientos astronómicos, que obligan a recalibrar constantemente los relojes.

El reloj atómico suizo FOCS-1, por ejemplo, se basa en la frecuencia de los saltos de los electrones entre los niveles de energía de un átomo frío de cesio-133, que es constante con una precisión muy alta mientras el reloj permanezca en la misma ubicación geográfica y en reposo con respecto al suelo. En estas condiciones, el intervalo de tiempo de 1 segundo se define actualmente como igual a 9 192 631 770 periodos de oscilaciones orbitales con esta frecuencia. El reloj de FOCS-1 tiene la impresionante incertidumbre de 1 segundo en 30 millones de años.[9] La precisión depende de los detalles del montaje experimental, consistente en una cavidad de microondas sintonizada para resonar con la frecuencia de salto del electrón, como un padre que impulsa a un niño en un columpio manteniendo el mismo periodo.

Aun así, ninguna medida física puede ser absolutamente precisa. Cada herramienta o dispositivo tiene una precisión determinada por su diseño. Si un reloj tiene una precisión de un nanosegundo (la milmillonésima parte de un segundo), no se puede confiar en que capte detalles de fenómenos que ocurren a escalas de un picosegundo (la trillonésima parte de un segundo). Así pues, a cada capa de la realidad basada en mediciones a una escala determinada, le corresponde un estrato subyacente que permanece elusivo. Aunque matemáticamente podamos dividir el tiempo en trozos cada vez más pequeños, no podemos esperar medir hasta el infinito intervalos de tiempo tan reducidos. Infinitamente divisible, el tiempo físico es una abstracción matemática. La línea del tiempo, una línea recta que abarca los números reales, es una herramienta útil para modelizar fenómenos que varían en el tiempo y que tiene sus raíces en la Baja Edad Media (véase el capítulo 2). Sin embargo, no debe considerarse que representa la realidad del tiempo, como tampoco lo hace la esfera de un reloj.

Los relojes no revelan la verdadera naturaleza del tiempo, sino que son herramientas inventadas para abstraer ciertos aspectos del flujo experimental del tiempo y medirlos de forma sistemática.

Los relojes modernos son productos del taller científico, el esfuerzo colectivo de científicos e ingenieros para aislar aspectos de la experiencia y construir invariantes medibles a partir de ellos. Pero independientemente de la precisión de los relojes que surgen del taller, nuestra comprensión del tiempo sigue arraigada en la duración, la experiencia irreductible del devenir.

El tiempo en el punto ciego

Considerar el tiempo de la física —lo que mide un reloj— como el único tiempo real es un claro ejemplo de la cadena de pensamiento que conduce al punto ciego. En primer lugar, sustituimos subrepticiamente el tiempo vivido por el tiempo matemático. A continuación, cometemos la falacia de la concreción equivocada al declarar que el tiempo abstracto y matemático es el tiempo real. Por último, olvidamos que el ser concreto del paso del tiempo dado en la duración es la fuente y la condición primordial del sentido de la noción de tiempo. Este olvido es la amnesia de la experiencia.

La visión del tiempo como un punto ciego conduce a dilemas. Matemáticamente, al considerar intervalos de tiempo cada vez más cortos, lo que llamamos la experiencia del ahora se evapora en la no-duración. La no-duración no solo choca con nuestra experiencia inmediata del paso del tiempo, su naturaleza siempre fluida, sino que también eleva las singularidades matemáticas a rompecabezas e incoherencias. ¿Cómo puede construirse algo duradero a partir de momentos puntuales, definidos como instantes sin duración? ¿Hasta qué punto debemos tomar en serio las afirmaciones científicas sobre la naturaleza de la realidad física que se basan en un intervalo de tiempo que se aproxima a cero? Como veremos cuando hablemos de cosmología (véase el capítulo 5), estas cuestiones se agudizan cuando intentamos dar sentido al origen del universo, cuando intentamos responder, en el marco de la física y la cosmología, a la famosa pregunta de Leibniz: «¿Por qué hay algo en lugar de nada?».

Debemos distinguir la finalidad de una noción específica del tiempo, del impulso de atribuirle una primacía ontológica como resultado de la amnesia de la experiencia. Para describir los fenómenos naturales, la narrativa científica necesita abstraer, en la mayor medida posible, el paso del tiempo de la experiencia humana de la duración. En la ciencia, el paso del tiempo debe ser ordenado y preciso, el mismo para todos los observadores con relojes idénticos, al menos para los que se encuentran en el mismo marco de referencia (los tiempos de los relojes difieren para los marcos de referencia que se mueven unos respecto a otros, según la teoría de la relatividad, pero la teoría también nos enseña cómo parchear estas diferencias). El tiempo físico debe tener una norma universal, una exigencia que condujo a la perspectiva del «ojo de Dios» del tiempo absoluto de Newton (véase más adelante). Sin embargo, la necesidad científica de utilizar una definición matemáticamente exacta del tiempo no debe confundirse con la primacía ontológica de dicha definición. Insistir en que sí la tiene fue uno de los principales factores que contribuyeron al punto ciego de la física clásica.

El tiempo humano incluye el tiempo vivido y las líneas matemáticas abstractas del tiempo. Este último surge del primero. No podríamos haber construido una noción abstracta del tiempo físico sin haber tenido antes la experiencia del paso del tiempo. La matematización del tiempo a través de su representación en una línea continua compuesta de instantes sin duración es un mapa, el paso del tiempo de la naturaleza es el paisaje, y nuestra experiencia inefable del flujo del tiempo —la duración de Bergson— es el vehículo de nuestro viaje a través del paisaje. El mapa sirve a un propósito claro: la descripción matemática de los fenómenos naturales con el mayor grado de precisión posible. Pero no se puede ser cartógrafo si no se puede ver lo que se está cartografiando. El cartógrafo no debe olvidar lo que no puede incluirse en el mapa: la experiencia de caminar por el terreno, el frío cortante de la cima de la montaña, la luz moteada a través de los árboles del bosque. ¿Qué detalles son importantes y para qué fin? El mapa hará que sus usuarios se pierdan si el cartógrafo no comprende su finalidad.

Granulación gruesa

Antes de seguir adelante, debemos adelantarnos a una objeción. ¿No es nuestra sensación del paso del tiempo en la duración una construcción cognitiva que surge de un sistema físico mensurable, a saber, el cerebro? ¿No es la duración el resultado de algo que el cerebro hace, como lo que los físicos llaman «granulación gruesa», es decir, suavizar los detalles granulares simplificándolos e integrándolos? ¿No es la duración el resultado de la suciedad sobre el tiempo de reloj granular?

Consideremos un río que fluye, una analogía utilizada a menudo para el paso del tiempo. Desde una escala de longitud macroscópica, el río fluye suavemente. Sin embargo, desde el punto de vista microscópico, un fluido se convierte en un conjunto de moléculas dotadas de un movimiento colectivo ordenado. Ese movimiento no es, desde luego, suave y fluido a escalas cortas. La noción de «fluido» no es aplicable a escala molecular. Desde una perspectiva molecular, describir algo como un fluido es dar una descripción de grano grueso. Un sistema granular observado desde una distancia suficientemente grande parece fluido o continuo, como las dunas de arena vistas desde lejos. Las fluctuaciones a corta escala se promedian en un continuo suave. Esta es una de las razones por las que el río del tiempo es una imagen tan poderosa: refleja la granulación gruesa del tiempo que realiza nuestra percepción, de modo que experimentamos lo que William James (siguiendo a E. R. Clay) llamó «el presente especioso».[10] Es el «bloque de duración» que percibimos como «ahora», pero que contiene un sentido del pasado inmediato y una apertura hacia el futuro inminente.

Investigaciones recientes en neurociencia cognitiva han reforzado la idea de que el cerebro construye la percepción de la duración del momento presente mediante una cuidadosa integración de actividades sensoriales y motoras asíncronas. Dado que los estímulos sensoriales, como el sonido y la luz, viajan a velocidades diferentes, al igual que las señales exteroceptivas e interoceptivas a lo largo de las vías nerviosas, cada acontecimiento que percibimos como «ahora» refleja una actuación cognitiva del cerebro (aunque hay poco consenso sobre cómo ocurre exactamente).[11] Como James ya sabía, utilizar el tiempo del reloj para medir el presente especioso da resultados muy variables, los cuales dependen de una serie de factores, como la emoción, el estado de ánimo, la motivación, la excitación, los estados de sensación del cuerpo, los ritmos neuronales endógenos, y qué sistema sensorial se está investigando.[12] En cualquier caso, la variable especiosa presente refleja la granulación gruesa del cerebro de las actividades neuronales distribuidas espacial y temporalmente a múltiples escalas.

Por fascinante que sea esta investigación, es importante darse cuenta de que procede de la aplicación de la hora del reloj a los acompañamientos neurofisiológicos y conductuales externos de la duración sentida internamente. La investigación estudia los «correlatos neuronales» de la experiencia consciente de la duración. Aunque proporciona información valiosa sobre cómo el cerebro analiza el tiempo, no explica la duración en el sentido de mostrar cómo la actividad cerebral —descrita estrictamente desde el exterior en términos de tercera persona— contribuye a la experiencia subjetiva de la duración. Pensar que la neurociencia ofrece tal explicación —que podemos entender la duración enteramente en términos de la actividad cerebral de grano grueso— implica que la neurociencia ha resuelto el problema de la consciencia, lo que evidentemente no es el caso (véase el capítulo 8).

Lo que ocurre en realidad es que los científicos, basándose en sus propias experiencias personales de la duración, aplican el tiempo del reloj a los procesos biológicos y conductuales observables y, a continuación, deducen aspectos de la duración que pueden extraer y estabilizar como objetos de pensamiento y atención, y describir de formas acordadas intersubjetivamente. Nunca salen de la duración y la explican en términos de otra cosa. De hecho, pensar que se puede salir de la duración y explicarla como el resultado de la granulación gruesa de minúsculas unidades granulares de tiempo de reloj es incoherente, porque el tiempo de reloj no tiene sentido sin duración.

Como vio claramente Whitehead, no puede haber explicación del paso del tiempo, porque toda explicación, particularmente en términos de tiempo de reloj, presupone el paso del tiempo de la naturaleza dado en la duración: «La naturaleza es un proceso. Como en el caso de todo lo que se exhibe directamente en la consciencia de los sentidos, no puede haber explicación de esta característica de la naturaleza. Todo lo que se puede hacer es utilizar un lenguaje que pueda demostrarlo especulativamente [es decir, señalarlo para que lo veamos], y también expresar la relación de este factor de la naturaleza con otros factores».[13] En otras palabras, el paso del tiempo, tal y como se da en la duración, es primitivo (básico e infranqueable). Podemos hacer abstracciones del paso del tiempo con una precisión técnica asombrosa, pero nunca podremos reconstituirlo a partir de esas abstracciones ni sustituirlo por ellas. Veremos este punto ilustrado repetidamente en el resto de este capítulo (y en el capítulo 5).

El tiempo absoluto de Newton

Pasemos ahora a la matematización del tiempo en física, y a cómo la matematización es responsable de algunas de las paradojas a las que nos enfrentamos en relación con la naturaleza del tiempo. En el capítulo anterior trazamos las espirales ascendentes de abstracción que llevaron desde los mertonianos hasta Hamilton, pasando por Newton, al desarrollo de las leyes matemáticas del movimiento. Aquí destacamos el papel esencial que desempeñó el tiempo en esos desarrollos. Extraer las abstracciones adecuadas para crear leyes del movimiento significaba crear una abstracción adecuada, o al menos útil, para el propio tiempo.

Recordemos que, si suponemos que las matemáticas son el lenguaje de la naturaleza, como señaló Galileo en una ocasión, primero debemos universalizar el tiempo para poder trazar el cambio en el estado de movimiento de un objeto u objetos (el movimiento es la encarnación del cambio en los sistemas naturales). Esto significa que el tiempo debe transcurrir en todo el cosmos, aunque no podamos percibirlo directamente. Esta afirmación aparentemente obvia es una invención muy reciente. Para Aristóteles, y para los filósofos de la naturaleza que le siguieron durante más de dos mil años, el cielo era esencialmente intemporal. El cosmos era increado y los objetos celestes giraban alrededor de la Tierra transportados por esferas de cristal. Había movimiento en los cielos, ya que se veía que los planetas se movían con respecto a las constelaciones, pero era un movimiento sin cambios. Los cuerpos celestes no estaban en el tiempo porque no había un «antes» y un «después» de su movimiento, y su movimiento total no podía medirse por el tiempo, aunque mantenían ciertas relaciones temporales, como la simultaneidad, con las cosas sublunares (giran alrededor de la Tierra mientras suceden cosas en ella).[14] Aristóteles y sus seguidores dividieron el cosmos en dos reinos, celeste y terrestre, cada uno de los cuales obedecía a una serie de reglas diferentes. En particular, el cambio solo estaba permitido en el reino terrestre o sublunar. Esta división binaria servía muy bien a los propósitos de la Iglesia: el cambio y la decadencia quedaban relegados a la Tierra y la vida (el reino del devenir), y la dicha inmutable a los cielos (el reino del ser). Las primeras grietas en la cosmovisión aristotélica quedaron al descubierto en el siglo XVI gracias a Tycho Brahe y sus avistamientos de la supernova de 1572 y el Gran Cometa de 1577, ambos situados más allá de la esfera de la Luna. A partir de estas observaciones quedó claro que el cambio y el tiempo también fluían en los cielos. Los cielos tenían una historia.

Hemos visto que durante el siglo XIV, los eruditos del Merton College de la Universidad de Oxford pusieron en práctica la idea del tiempo como medida del cambio para estudiar el movimiento. Tras unos comienzos lentos, su innovadora representación matemática del tiempo acabaría imponiéndose a principios del siglo XVII. Dos de las tres leyes del movimiento planetario de Kepler se refieren explícitamente al tiempo. Su segunda ley establecía que la línea que une al Sol con un planeta en órbita barre áreas iguales en tiempos iguales. Su tercera ley iguala el cuadrado del periodo orbital de un planeta al cubo de su distancia media al sol. Aproximadamente en la misma época, Galileo obtuvo en Italia la ley del movimiento pendular, que relaciona el periodo de oscilación de un péndulo con la raíz cuadrada de su longitud. Galileo también reconoció que los objetos en caída libre recorren una distancia proporcional al cuadrado del tiempo, obteniendo la ley de la caída libre. De este modo, gracias a los trabajos de Kepler y Galileo, el tiempo pasó a desempeñar un papel central en las primeras leyes matemáticas que describían los fenómenos naturales terrestres y celestes.[15] Medio siglo más tarde, Newton unificaría la ley de la caída libre de Galileo y las leyes del movimiento planetario de Kepler como aplicaciones diferentes de un mismo principio, la ley de la gravedad universal. El tiempo, comprendió Newton, era el hilo que tejía la física terrestre y la celeste en un único tapiz.[16] Esta profunda innovación permitió desarrollar una narrativa científica de los fenómenos naturales que abarcaba todo el universo, haciéndolo accesible a la mente humana.

La unificación llevada a cabo por Newton de la física terrestre y celeste exigía la existencia de un único tiempo, que recorriera su curso a través de la inmensidad del espacio. La ecuación que explica cómo cae la manzana al suelo o cómo orbita la Luna alrededor de la Tierra utiliza la misma variable temporal *t*. Esto llevó a Newton a proponer una definición del *tiempo absoluto*, piedra angular de su formulación de las leyes del movimiento, un compromiso entre nuestra experiencia vivida del tiempo, como un flujo continuo que va del pasado al futuro, y un marco matemático rígido:

> El tiempo absoluto, verdadero y matemático, por sí mismo y por su propia naturaleza, fluye de igual modo sin relación con nada externo, y por otro nombre se llama duración: el tiempo relativo, aparente y común, es alguna medida sensible y externa (ya sea exacta o desigual) de la duración por medio del movimiento, que comúnmente se usa en lugar del tiempo verdadero; tal como una hora, un día, un mes, un año.[17]

Siguiendo el ejemplo de Galileo, Newton se dio cuenta de que un observador en movimiento inercial —movimiento a velocidad constante y en línea recta— no podía diferenciar este movimiento del reposo. Lo sabemos por experiencia. Imagina que viajas en un coche a cien kilómetros por hora en línea recta con los ojos cerrados y los oídos tapados. A menos que abras los ojos y mires al exterior, no se puede saber si uno está en movimiento o en reposo. El movimiento siempre está en relación con otra cosa. Por tanto, el estudio del movimiento no se limitaba a los cambios de posición de un punto A a un punto B. Al fin y al cabo, no podemos hacerlo a velocidades constantes. (Para alcanzar una velocidad constante, es necesario acelerar desde el reposo o desde otra velocidad). De hecho, los movimientos inerciales son más una abstracción que una realidad concreta. (Son una de las idealizaciones irreales discutidas en el capítulo 1.) El secreto, según Newton, reside en el agente que cambia el estado de movimiento de un objeto, es decir, que imparte al objeto una aceleración. Como vimos en el capítulo anterior, este agente es una fuerza capaz de cambiar el momento de un objeto, $F = d\,(mv)/dt$.

La segunda ley de Newton nos dice algo notable sobre el tiempo en la física clásica. Puesto que la velocidad es el cambio en la posición de un cuerpo en un intervalo de tiempo ($v = dx/dt$), se deduce que un cambio en el estado de movimiento —la aceleración causada por una fuerza— es un cambio en el tiempo de la velocidad (manteniendo la masa constante para simplificar): $a = dv/dt = d(dx/dt)/dt = d^2/dt^2$. La aceleración es el cambio de un cambio (de posición), y, por tanto, de segundo orden, o cuadrática en el tiempo. Por eso vemos la velocidad en unidades de, digamos, km/h y la aceleración en unidades de km/h^2 . (Más comúnmente, el tiempo aparece en unidades de segundos, no de horas).

Lo notable aquí es que, como el tiempo aparece elevado al cuadrado en la ecuación, si invertimos la dirección del flujo temporal, es decir, si pasamos del presente al pasado (basta con cambiar el signo de la variable temporal a $-t$ en la ecuación), la ecuación sigue siendo la misma. (Recordemos que el cuadrado de un número negativo es positivo: $(-1)^2 = -1 \times -1 = 1$). En otras palabras, la mecánica newtoniana es reversible en el tiempo. No distingue entre el tiempo que avanza y el que retrocede. Esto sigue siendo cierto incluso para las formulaciones posnewtonianas más sofisticadas de la física clásica basadas en el principio de acción discutido en el capítulo anterior.

Imagina una película de una pelota moviéndose en el espacio de izquierda a derecha. Por supuesto, se trata de una situación muy idealizada, y es importante tenerlo en cuenta. Sin embargo, si reproducimos la película al revés, es decir, invirtiendo la dirección del tiempo, veremos que la pelota se mueve de derecha a izquierda. La invariancia temporal significa simplemente que, si no se conoce la dirección original del movimiento, no se puede saber en qué dirección se avanza o retrocede en el tiempo. En otras palabras, aunque el tiempo absoluto de Newton fluya, podría estar fluyendo igualmente hacia el futuro o hacia el pasado. Por tanto, no es como un río de ningún modo. Los ríos siempre fluyen hacia abajo debido a la gravedad. En las situaciones físicas altamente idealizadas en las que no hay pérdida de energía debido a colisiones inelásticas (fricción), el tiempo abstracto, que es fundamental para las leyes abstractas de la física, puede avanzar o retroceder. En este sentido, el tiempo de la física es totalmente distinto del tiempo de nuestra experiencia.

Condiciones iniciales y representaciones: cómo cuenta historias la física

¿Cómo es posible que las ecuaciones que describen el movimiento no distingan entre pasado y futuro? Es una idea no solo desconcertante, sino quizá incluso decepcionante. Si es cierta, ¿cómo podrían estas exaltadas ecuaciones de la física servir para describir una realidad en la que el flujo del tiempo, lo que es pasado y lo que es futuro, es obvio para nuestra experiencia?

Aquí debemos detenernos brevemente para analizar qué representan estas ecuaciones y cómo se despliegan. En física, las ecuaciones modelizan situaciones idealizadas. No describen las cosas tal y como son en sí mismas —lo cual es imposible, ya que no podemos conocerlas tal y como son—, sino más bien fenómenos representados a través de nuestras observaciones y mediciones, simplificados para ignorar los efectos que se consideran insignificantes. En otras palabras, las ecuaciones son construcciones abstractas, traducciones del mundo de la percepción al mundo de la razón: se originan en la experiencia, pero existen en el pensamiento.

«Debemos observar la ocasión inmediata y *utilizar la razón* para obtener una descripción general de su naturaleza», escribió Whitehead (el subrayado es suyo).[18] Las ecuaciones son intentos de encapsular las características de un sistema físico con el objetivo de describir su comportamiento observado, normalmente su evolución en el tiempo. Esta encapsulación identifica las invariantes estructurales del comportamiento observable que sirven de base para cualquier ciencia natural. Así, un modelo físico exitoso es aquel con ecuaciones que, una vez resueltas, describen las observaciones del sistema en diferentes momentos. Por ejemplo, podemos utilizar la ley de la gravedad universal de Newton para predecir con notable precisión cuándo y dónde se producirá el próximo eclipse total de sol. Nótese que para el caso particular de la dinámica planetaria, no importa realmente si los objetos celestes se mueven en el sentido de las agujas del reloj o en sentido contrario. Los sistemas planetarios están esencialmente libres de fricción, lo que los convierte en sujetos ideales para modelar con la mecánica newtoniana u otras formulaciones de la dinámica clásica basadas en la acción. Sin embargo, esta modelización solo funciona si ignoramos la turbulenta historia de la formación temprana de estos sistemas, así como los efectos de la fricción de marea.[19] La fricción, también conocida como «disipación», rompe la simetría entre el tiempo que fluye hacia el pasado o hacia el futuro. La predicción y la posdicción solo son posibles e indistinguibles en las clases de fenómenos naturales raros cartografiados eficientemente por modelos sin fricción. Esta es una de las razones por las que las descripciones de las órbitas celestes fueron una de las primeras aplicaciones de las matemáticas a los fenómenos naturales, y marcaron la evolución de la física durante alrededor de dos siglos. Sin embargo, la contingencia histórica no debería ser un criterio de validez universal. La ciencia suele estar determinada por el tipo de preguntas a las que puede responder, no por el tipo de preguntas a las que debería responder.

Para resolver una ecuación que representa un sistema físico, necesitamos especificar tanto la posición como la velocidad de los objetos que componen el sistema al principio, en $t = 0$. Estas son las llamadas condiciones iniciales. Lo mismo ocurre con la formulación de la acción de Lagrange y Hamilton de la mecánica clásica, en la que el intervalo de tiempo se sitúa entre el momento inicial y el momento final en que se produce el movimiento. Toda ecuación cuenta una historia, y la historia debe tener un principio. Aquí, el «principio» es simplemente el instante en el tiempo que indica cuándo se supone que el modelo empieza a seguir los movimientos estudiados, o cuándo empezó el experimento. Es un punto abstracto en la línea temporal abstracta.

Los «objetos», a menudo idealizados como partículas puntuales de masa m, pueden ser planetas orbitando alrededor del Sol, electrones idealizados fluyendo a lo largo de un cable, las moléculas de un gas confinadas en una habitación, una bola rodando por un plano inclinado, la caña de un péndulo —cualquier sistema que el modelo intente describir—. Al idealizar los objetos como partículas sin estructura, el modelador asume que sus formas o tamaños son irrelevantes para la dinámica.[20] Por ejemplo, al modelizar la órbita de Júpiter alrededor del Sol con la mecánica newtoniana, no necesitamos conocer los detalles de la composición gaseosa de Júpiter, ni las reacciones nucleares que alimentan el Sol. Todo lo que necesitamos saber son los valores de sus masas y su distancia mutua. La física es el arte de la modelización eficaz. Mientras las aproximaciones se mantengan, el modelo es fiable. El hecho de que Newton pudiera describir tantas cosas en su época —la precesión de los equinoccios, las mareas, la forma ligeramente oblata de la Tierra, las órbitas de planetas, lunas y cometas— es un testimonio del éxito espectacular de su enfoque del movimiento. Inevitablemente, ese éxito significó que la racionalización de la naturaleza por parte de la Ilustración consolidó la visión del tiempo como un punto ciego como un aspecto esencial de la realidad física.

La cosmovisión de la física clásica es una idealización de la realidad que se basa en una noción matemática y abstracta del tiempo que transcurre con una precisión absoluta. La causalidad se asume implícitamente: el tiempo está ordenado. Las ecuaciones rastrean los efectos que se deben a causas específicas. Para resolver las ecuaciones que modelan cómo evoluciona un sistema concreto en el tiempo, hay que introducir las condiciones iniciales. ¿Dónde están las partículas al principio del movimiento? ¿A qué velocidad y en qué direcciones se mueven? Para contar la historia del movimiento, el modelador necesita conocer los números que denotan las posiciones y velocidades iniciales. Esto es crucial.

Pero ¿cómo se conocen estas cifras? Se conocen porque se miden. ¿Y quién mide esos números? El observador, directamente o a través de un aparato. Un aparato, ese producto esencial del taller científico, se entiende como un dispositivo de medición que proporciona información sensorial al observador: chasquidos, números en diales y pantallas, parpadeos, gráficos y patrones visuales. Está claro que la experiencia está en el centro de cada historia que contamos sobre el movimiento. Como somos los humanos los que contamos esta historia y tomamos las medidas, solo podemos conocer los números que representan las condiciones iniciales con cierta precisión.

Cuando decimos que la pelota se mantiene en reposo a un metro del suelo en $t = 0$, ¿con qué precisión conocemos este hecho? ¿Con cuántos decimales conocemos la altura inicial H de la pelota? ¿$H = 1{,}00001$ metro? ¿$H = 1{,}001$ metros? ¿$H = 0{,}999999$ metros? ¿Importa la precisión? No siempre, y por eso este enfoque tiene tanto éxito en muchas aplicaciones. En particular, la alta precisión en las condiciones iniciales no importa mucho para los sistemas lineales, definidos como sistemas que responden a un impulso en proporción directa a la fuerza de ese impulso. En ausencia de fricción, los sistemas lineales son los que son reversibles en el tiempo. Son sistemas en los que el tiempo puede fluir en cualquier dirección y el comportamiento sería el mismo. Desgraciadamente, estos sistemas son escasos.

La mayoría de los sistemas físicos de la naturaleza son no lineales. Eso significa que pueden mostrar un comportamiento caótico, con resultados extremadamente sensibles a las condiciones iniciales. Haga pequeños cambios en la precisión de estos números y las ecuaciones contarán una historia muy diferente. Para los sistemas caóticos no lineales, el futuro se convierte en una inmensidad insondable de posibilidades, que surgen de diferencias mínimas —y a menudo desconocidas— en los números que describen las condiciones iniciales. En tales casos, no se puede contar la historia en retrospectiva, como señala el físico George Ellis.[21] La complejidad conduce a una pérdida de la invariancia bajo inversión temporal, un punto que pronto exploraremos con más detalle. En términos más generales, y esto incluye tanto los sistemas lineales como los no lineales, existe la suposición incuestionable de que toda cantidad física, incluidos los números que denotan las condiciones iniciales, tiene un valor numérico «real» de precisión infinita, atribuyendo así falsamente realidad física a los números que denotan tales cantidades.[22] Esta suposición es una fantasía: nada que el ser humano pueda conocer puede ser conocido con una precisión infinita. En todas las aplicaciones prácticas, los números que denotan cantidades físicas siempre se truncan hasta cierto número de decimales. De ello se deduce que, dada la irreductible centralidad de la experiencia en la narrativa científica del mundo, la epistemología enmarca la ontología: lo que podemos saber del mundo determina lo que podemos decir sobre su naturaleza física. Esto es lo que se pierde en el punto ciego de la física clásica.

El infinito es otro ejemplo. Lo infinitamente grande o infinitamente pequeño es una idea, no un número. Su utilidad matemática es enorme y se invoca como herramienta en muchas demostraciones clave. Los incrementos infinitamente pequeños son la base del cálculo y, cuando los incrementos son de tiempo, la base de todas las ecuaciones de movimiento de la física. Pero nunca podremos estar seguros de que algo en la realidad física sea infinito, ya que «infinitamente pequeño» e «infinitamente grande» están siempre más allá de lo que podemos medir. Como afirmó en una ocasión el matemático David Hilbert: «El infinito no se encuentra en ninguna parte de la realidad, independientemente de las experiencias, observaciones y conocimientos a los que se apele».[23]

La experiencia está en el centro mismo de todos los modelos físicos y de todas las afirmaciones que hacemos sobre la realidad percibida, poniendo una cuña entre lo que podemos saber del mundo y la falsa esperanza de que la ciencia pueda proporcionar una visión objetiva de la realidad física desde la perspectiva del ojo de Dios. El tiempo experimentado se modela como tiempo matemático en las ecuaciones de la física. Pero el tiempo no está hecho de números, ni mucho menos de números de precisión infinita. El tiempo se construye a partir del paso del tiempo, y el paso del tiempo solo se conoce a través de la experiencia, la experiencia de la duración. El tiempo experimentado es el único tiempo que conocemos. La cosificación del tiempo matemático es una extrapolación injustificada del modelo a la realidad, una peligrosa confusión de punto ciego entre mapa y territorio.

La termodinámica y la flecha del tiempo

La historia que cuenta nuestra experiencia del paso del tiempo es muy distinta de la reversibilidad temporal de la mecánica newtoniana y posnewtoniana idealizada y sin fricción. Las cosas se caen y se rompen, el azúcar se disuelve en el café, las olas se estrellan en la costa, la lluvia cae de las nubes, las orugas se convierten en mariposas, envejecemos, morimos. Ninguno de estos acontecimientos ocurre hacia atrás. Nuestra experiencia de la realidad tiene una clara dirección en el tiempo: del pasado al futuro. Así es como se manifiesta nuestra experiencia de ser-en-el-mundo. Incluso cuando intentamos desconectar del mundo exterior, ya sea en meditación profunda, o en un tanque de privación sensorial, nuestro corazón sigue latiendo y nuestra sangre sigue corriendo por nuestras venas. Nuestra mente sigue sintiendo un torrente continuo de pensamientos, que fluyen desde alguna fuente desconocida con una dirección constante. Esta fuente forma parte del manantial de estar vivo y existir en el tiempo: los recuerdos del pasado se acumulan a medida que experimentamos el presente. No recordamos el futuro. Está claro que nuestra experiencia del tiempo no concuerda con el tiempo matemático de la narrativa científica.

Los físicos de finales del siglo XIX sabían que necesitaban una explicación de cómo el tiempo parece avanzar. Necesitaban mostrar cómo podía surgir una dirección para el tiempo a partir de la variable sin dirección *t* en sus ecuaciones dinámicas. Como veremos a continuación, el camino que tomaron para encontrar esta reconciliación no comenzó en un marco teórico elevado o en una visión metafísica, sino, al menos al principio, en las preocupaciones prácticas de la ingeniería para mejorar la eficiencia del combustible de la maquinaria que utiliza calor para generar movimiento. Una vez más, la espiral de abstracción y explicación comenzó en el taller.

Durante gran parte del siglo XIX, la Revolución Industrial despertó el interés por el funcionamiento de las máquinas de vapor, utilizadas en el transporte, la minería y la agricultura. Cuanto más eficiente era el motor, más trabajo útil podía realizar con menos consumo de combustible: los motores eficientes aumentaban la acumulación de capital, proporcionando una forma de los vínculos críticos y enredados entre la ciencia y las economías industriales que exploramos en el último capítulo. Esta motivación financiera abrió un nuevo campo de juego para la física: el estudio del calor y su transferencia. Durante la transición del siglo XVIII al XIX, la naturaleza del calor pasó de ser una sustancia misteriosa que podía fluir de los objetos calientes a los fríos (primero el «flogisto», luego el «calórico») a la comprensión de que el calor no es en absoluto una sustancia, sino un movimiento. Es la agitación térmica de pequeñas partículas de materia, a menudo invisibles a simple vista.[24]

Con el estudio del calor, la naturaleza atomística de la materia volvió a la física tras un largo paréntesis. Daniel Bernoulli, John James Waterson y James Clerk Maxwell demostraron que las moléculas de gas podían modelarse como esferas elásticas (sin pérdida de energía en las colisiones). De este modo, obtuvieron expresiones matemáticas que relacionan las propiedades macroscópicas de un gas, como la presión y la temperatura, con la velocidad molecular media y con su cuadrado, respectivamente.

Sabemos por experiencia que si vertemos un cubo de agua caliente en una bañera llena de agua fría, el agua de la bañera alcanzará una temperatura templada intermedia. Cuanto mayor sea la proporción entre el volumen de agua caliente y el de agua fría, mayor será la temperatura final de equilibrio del agua de la bañera. Microscópicamente, este aumento de temperatura es el resultado de la energía transferida por las moléculas de agua caliente (rápida) al chocar con las moléculas de agua fría (lenta), lo que provoca una mayor velocidad molecular promedio en la bañera y, por tanto, una mayor temperatura global del agua. También sabemos, por experiencia, que el agua fría no vuelve a calentarse a menos que la caliente una fuente. Microscópicamente, esto significa que, en promedio, las moléculas no pueden empezar a moverse más rápido por sí solas. Así, la dirección del tiempo se oculta en un fenómeno tan simple como el enfriamiento del agua.

Obsérvese cómo hemos utilizado la palabra *promedio* al caracterizar la velocidad de las moléculas más arriba. La aparición del pensamiento atomístico en la descripción de las propiedades macroscópicas de los gases (incluido el vapor, por supuesto) importó un nuevo elemento matemático a los modelos físicos: el análisis estadístico. Aunque la mecánica microscópica de las partículas que chocan entre sí sigue siendo determinista, se hizo poco práctico, o incluso imposible, en principio, describir el comportamiento de un gas formado por muchas partículas, resolviendo conjuntamente las ecuaciones de movimiento de cada una de ellas.

Recordemos que, para resolver cada ecuación, necesitaríamos conocer con cierta precisión la posición y el momento iniciales de cada una de las moléculas. Como ilustración, 1 mol de una sustancia contiene aproximadamente 6×10^{23} partículas, que pueden ser átomos, moléculas, iones o electrones. Es un 6 seguido de 23 ceros. (A título ilustrativo, la masa media de 1 mol de agua es de 18,02 gramos). Para resolver la ecuación de cada molécula de agua, habría que especificar tres números para la posición inicial y tres para los momentos iniciales, los seis «grados de libertad» de una partícula que se mueve en el espacio de fases.[25] Así pues, para un número N de partículas, habría que resolver 6N ecuaciones. Las mayores simulaciones numéricas que pueden resolverse actualmente en un superordenador pueden incluir unos diez mil millones de partículas, o $N = 10^{10}$. Aunque impresionante, este número es trece órdenes de magnitud menor que la situación real. Es evidente que se necesitan métodos estadísticos y de aproximación.

Recordemos la imagen de un cubo de agua caliente arrojado a una bañera llena de agua fría. Macroscópicamente, podemos medir el cambio de la temperatura en el agua con un termómetro. Cuanto mayor sea la cantidad de agua caliente vertida, mayor será la temperatura media. Esto lo sabemos intuitivamente, y las lecturas de los termómetros confirmarán esa intuición, ya que, como hemos visto, la propia temperatura se construyó a partir de este tipo de experiencias. También sabemos que, si mezclamos el agua, con el tiempo toda la bañera alcanzará una temperatura superior a su valor inicial y luego permanecerá estacionaria (ignorando el enfriamiento con aire). Esta inmovilidad aproximada, en la que la temperatura del agua permanece constante, es un estado de equilibrio termodinámico. Si la bañera fuera un sistema cerrado perfecto, incapaz de intercambiar energía con el exterior, la temperatura del agua permanecería constante para siempre. Visto macroscópicamente, el equilibrio termodinámico es eterno.

Microscópicamente, la situación es muy diferente. Las moléculas de agua pasan zumbando, chocando unas con otras a velocidades variables. Localmente, hay mucha actividad. La belleza del promedio estadístico es que valida la representación matemática de nuestras partículas $N = 10^{23}$ en su espacio de fase de $6N$ dimensiones. La promediación permite que el mapa abstracto del espacio de fase entre en contacto con el terreno de nuestra experiencia real del derretimiento del hielo y de bañeras que se llenan de agua caliente. Nos permite centrarnos en lo que creemos que importa en nuestra experiencia (sus invariantes estructurales) para elaborar un mapa preciso. Una vez que sumamos todas las moléculas y calculamos la media de las posibles variaciones de velocidad, los detalles individuales de esta dinámica microscópica tan complicada, local, invisible y abstracta quedan resueltos. Para las moléculas individuales de un gas en equilibrio termodinámico, el tiempo está muy presente. Pero para los observadores macroscópicos externos, no.

A partir de este ejemplo, también vemos cómo las propiedades macroscópicas como la presión y la temperatura son comportamientos emergentes: solo tienen sentido cuando observamos un sistema —o una parte suficientemente grande de este— holísticamente. No podemos hablar de temperatura para una o unas pocas moléculas.

Este enfoque emergente es esencial para la interpretación termodinámica de la flecha del tiempo. En 1872, Ludwig Boltzmann formuló su famoso «teorema H», demostrando que una forma eficaz de caracterizar el comportamiento de un sistema termodinámico es mediante la identificación de cómo evolucionan sus estados específicos en el tiempo. Desde este punto de vista, el estado del sistema es una especie de retrato de histograma de las posiciones y momentos de sus constituyentes individuales. Las moléculas (o átomos, iones, o cualesquiera que sean los constituyentes del sistema) se clasifican según su posición en el espacio y los valores de sus momentos, lo que nos da los seis grados de libertad que hemos mencionado antes. A medida que el sistema evoluciona en el tiempo, las moléculas chocarán y cambiarán de posición y de momento, y el «agrupamiento de datos» también cambiará. Algunas moléculas rápidas pueden volverse lentas y viceversa. Por tanto, podemos considerar la evolución del sistema como una serie de retratos de la distribución relativa de posiciones y momentos en el tiempo, el espacio de fases que describimos en el capítulo anterior.

En nuestro ejemplo del cubo de agua caliente vertido en una bañera de agua fría, el estado inicial tendría dos contenedores quc dominarían el histograma. Uno de ellos contiene las moléculas calientes del cubo (alta temperatura significa alta velocidad media). La otra contiene las moléculas de menor velocidad (menor temperatura) del agua más fría de la bañera. Esta segunda cubeta tiene muchas más moléculas que la que representa el cubo porque representa más agua. Con el paso del tiempo, las colisiones entre moléculas calientes y frías reducirían las velocidades relativas hasta que, finalmente, la mayoría de las moléculas tendrían aproximadamente la misma velocidad media en caliente, con solo pequeñas fluctuaciones en torno al valor medio.[26] Este es el estado de equilibrio térmico. En el espacio de fases, una única zona dominaría la distribución, caracterizada por una «equipartición de la energía», es decir, un estado en el que la probabilidad de encontrar una molécula con (o muy cerca de) la velocidad media es la más alta.

La equiparación de la energía, la última democracia molecular, equivale así al equilibrio termodinámico: el agua de la bañera con una temperatura final cálida. A partir de ese momento, al menos para un sistema cerrado, no se detectaría ningún cambio macroscópico significativo. En concreto, no veríamos que el sistema volviera espontáneamente a su estado inicial, con el agua caliente y fría separadas en el espacio.

El célebre teorema *H* de Boltzmann intentaba ofrecer una representación cuantitativa de cómo la mecánica microscópica reversible (las moléculas colisionando individualmente unas con otras) puede explicar el comportamiento macroscópico (el agua alcanzando finalmente una temperatura de equilibrio cálida). A medida que el sistema evoluciona en el tiempo, Boltzmann demostró que una cantidad *H* (la inversa de lo que llamamos entropía del sistema) se desplaza hacia un valor mínimo que caracteriza el equilibrio térmico. Para revertir un sistema que ha alcanzado el equilibrio a su estado inicial de no-equilibrio sería necesario un número absurdamente grande de colisiones con un mandato muy específico, lo que equivaldría a una evolución del espacio de fases con una probabilidad de ocurrencia insignificantemente baja. Según el teorema *H* de Boltzmann, en los sistemas con muchos constituyentes y, por tanto, un gran número de estados posibles, no es imposible retroceder en el tiempo, pero es altamente improbable. Con la ayuda de la probabilidad, Boltzmann llegó a la conclusión de que la flecha del tiempo apunta en la dirección de la equipartición de la energía, el estado con máxima entropía.

En aquella época, Boltzmann creía haber resuelto el problema de la flecha del tiempo. Pensaba que había trasladado la física de los microestados al tiempo de la experiencia con su movimiento del pasado al futuro. Pero otros físicos pronto plantearon importantes cuestiones sobre el planteamiento de Boltzmann. El conflicto entre ambos puntos de vista revela otra expresión del punto ciego en la historia de la física.

La paradoja de la reversibilidad

Pocos años después de que Boltzmann propusiera su teorema, uno de sus colegas de Viena, Josef Loschmidt, argumentó que nunca se puede demostrar de forma concluyente la irreversibilidad temporal a partir de ecuaciones reversibles en el tiempo. Esta «objeción de reversibilidad» se conoció como la paradoja de Loschmidt (también llamada paradoja de la reversibilidad). La idea clave es que es posible, en principio, que se produzca un estado raro en el que las velocidades de las moléculas en algún momento *t* a lo largo de su evolución se inviertan de tal manera que obliguen al sistema a retroceder a su estado inicial, más ordenado. Esto significaría una disminución de la entropía hacia el futuro. Para tiempos suficientemente largos, tales estados tienen una probabilidad finita de aparecer y se producirán aunque sea muy improbable que aparezcan en tiempos cortos.

Las raíces de la paradoja de Loschmidt se esconden en el punto ciego, en la insistencia en que tenemos, al menos en teoría, acceso ilimitado a información y detalles sobre las mediciones del tiempo y otras variables físicas. En su libro clásico *La dirección del tiempo*, el físico y filósofo Hans Reichenbach sostenía que, aunque considerásemos un sistema con ecuaciones indeterminadas o no estrictamente cerrado, la objeción de reversibilidad de Loschmidt seguiría siendo válida: «Sin embargo, todo lo que puede probarse de este modo es que el proceso inverso se hace aún más improbable, no que se excluya».[27] En otras palabras, siempre podemos observar el sistema durante intervalos de tiempo arbitrariamente largos, y en esos largos intervalos de tiempo se producirá un estado que disminuya efectivamente la entropía, o incluso que revierta el sistema a su estado inicial de baja entropía. Esta perspectiva de la paradoja de Loschmidt suele denominarse objeción de recurrencia de Zermelo, ya que Ernst Zermelo aplicó el trabajo de Poincaré sobre la recurrencia de las trayectorias del espacio de fases al teorema *H* en 1896.

Hay un problema, sin embargo, tanto con la paradoja de Loschmidt como con la crítica de Zermelo, que se cierne, no solo sobre su propio trabajo, sino también sobre todo el proyecto de Boltzmann de rescatar la flecha del tiempo del movimiento microscópico reversible en el tiempo. El problema reside en la definición del *estado del sistema*. Como ya hemos comentado, al describir el comportamiento de sistemas con muchas partículas, hay que utilizar la descripción del espacio de fases, mediante la cual se agrupan partículas con una posición **x** y una velocidad **v** (o, equivalentemente, un momento **p**) suficientemente próximas. (Los caracteres en negrita indican que estas cantidades tienen tres entradas cada una [son vectores], ya que las partículas se mueven en tres dimensiones). Para *N* partículas, una pequeña región (o «celda») del espacio de fase tendría un volumen $(\mathbf{\Delta x})^N$ $(\mathbf{\Delta p})^N$. ¿Qué tamaño tienen estas células? Eso depende de la resolución de los aparatos de medición, que *siempre será limitada*. Este límite de precisión práctica choca directamente con la suposición de mediciones de precisión infinita. Existe, por tanto, una tensión entre la forma en que interactuamos con los sistemas naturales, que siempre es de grano grueso, y la supuesta precisión infinita de algunos de nuestros modelos.

Para entender por qué esto es un problema, imaginemos dos partículas colisionando, como bolas de billar. Suponemos que, antes de colisionar, viajan independientemente desde lugares distintos, lo que representa lo que llamamos un estado inicial no correlacionado. Pero una vez que chocan, los detalles de la colisión se transmiten en su comportamiento posterior. Si se tratara de una colisión por rozamiento, las dos partículas se comportarían de forma muy distinta a si chocaran frontalmente. Esto significa que, tras la colisión, las dos partículas están *relacionadas* o, en terminología física, están correlacionadas. Una reconstrucción puramente mecanicista de los movimientos necesarios para revertir el estado del sistema (y, por tanto, disminuir la entropía) requeriría una resolución arbitrariamente alta en el espacio de fases, es decir, celdas arbitrariamente pequeñas en posición y momentos. Pero siempre hay un límite de precisión en lo que podemos medir, y esta precisión fija el tamaño de la celda más pequeña. En consecuencia, el espacio de fases es *necesariamente* de grano grueso. (Y ni siquiera estamos hablando de la indeterminación cuántica, que establece un límite último de grano grueso, como veremos en el próximo capítulo).[28]

Es aquí donde surge la cuestión crítica. Debido a la finitud de las celdas del espacio de fases, siempre se pierde algo de información sobre la colisión. Resulta imposible reconstruir las correlaciones con todo detalle. En otras palabras, cada descripción del espacio de fases implica una pérdida de memoria. La granulación gruesa del espacio de fases garantiza que el sistema presente lo que se denomina *caos molecular*, lo que significa que los estados inicial y final no están correlacionados. Solo de esta manera pueden los sistemas termodinámicos cerrados satisfacer el teorema *H* de Boltzmann y distinguir así entre pasado y futuro.

De este modo, es la asimetría temporal implícita en una descripción de grano grueso del espacio de fase lo que rescataría el argumento de Boltzmann para la flecha del tiempo de Loschmidt y Zermelo. La idea sería que, en lo profundo del micromundo de un pequeño número de partículas, el tiempo no tiene una dirección definida. La flecha del tiempo aparece a medida que aumenta el número de objetos, las colisiones se hacen más complejas, las celdas del espacio de fases se hacen más gruesas y aumenta la entropía. La dirección del tiempo aparecería ahora como una consecuencia de nuestra percepción borrosa de la realidad, un punto también señalado por Carlo Rovelli.[29]

Este rescate de la flecha del tiempo, sin embargo, tiene un profundo coste para la visión del universo desde el punto de vista del punto ciego. Si nuestras teorías físicas, modelos e interacciones con la naturaleza son, *y deben ser siempre*, de grano grueso, y la flecha del tiempo surge del grano grueso, entonces la dirección del tiempo aparece ahora en la física como consecuencia de la dependencia esencial de la física de nuestra percepción duracional y nuestra narrativa de la realidad. Volvemos a la imposibilidad de separar el tiempo físico del tiempo vivido. Volvemos al tiempo humano.

El problema de la flecha del tiempo, visto desde una perspectiva microfísica, revela que la perfectamente omnisciente «visión del ojo de Dios» de la física clásica nunca fue más que una abstracción útil. Era un mapa que no podía, ni siquiera en principio, recuperar el terreno de la experiencia vivida.

Pero el micromundo no es el único escenario en el que aparecería el problema del punto ciego del tiempo en física. La configuración de sistemas termodinámicos cerrados modelados con esferas elásticas duras en colisión es demasiado restrictiva para abarcar la enorme variedad de formas en las que el tiempo fluye hacia delante, independientemente de nuestros modelos y observaciones. ¿Qué hay de las estrellas nacidas en nebulosas de gas hace miles de millones de años, de la vida que se desarrolla en la Tierra primitiva, de las olas que rompen en playas solitarias, de los corazones palpitantes de los colibríes, de las bacterias que se mueven hacia el alimento? La naturaleza no sabe nada de espacios de fase ni de grano grueso. No conoce nuestras abstracciones idealizadas. Sin embargo, el tiempo avanza desde el Big Bang. ¿Por qué?

Para responder, debemos explorar cómo la teoría de la relatividad de Einstein localizó el flujo del tiempo, quitándole su universalidad newtoniana. Como veremos, cada pequeña región del espacio tiene su propio tiempo, que transcurre en función del campo gravitatorio de su entorno y del estado de movimiento del observador. Esta discusión nos remite también a Bergson y a su debate con Einstein sobre la naturaleza del tiempo, que tuvo lugar en París en 1922.

Pero antes de explorar la historia temprana del universo, donde la física del espacio y el tiempo choca con la física de lo muy pequeño, debemos explorar nuestra descripción actual de la materia a nivel subatómico. Allí encontramos descubrimientos que hicieron dolorosamente evidentes los limitados puntos de vista del punto ciego y obligaron a pagar un precio muy alto por el mantenimiento de sus prerrogativas, un precio que muchos no están dispuestos a pagar.

4. Materia

Prólogo filosófico

A la luz de nuestro viaje desde los griegos hasta los máximos logros de la física clásica, y nuestra consideración del papel del tiempo en la física, merece la pena detenerse a considerar nuevamente la perspectiva metafísica que llegó a vincularse a la ciencia que hemos identificado como el punto ciego. Para ello nos basaremos en la crítica clásica de Whitehead a la visión filosófica del mundo que surgió en los primeros siglos del progreso científico moderno.[1]

La distinción entre cualidades primarias y secundarias, establecida por Galileo, Descartes, Boyle y Locke, era fundamental para esta concepción científica del mundo. Las cualidades primarias son las cualidades fundamentales que pertenecen a las partículas diminutas de la materia (corpúsculos) cuyas relaciones en el espacio y el tiempo constituyen el orden de la naturaleza. Para Locke, estas cualidades eran el tamaño, la forma, el movimiento, el número y la impenetrabilidad.[2] Las cualidades secundarias (color, sabor, sonido, olor, calor y frío) solo existían como efectos en la mente causados por las cualidades primarias de la materia. (En sentido estricto, las cualidades secundarias son los poderes de los objetos materiales, basados enteramente en sus cualidades primarias, para causar sensaciones en la mente que no se «parecen» a las cualidades primarias). La distinción entre cualidades primarias y secundarias inauguró lo que Whitehead llamó la bifurcación de la naturaleza. He aquí su descripción del resultado de esa división:

> Así, los cuerpos son percibidos como dotados de cualidades que en realidad no les pertenecen, cualidades que en realidad son puramente fruto de la mente. Así, la naturaleza obtiene un mérito que en realidad debería reservarse para nosotros: la rosa por su perfume, el ruiseñor por su canto y el sol por su resplandor. Los poetas están totalmente equivocados. Deberían dirigir sus letras a sí mismos, y convertirlas en odas de autocomplacencia por la excelencia de la mente humana. La naturaleza es un asunto aburrido, sin sonido, sin olor, sin color; simplemente el apresuramiento de la materia, sin fin, sin sentido.[3]

Aunque la concepción de las cualidades primarias de la naturaleza había evolucionado a finales del siglo XIX, el triunfo de la física clásica había inoculado la bifurcación de la naturaleza en la cultura científica colectiva. Se aceptaba que el mundo estaba hecho solo de materia en movimiento y campos (como la electricidad y el magnetismo). Todas las disposiciones macroscópicas de la materia podían reducirse a disposiciones de átomos diminutos, los cuales eran a su vez fuente de campos gravitatorios y electromagnéticos, y respondían a su presencia. En muchos casos, el comportamiento de esos átomos (sus movimientos y configuraciones colectivas) podía describirse con estructuras matemáticas muy abstractas y las técnicas desarrolladas para su manipulación, incluidas aproximaciones cuando era necesario. En sus formas más potentes y predictivas, estas estructuras matemáticas plasmaban el comportamiento de la materia y los campos asociados en «espacios» hiperdimensionales (es decir, espacios de fase) donde el movimiento y la configuración se manifestaban como la geometría de los objetos dentro de esos espacios.

Los seres humanos y nuestras experiencias nos encontramos al otro lado de la bifurcación. Bajo la metafísica de la mecánica clásica, la experiencia se degradó a «nada más que» un mundo de apariencias. El sol como «brillante», la rosa como «dulcemente fragante», el pájaro cantor como «melifluo» no eran más que epifenómenos. Podían explicarse, en principio, aunque no en la práctica, mediante su reducción final al comportamiento de los átomos en los cerebros (aunque el modo de tender un puente del cerebro a la mente seguía siendo un misterio). Ese comportamiento caía enteramente bajo la jurisdicción de la física clásica. Y lo que es más importante, para el atractivo estético de esta metafísica, todo el comportamiento atómico podía expresarse de forma elegante y completa en las fantasiosas construcciones matemáticas platónicas de un lagrangiano, o las propiedades de un toro multidimensional en el espacio de fase hamiltoniano.

Esta reducción o sustracción de la experiencia a abstracciones matemáticas es exactamente lo que Whitehead sostenía que era un profundo error, y nosotros sostenemos que es el sello distintivo del punto ciego. No es que Whitehead se opusiera a las abstracciones. Era matemático y lógico, y conocía perfectamente la gloria y el poder de los logros de Lagrange y Hamilton. Su obra filosófica, sin embargo, fue un intento de encontrar el lugar adecuado para esas potentes abstracciones dentro de una explicación completa de la naturaleza que incluya nuestra experiencia como parte integrante de ella. Especialmente importante para nosotros, a la hora de explicar las limitaciones de la visión del mundo como un punto ciego, es la crítica de Whitehead al uso de abstracciones. Como escribe en las primeras líneas de *Ciencia y mundo moderno,* «la filosofía, en una de sus funciones, es la crítica de las cosmologías».[4] Por «cosmologías», Whitehead se refiere a los puntos de vista metafísicos sobre la realidad y los tipos de cosas que componen la naturaleza, en particular los puntos de vista vinculados a la ciencia moderna. La filosofía puede y debe criticar el trasfondo filosófico, a menudo tácito, de la ciencia. Así, cuando Whitehead llama la atención sobre la «falacia de la concreción equivocada», el «error de tomar lo abstracto por lo concreto», quiere destacar cómo las abstracciones matemáticas han llegado a ser cosificadas y consideradas erróneamente como sustitutos y explicaciones de lo que experimentamos.

A principios del siglo XX, el enorme éxito de la física clásica parecía justificar que sus abstracciones ocuparan un lugar de honor en la descripción del mundo. En ese mundo, la experiencia vivida era exclusivamente un «solo» —solo sensaciones, solo estados psicológicos, solo epifenómenos—. La física clásica proporcionaba la cosmología, la visión del mundo, en la que la ontología básica de la naturaleza era lo más importante. La física clásica daba cuenta del mobiliario del universo. Su trabajo consistía en decirnos con todo detalle lo que realmente existía en el mundo, independientemente de nosotros, los humanos, y de nuestra desordenada experiencia biológica y psicológica. La física desvelaría las estructuras fundamentales y sus relaciones. Al hacerlo, explicaría todo lo que existe ahora y siempre. Su dominio era la realidad vista desde fuera, desde el punto de vista de Dios.

El éxito de la física clásica condujo a creer que esas estructuras básicas y sus relaciones, representadas ahora por átomos, campos y sus leyes matemáticas, habían sido enumeradas y articuladas por completo. Todo lo demás, incluida la experiencia, podía recuperarse mediante el procedimiento adecuado de reducir la aparente complejidad del mundo a esas formas basales. La física nos proporcionó la ontología definitiva de la naturaleza.

Sin embargo, como vieron Whitehead y Husserl, esta forma de entender lo que la física había logrado era errónea. Confundía las idealizaciones abstractas con el ser concreto y su piedra de toque en la experiencia corporal. Como escribió Whitehead: «El pensamiento es abstracto; y el uso intolerante de las abstracciones es el mayor vicio del intelecto».[5] Para Husserl, este uso intolerante es la sustitución subrepticia, la sustitución de lo abstracto por lo concreto.

Nuestro recorrido por la mecánica clásica y el análisis del problema del tiempo ilustra cómo la construcción de la física clásica, al igual que la invención de la temperatura, representó una espiral ascendente de abstracciones que, no obstante, siempre se apoyó en la experiencia encarnada como fuente y soporte. Aunque esta espiral ascendente, basada en la importancia concedida a las matemáticas en la tradición pitagórica y platónica, dio sus primeros pasos cuando los mertonianos encontraron la forma de extraer el tiempo y el movimiento de la experiencia y reformularlos en términos de los conceptos abstractos de velocidad y aceleración. Más tarde, después de Galileo, el taller científico y su actividad comunitaria se convirtieron en el nuevo y esencial acuerdo social que permitió acumular progresos en física. A través del taller, se emprendió un esfuerzo colectivo para aislar exactamente aquellos aspectos de la experiencia susceptibles de servir como invariantes estructurales para la abstracción y la idealización. Así es como se aceleró la espiral ascendente de la abstracción, llevándonos de las leyes de Newton a las coordenadas mucho más genéricas de la mecánica lagrangiana y hamiltoniana.

Sin embargo, nunca se perdió de vista el papel de la experiencia encarnada. Consideremos el principio de mínima acción (o principio de acción estacionaria): cuando una partícula de energía fija viaja de un punto a otro, su trayectoria es tal que la acción correspondiente tiene el mínimo valor posible. Aunque la derivación matemática y el enunciado del principio puedan parecer la cúspide de la abstracción, cualquiera que haya subido por un sendero de montaña empinado y lleno de obstáculos se familiariza rápidamente con la idea de que la naturaleza se decanta por alguna forma de minimización en su expresión. Tras una o dos horas de esfuerzo, el cuerpo sigue un ritmo. Como en una danza, cada paso se elige para mantener el movimiento hacia arriba con una economía de esfuerzo. El cuerpo, en otras palabras, lo sabe. Al igual que los mertonianos tuvieron que transformar las experiencias corporales de «rapidez» y «velocidad» en una forma matemática utilizable (velocidad y aceleración), el principio de la mínima acción no surgió completamente formado como Atenea de la cabeza de Zeus. El descubrimiento del principio no habría sido posible sin los antecedentes concretos de la experimentación en el mundo de la vida. Debemos vivir el mundo antes de conceptualizarlo.

Así, llegamos a la idea de Whitehead sobre la relación entre la experiencia (a la que se refiere como lo concreto) y las abstracciones de la ciencia, vista desde la perspectiva de la filosofía como crítica de las abstracciones:

> A menudo se malinterpreta el propósito explicativo de la filosofía. Su asunto es explicar el surgimiento de las cosas más abstractas a partir de las cosas más concretas. Es un completo error preguntar cómo [el] hecho particular concreto puede construirse a partir de universales. La respuesta es: «De ninguna manera». La verdadera pregunta filosófica es: ¿cómo puede el hecho concreto exhibir entidades abstractas de sí mismo y, sin embargo, participadas por su propia naturaleza?
>
> En otras palabras, la filosofía es explicativa de la abstracción, no de la concreción.[6]

Así, la metafísica del punto ciego malinterpretó su propio propósito. Redujo la experiencia concreta a abstracciones científicas, o sustituyó la una por la otra. Hemos argumentado que esto es un grave error. Ha llevado a la ciencia a problemas erróneos y a la cultura sobre la que descansa la ciencia a situaciones existencialmente peligrosas. Hemos tratado los problemas relativos al tiempo en el capítulo anterior, y volveremos a ellos en el próximo capítulo sobre cosmología. Las situaciones peligrosas cobrarán importancia cuando hablemos de la IA (capítulo 7) y de la crisis climática (capítulo 9). En este capítulo, nos mantenemos dentro del marco de la física. Nada ilustra tan dramáticamente el punto ciego como la aparición de la física cuántica durante las tres primeras décadas del siglo XX. Fue entonces cuando los físicos se enfrentaron, a menudo con desesperación, al inevitable desmoronamiento de la poderosa cosmovisión de la física clásica.

El taller triunfante: el nacimiento de la física cuántica

Nadie pidió la mecánica cuántica y, en cierto sentido, nadie la quería cuando llegó. El dominio de la física que se esconde tras la palabra *cuántica* se impuso a los físicos como consecuencia directa del trabajo: la tecnología científica nos obligó a hacerlo.

A finales del siglo XIX y principios del XX, los avances técnicos en forma de nuevas máquinas —nuevos dispositivos— permitieron a los físicos empezar a sondear escalas de longitud y de tiempo mucho más pequeñas de lo que había sido posible hasta entonces. Estas sondas eran indirectas, en el sentido de que las propias máquinas eran objetos macroscópicos de escala similar a la de los físicos que las construían y utilizaban. Lo que les permitió sondear el «nanomundo» (la milmillonésima parte de un metro) donde se descubriría la física cuántica fue un notable aumento de la precisión de sus máquinas y de su capacidad para manipular nuevos efectos captados en el laboratorio.

Un potente ejemplo de estos nuevos instrumentos fue el espectrógrafo, un dispositivo capaz de descomponer un haz de luz y medir su contenido energético en cada longitud de onda componente. Aunque desde tiempos inmemoriales se sabía que la luz solar podía dividirse con un prisma en los diversos colores que componen el arcoíris, el espectrógrafo permitió medir con gran precisión la intensidad (energía) de la luz en cada color (longitud de onda). De este modo, físicos y astrónomos empezaron a catalogar los espectros (energía frente a longitud de onda) de todo lo que caía en sus manos. Cuando la luz de un objeto sólido incandescente, como una barra de hierro caliente, se hizo pasar por un espectrógrafo, se encontró una curva suave. Los espectros mostraban que la energía aumentaba a partir de longitudes de onda más cortas, alcanzaba un máximo, y luego se extinguía a longitudes de onda más largas. La forma de esta curva era universal. No importaba si se trataba de hierro, acero, carbón o brasas de madera. Mientras el objeto calentado fuera un sólido, los espectros siempre mostraban la misma forma básica, que los científicos denominaron curva de «cuerpo negro». Sin embargo, cuando se hacía pasar una corriente eléctrica a través de una cámara llena de un gas enrarecido, como hidrógeno u oxígeno, solo aparecían unas pocas «líneas de emisión» brillante, en lugar de una curva de cuerpo negro suave y continua. El gas caliente no emitía luz en ninguna otra longitud de onda que no fueran estas pocas líneas. Cada elemento químico brillaba con un conjunto único de líneas de emisión, su huella espectroscópica.

Los primeros choques cuánticos se produjeron cuando los físicos intentaron utilizar la mecánica clásica para explicar este tipo de datos de sus espectrógrafos. Comenzó con la curva del cuerpo negro. A finales del siglo XIX, los físicos habían llegado a comprender la luz (gracias a James Clerk Maxwell) como ondas electromagnéticas emitidas por partículas cargadas en aceleración. Pero todos los intentos de utilizar este conocimiento para reproducir la curva del cuerpo negro fracasaron. Las matemáticas detrás de la física daban resultados erróneos. Solo cuando Max Planck abandonó el supuesto básico de la electrodinámica de Maxwell, su nueva teoría recuperó los datos. Planck tuvo que renunciar a la idea de Maxwell de que la materia podía emitir y absorber ondas luminosas en un rango continuo de energías. En su lugar, se vio obligado a asumir que los átomos vibrantes solo podían emitir y absorber luz en pequeños paquetes discretos o «cuantos» de energía. Estos paquetes no podían dividirse más. Para una frecuencia de luz dada, no había medios o cuartos de cuantos de energía.

Utilizando la hipótesis de las energías discretas, la teoría de Planck recuperó perfectamente la forma de la curva de datos del cuerpo negro. Además, la idea inspiró a Einstein a proponer, en 1905, que la luz podía describirse como onda y como partícula. Junto con los haces de energía discretos de Planck, la dualidad onda-partícula de la luz fue un golpe directo a la pulcra objetividad de la visión clásica del mundo.

Los cuantos volverían a aparecer cuando Niels Bohr los utilizó en 1913 para explicar los espectros de las líneas de emisión de los gases. En aquella época, algunos físicos intentaban modelizar el átomo como un sistema solar en miniatura, con electrones orbitando alrededor del núcleo atómico, como planetas alrededor del Sol. Desgraciadamente, cuando se aplicaba el electromagnetismo clásico a estos modelos, los electrones irradiaban su energía y descendían en espiral hacia el núcleo. Así, la física clásica predecía que los átomos eran inestables. Este modelo atómico que se asemejaba al sistema solar solo funcionó después de que Bohr hiciera la radical sugerencia de que los electrones orbitaban alrededor del núcleo en órbitas discretas y cuantizadas, como los peldaños de una escalera. Una persona no puede flotar como un fantasma entre peldaños, igual que un electrón no puede flotar entre órbitas distintas. El modelo de Bohr suscitó preguntas fundamentales sobre el mundo de lo muy pequeño. ¿Qué obligaba a los electrones a circunvalar sus núcleos solo en las órbitas discretas de Bohr? Peor aún para la visión clásica de la realidad, en el modelo de Bohr los cuantos de luz se emitían (o absorbían) cuando el electrón saltaba de una órbita a otra. Nadie sabía cómo los electrones desaparecían de una órbita y reaparecían en otra. Funcionaba matemáticamente, pero no tenía mucho sentido como imagen física de la realidad atómica.

Otras máquinas del taller demostraron que la cuántica es omnipresente en el nanomundo. Una parte importante de las nuevas tecnologías era la creciente sofisticación de lo que hoy llamamos electrónica. A finales del siglo XIX y principios del XX, los científicos aprendieron a fabricar circuitos para controlar campos eléctricos y magnéticos con un grado de precisión y exactitud cada vez mayor. De este modo, aunque las máquinas eran dispositivos macroscópicos, nos permitían manipular colecciones de partículas subatómicas cargadas eléctricamente con una agudeza que las transformaba en sondas de un mundo en el que la física ocurría a escalas miles de millones de veces más pequeñas que un cuerpo humano.

Este control condujo a experimentos como los realizados por Otto Stern y Walther Gerlach a principios de los años veinte, en los que un haz de iones de plata (átomos de plata cargados) viajaba a través de un campo magnético vertical de forma especial. Se pensaba que los electrones de los iones de plata eran como peonzas cargadas eléctricamente, lo que les hacía actuar como pequeños imanes.[7] Dado que los imanes interactúan con los imanes, al atravesar el campo magnético vertical, los electrones se desviaban en un ángulo que, presumiblemente, dependía de la velocidad a la que giraban. La física clásica dicta que los electrones del haz tendrían un rango continuo de velocidades y direcciones de giro. Si ese fuera el caso, Stern y Gerlach deberían haber observado una gama uniforme de desviaciones. En cambio, el haz de iones de plata entrante se dividió uniformemente en dos mitades tras atravesar el campo magnético vertical. La conclusión inevitable fue chocante: los electrones giratorios no se parecían en nada a los trompos clásicos. Su espín estaba cuantizado. Los datos mostraban que los electrones solo tenían dos valores de espín posibles: uno alineado («espín arriba») con la dirección del campo magnético y el otro antialineado («espín abajo») respecto al campo magnético. Este no es el modo en el que se comporta el mundo macroscópico. Se puede hacer girar un trompo tan rápido como se quiera, y este debería poder apuntar en cualquier dirección. ¿Por qué el mundo atómico era tan diferente? La física clásica no podía responder.

Lo que demuestran estos ejemplos es cómo las tecnologías —las máquinas— proporcionaron resultados que no podían recuperarse con las teorías existentes. Las abstracciones desarrolladas por la física clásica a través del contacto físico con el mundo no pudieron predecir ni explicar los nuevos datos aportados por las máquinas. En respuesta, los físicos desarrollaron un nuevo cuerpo teórico, un nuevo conjunto de abstracciones. Al igual que la física clásica, la nueva mecánica cuántica fue un triunfo. Hizo predicciones que podían verificarse con una precisión asombrosa. Sin embargo, a diferencia de la mecánica clásica, la mecánica cuántica no llegó con una metafísica sencilla clavada en su cuna. Por el contrario, su maquinaria matemática planteó cuestiones fundamentales que atacarían el corazón de la suposición subyacente del punto ciego de una visión perfectamente cognoscible, perfectamente objetiva, una perspectiva desde el ojo de Dios de la realidad física y de nuestra capacidad para acceder a ella.

La rareza que importa (I): superposición

La mecánica cuántica presenta muchos tipos de rarezas, cada una de las cuales viola las expectativas clásicas sobre el funcionamiento del mundo. Por ejemplo, los sucesos cuánticos individuales en el nanomundo son impredecibles. Simplemente suceden sin ninguna causa específica (conocida y posiblemente cognoscible). Dentro del formalismo actual de la mecánica cuántica, la desintegración de un núcleo radioactivo, o el salto cuántico de un electrón de una órbita a otra, son fundamentalmente probabilísticos. Aunque se pueden hacer predicciones sobre el tiempo medio de desintegración de una gran colección de núcleos, una predicción determinista de cuándo exactamente se desintegrará esta o aquella partícula específica de radio no está en las cartas de la mecánica cuántica.

Sin embargo, no todas las rarezas de la física cuántica son iguales. En cuanto al conflicto entre los supuestos metafísicos del punto ciego y la nueva ciencia de la física cuántica, destacan algunos resultados clave. Los más importantes son las cuestiones vinculadas con las superposiciones cuánticas y el problema de la medición. Para comprender su importancia, debemos introducir brevemente la maquinaria de la mecánica cuántica, las abstracciones esenciales que impulsan la teoría.

Como hemos visto antes, al hablar de la física clásica y la flecha del tiempo, el «estado» de un sistema es un concepto clave en física. El estado representa una descripción completa del sistema en términos de lo que se necesita para predecir su futuro (los estados futuros del sistema). Recordemos que, en mecánica clásica, el estado de un sistema simple, como una partícula sin carga ni rotación, viene dado por la posición y el momento de la partícula, representados como un punto en un espacio de fases de seis dimensiones. Si la partícula tiene carga, esa propiedad también se añade a su estado.

En mecánica clásica, la evolución del estado de un sistema viene determinada por leyes dinámicas. Se expresan como ecuaciones diferenciales, ecuaciones que suelen describir los cambios en el comportamiento del sistema en el espacio y el tiempo, a medida que responde a distintas interacciones. En el caso de una partícula de materia, las ecuaciones proceden de las leyes de Newton, cualquiera que sea la forma en que se presenten (es decir, la formulación lagrangiana o hamiltoniana). En el caso de las ondas electromagnéticas, las leyes dinámicas proceden de las ecuaciones de Maxwell. La importancia de las leyes dinámicas radica en que, si conocemos el estado de un sistema en un momento inicial, podemos utilizarlas para predecir todos los estados futuros del sistema sin incertidumbre.

Al menos, eso es lo que se espera en principio. En la práctica (como hemos visto en el capítulo anterior), ninguna predicción hacia delante o hacia atrás puede ser absolutamente segura, ya que solo podemos conocer las coordenadas del sistema en el espacio de fase (normalmente, su posición y momento) con una precisión finita. En particular, en los sistemas no lineales, pequeñas diferencias en las condiciones iniciales pueden dar lugar a cambios muy grandes en el comportamiento futuro del sistema, como en el famoso efecto mariposa de los estudios climáticos (en el que la pequeña perturbación del aleteo de una mariposa provoca la diferencia a gran escala de un tornado lejano varias semanas después). No obstante, se dice que el sistema es completamente determinista en sí mismo (sus estados anteriores determinan totalmente los posteriores), a pesar de las limitaciones de nuestra capacidad para predecir su curso futuro exacto.

Desde la perspectiva metafísica del punto ciego, lo que más importa es que la descripción dinámica del estado del sistema represente las propiedades del sistema en sí mismas. El corazón de la metafísica del punto ciego es la existencia de una visión desde la perspectiva de Dios del sistema, una visión ontológica perfectamente objetiva que es independiente de nuestro conocimiento sobre el sistema. Las propiedades del sistema, expresadas en términos de su estado, son reales y existen. En otras palabras, aunque nunca se realice ninguna medición, sigue existiendo un hecho independiente sobre las propiedades de la partícula (es decir, sobre su estado).

La mecánica cuántica cambió tanto la descripción del estado como su relación con las leyes dinámicas, colapsando la fácil relación entre la física y el punto ciego, y dejando confusión a su paso.

Para tener en cuenta las características clave de los descubrimientos experimentales de principios del siglo XX, como la aleatoriedad, las propiedades cuantizadas y la dualidad onda-partícula de la materia, hubo que reconstruir la formulación matemática del estado. Para ver cómo se hizo, consideremos un sistema simple con solo dos valores posibles de una propiedad (muy parecido a lo que Stern y Gerlach encontraron para el espín del electrón siendo «arriba» o «abajo»). Siguiendo la descripción de David Albert en *Quantum Mechanics and Experience*, llamaremos a esta propiedad *color*.[8] Si una partícula (llamémosla *P)* tiene un color que puede ser blanco o negro, antes de realizar una medición, el formalismo cuántico exige que el estado del sistema *P* se escriba como

$$|P> = a|Blanco> + b|Negro>.$$

En palabras, el estado de la partícula *P* (expresado mediante el símbolo |P>) es el número *a* veces el estado de la partícula *P* que tiene el color blanco (expresado mediante el símbolo |Blanco>) más el número *b* veces el estado de la partícula *P* que tiene el color negro (expresado mediante el símbolo |Negro>). Los números *a* y *b* están relacionados con la probabilidad de que la partícula *P* tenga el color blanco o negro. La ecuación nos dice que antes de que se realice una medición, la partícula *P* se encuentra en una «superposición» de los colores blanco y negro. Si no entiendes lo que esto significa, estás en buena compañía. Gran parte del resto de este capítulo gira exactamente en torno a esa pregunta.

Recordemos que en mecánica clásica teníamos tanto el estado del sistema como una ley dinámica que nos decía cómo evolucionaba el estado. La mecánica cuántica también tiene una ley dinámica, llamada ecuación de Schrödinger. Esta ecuación nos da dos cosas. En primer lugar, nos da una lista de todos los estados posibles que podría encontrar una medida. En nuestro caso, esos resultados están representados por los dos estados |Negro> y |Blanco>. La ecuación de Schrödinger también nos habla de la evolución temporal del sistema: cómo cambian (o no) los coeficientes *a* y *b* a medida que avanza el tiempo. En efecto, sus valores determinan la probabilidad de que una medida de la propiedad color dé como resultado blanco o negro (en realidad, es el cuadrado de sus valores). En otras palabras, las probabilidades de que la partícula tenga el color blanco (esté en el estado |Blanco>) o tenga el color negro (esté en el estado |Negro>) pueden cambiar con el tiempo ($a = a(t)$ y $b = b(t)$).[9] El papel de la ecuación de Schrödinger es especificar esos cambios. Mientras no se realiza ninguna medición, la partícula permanece en una superposición cuya dinámica (los valores evolutivos de $a(t)$ y $b(t)$) están fijados por la ley dinámica, es decir, por la ecuación de Schrödinger.

Ahora podemos empezar a explorar lo que significa que la partícula tenga un color dado por la ecuación 1. Si preguntáramos: «¿Cuál es el hecho del color de la partícula?», entonces la ecuación 1 es muy problemática. Claramente no significa que el color de la partícula sea negro. Tampoco significa que el color de la partícula sea blanco. Tampoco significa que el color sea a la vez blanco y negro, o ni blanco ni negro. La verdad es que la ecuación 1 no dice nada sobre el hecho del color de la partícula. Para eso, necesitamos hacer una medición. Antes de hacer una medición, no hay ningún hecho.

A diferencia de la mecánica clásica, la ley dinámica de la mecánica cuántica no es absoluta. No se cumple (o no parece cumplirse) en todo momento y lugar. En concreto, el único momento y lugar en el que su autoridad parece quedar totalmente anulada es cuando se realiza una medición en el sistema cuántico. En ese momento, el estado superpuesto representado por la ecuación 1 termina y se obtiene un nuevo estado. Ese nuevo estado es

|P> = |Blanco>

o

|P> = |Negro>.

Observa que los coeficientes *a* y *b* han desaparecido. Las probabilidades han desaparecido. El sistema se ha medido y se ha registrado un resultado concreto: blanco o negro. El acto de medir (como quiera que definamos lo que eso significa) ha interrumpido el control de la ecuación de Schrödinger sobre el sistema y ha forzado al estado superpuesto dado por la ecuación 1 a «colapsar» en una de sus dos posibilidades componentes.

Aunque la descripción anterior de la maquinaria de la teoría cuántica está muy simplificada, capta dos dilemas esenciales para el punto ciego. En primer lugar, las abstracciones en las que se basan todos los cálculos de la mecánica cuántica exigen que, antes de que se mida el sistema, el mismo viva en un estado de superposición metafísicamente problemático. Las superposiciones son extrañas precisamente porque no se parecen a nada en nuestra experiencia real del mundo. Nunca nos encontramos con objetos que tengan propiedades múltiples y mutuamente excluyentes como blanco y negro, arriba y abajo, o vivo y muerto al mismo tiempo. Tomadas al pie de la letra, las superposiciones desafían nuestra idea de que las cosas del mundo deben tener propiedades físicas bien definidas. Así las cosas, ¿cómo dar sentido al sustrato ontológico de un mundo construido a partir de superposiciones?

Igual de difícil es el problema de la medición. Los físicos adoran sus leyes dinámicas. Recordemos que el poder predictivo de estas leyes y su capacidad para reconstruir nuestro desordenado mundo en términos de un reino platónico de pura abstracción se encuentran en el corazón de los muchos triunfos de la física clásica. Sin embargo, en la física cuántica, el mero hecho de medir las propiedades de un sistema suspende la ley dinámica más importante. ¿Por qué el vínculo entre el estado y la ley dinámica se corta precisamente en el punto de medición, lo que parece implicar la intervención de un «medidor»? La física cuántica nos obliga a reconsiderar el significado, tanto de la medición como del medidor, y si existen requisitos mínimos necesarios para desencadenar el colapso de la función que describe el estado del sistema (la función de estado). Se trata de cuestiones totalmente ajenas a la física clásica.

Después de más de un siglo, la naturaleza de la superposición y el problema de la medida siguen siendo desafíos profundos para la metafísica del punto ciego. Como resultado, se han propuesto varias interpretaciones de la física cuántica que intentan rescatar o abandonar esa metafísica. A continuación exploraremos algunas de estas interpretaciones en relación con la centralidad de la experiencia. Pero antes de emprender esta tarea, debemos explorar brevemente una rareza adicional, las cuestiones vinculadas de la separabilidad y la no localidad, la extraña propiedad cuántica que un Einstein descontento llamó célebremente «espeluznante acción a distancia».

La rareza que importa (II): el enredo

Las funciones de estado no se limitan a describir una sola partícula. También funcionan para conjuntos de partículas, lo que aumenta enormemente su aplicabilidad y su rareza. En 1935, Einstein y sus colaboradores Boris Podolsky y Nathan Rosen observaron algo extraño en el comportamiento de la función de estado multipartícula más simple. Su trabajo, ahora conocido como EPR, estableció una nueva capa de rareza en la descripción cuántica de la realidad.[10]

Consideremos dos partículas, cada una con una propiedad específica, que llamaremos *color* y *dureza* (tomando prestado de nuevo el trabajo de David Albert).[11] El color puede ser blanco o negro, mientras que la dureza puede ser blanda o dura. Igual que es posible crear una superposición de una sola partícula en dos estados, también podemos crear una superposición a partir de «dos estados de partícula». He aquí un ejemplo:

$$|P_1P_2> = a|\text{Blanco}_1>|\text{Duro}_2> + b|\text{Negro}_1>|\text{Suave}_2>.$$

En otras palabras, el estado de las partículas P_1 y P_2 (expresado mediante el símbolo $|P_1P_2>$) es el número *a* veces el estado de la partícula P_1 que tiene el valor de color blanco y *P* que tiene el valor de dureza duro (expresado mediante el símbolo $|Blanco_1>|Duro_2>$) más el número *b* veces el estado de la partícula P_1 que tiene el color negro y P_2 que tiene el valor de dureza blando (expresado mediante el símbolo $|Negro_1>|Suave_2>$). Los números *a* y *b* están, una vez más, relacionado con la probabilidad de que el estado combinado de las partículas P_1 y P_2 sea $|Blanco_1>|Duro_2>$ o $|Negro_1>|Suave_2>$.

A primera vista, este estado combinado puede parecer una versión más compleja de la ecuación 1. Sin embargo, si se examina más detenidamente, expresa algo extraño sobre el posible comportamiento de las dos partículas. Imaginemos que medimos el color de la partícula P_1 y vemos que es blanca. Eso significa que después de la medición, el nuevo estado debe ser

$$|P_1P_2> = |Blanco_1>|Duro_2>.$$

Observe cómo el colapso de la función de estado en este caso significa que la partícula P_2 debe estar en un estado de dureza con valor duro. Podemos saber esto incluso sin hacer una medida sobre la partícula P_2. El conocimiento sobre P_2 se basa en conocer el estado de la función de onda antes de que nadie se metiera en la partícula P_1. Del mismo modo, si hubiéramos medido la partícula P_1 era negra, el estado posterior debería ser

$$|P_1P_2> = |Negro_1> |Suave_2>.$$

Una vez más, realizar una medición en la partícula P_1 obliga a la partícula P_2 a tomar un valor específico. ¿Cuál es el problema? Como señala Oliver Morsch, nunca hemos dicho nada sobre dónde están situadas las dos partículas en el espacio.[12] La partícula

P_2 podría estar al otro lado de la galaxia cuando realizamos nuestra medición de la partícula P_1. A pesar de esa distancia, en el instante en que se realiza la medición que muestra que la partícula P_1 es blanca, la partícula P_2 debe tomar instantáneamente la propiedad de ser dura. Se dice que los sistemas cuánticos de dos partículas descritos anteriormente están «enredados». Las partículas y sus propiedades no son separables. De alguna manera, forman un todo cuya evolución está íntimamente acoplada, incluso cuando están separadas por distancias muy superiores a las que la luz podría haber recorrido durante el tiempo que se tarda en hacer una medición.

Esta «espeluznante acción a distancia» molestó profundamente a Einstein. Dado lo que había hecho con la teoría de la relatividad, convirtiendo la gravedad en un fenómeno local relacionado con la curvatura del espacio-tiempo, estaba seguro de que la naturaleza tenía que ser local, lo que significaba que ningún objeto ni ninguna información podían viajar más rápido que la luz. Por ese motivo, él, Podolsky y Rosen pensaban que las funciones de estado de dos partículas, como en nuestro ejemplo, podían utilizarse para demostrar que la mecánica cuántica era incompleta. Argumentaron que debía haber algunas «variables ocultas» debajo de la formulación habitual de la mecánica cuántica que explicaran cómo partículas muy distanciadas podían comportarse como si estuvieran conectadas, una especie de conductor invisible que dijera a las partículas lo que tenían que hacer.

A principios de la década de 1960, el físico irlandés John Bell encontró una fórmula que demostraba cómo distinguir la mecánica cuántica y su entrelazamiento no local, de la creencia de Einstein, Podolsky y Rosen de que bajo la física cuántica debía subyacer un enfoque clásico, local y de variables ocultas (en contraste con las variables ocultas no locales, como se explica más adelante). Aunque la fórmula de Bell tardó casi dos décadas en ponerse a prueba en el laboratorio, los resultados de entonces, y de ahora, se decantaron de forma concluyente del lado del entrelazamiento cuántico no local. La realidad es claramente extraña.

Hacia la interpretación

No hubo batallas prolongadas sobre la interpretación de la mecánica clásica. Aunque los filósofos encontraban motivos para filosofar sobre los detalles, para los propios físicos y el público interesado en general, su interpretación parecía clara. El mundo estaba compuesto de pequeños trozos de materia que se movían por el espacio-tiempo según las leyes de la física matemática. Fin de la historia.

La mecánica cuántica era diferente. Los átomos de la teoría cuántica no tienen ningún parecido metafísico con los de los griegos. Aunque el formalismo de la mecánica cuántica proporciona las respuestas más asombrosamente precisas que la ciencia haya dado jamás, es imposible dibujar una imagen sencilla de lo que ese formalismo representa. ¿A qué se refiere la función de estado? ¿Qué es una superposición en términos de cosas reales en el mundo? ¿Qué significa el entrelazamiento para esas cosas reales del mundo? Y, sobre todo, ¿por qué importa la medición?

A diferencia de su homóloga clásica, la mecánica cuántica no viene con una interpretación preestablecida, como un juego metafísico de ponerle la cola al burro. Por ello, durante más de cien años, físicos y filósofos han propuesto una larga serie de interpretaciones contradictorias. Cada interpretación intenta explicar el significado de las superposiciones, el entrelazamiento y el problema de la medición. En el resto de este capítulo revisaremos las interpretaciones más populares a la luz del punto ciego. Nuestro propósito no es defender una interpretación frente a otra. En lugar de ello, queremos entender cómo responden estas interpretaciones al reto planteado por la mecánica cuántica centrándonos en lo que privilegian. Detrás de cada interpretación hay una visión del mundo, un punto de vista sobre lo que importa en ciencia y por qué.

La mayoría de las interpretaciones cuánticas encajan en una de dos categorías en cuanto a lo que privilegian. Las categorías dependen del significado de la función de estado, que a menudo se representa con la letra griega Ψ (Psi). Las interpretaciones que quieren que la función de estado sea una «cosa en sí» real, que existe ahí fuera en el mundo, se denominan de forma jocosa «psi-ontológicas». A estas se oponen las interpretaciones que ven la función de estado como una medida de nuestro conocimiento del mundo. Estas se denominan «psi-epistemológicas». Ontología frente a epistemología: este frente de batalla en la centenaria guerra de interpretaciones cuánticas nunca se ha resuelto.

Antes de discutir cómo las interpretaciones conflictivas se relacionan con el punto ciego, vale la pena señalar que el despliegue científico de la mecánica cuántica no requiere una interpretación. Puede parecer extraño, pero es totalmente posible ignorar las preguntas sobre el significado de las superposiciones, los entrelazamientos y la medición, y limitarse a utilizar el formalismo para diseñar y analizar experimentos. Este enfoque de «cállate y calcula», bautizado así por el físico David Mermin, funciona perfectamente.[13] De hecho, durante muchos años, la preocupación por los «fundamentos de la mecánica cuántica» (cómo interpretar su significado más profundo) se consideraba un lastre para la carrera de los jóvenes físicos. Sin embargo, en las últimas décadas, la teoría de la información cuántica y las tentadoras posibilidades de la computación cuántica se han convertido en campos de investigación punteros. En estos campos, la conservación y manipulación de superposiciones individuales (conocidas como q-bits) es una preocupación central. Como ocurrió en el siglo XIX, cuando las aplicaciones tecnológicas vinculadas a la Revolución Industrial dieron lugar a la termodinámica, la entropía y la flecha del tiempo, las nuevas tecnologías cuánticas están volviendo a poner en primer plano cuestiones fundamentales que hace una generación se evitaban en su mayor parte.

Psi-ontología (I): colapso aleatorio e interpretaciones GRW

Una forma de entender el problema de la medición es centrarse en la interrupción brusca de la ley dinámica que se produce cuando se realiza una medición. ¿Hay alguna forma de entender el colapso de una función de estado superpuesta que no exija el abandono de la ecuación de Schrödinger? En otras palabras, para los partidarios de un punto de vista psi-ontológico, el esfuerzo se dirige a preservar la ontología, no a explicar la medición. El objetivo es encontrar una interpretación de la mecánica cuántica que garantice que las cosas del mundo, incluida la función de onda, tienen propiedades en sí mismas. Un intento sigue el llamado programa de reducción dinámica, también conocido como teoría del colapso espontáneo, que busca un mecanismo dinámico puramente ontológico que fuerce la superposición de muchos estados en un único valor —el estado observado que puede ser registrado por una medición, pero que no depende en absoluto de ella—.

El enfoque más popular en esta línea fue desarrollado por Giancarlo Ghirardi, Alberto Rimini y Tullio Weber en un artículo de 1986.[14] Su teoría, denominada teoría GRW, añade nuevos términos a la ecuación de Schrödinger. Estos nuevos términos modelan las interacciones con el entorno (el dispositivo de medida) que conducen espontáneamente a los sistemas cuánticos superpuestos a un estado de colapso. Esta especie de «reducción de paquetes de ondas» se rige por los parámetros de los nuevos términos, que, al menos en principio, adquirirían el estatus de nuevas constantes de la naturaleza (similares a la constante gravitatoria G de Newton o la velocidad de la luz c).

Una de las características más importantes de la GRW es que los nuevos términos añadidos a la ley dinámica son estocásticos. Esto significa que cada interacción entre el sistema cuántico superpuesto y uno de los numerosos átomos del dispositivo de medida tiene la posibilidad de colapsar (es decir, reducir) la superposición. Este enfoque tiene mérito, porque, en principio, una sola interacción entre cualquier átomo y el sistema cuántico superpuesto puede desencadenar el colapso. A medida que aumenta el número de interacciones por tiempo, la probabilidad de que una de ellas desencadene el colapso del estado se aproxima a la certeza absoluta. Esta característica de la GRW también explica la transición en el comportamiento de las superposiciones de larga duración del nanodominio al macrodominio de la experiencia cotidiana, donde los sistemas nunca se observan en superposiciones. Los nanosistemas aislados formados por unos pocos átomos pueden mantenerse en superposiciones, pero no así los macrosistemas acoplados formados por billones de átomos.

El problema técnico al que se enfrentan los modelos GRW es proporcionar una explicación matemática completa de cómo, dónde y cuándo las interacciones entre el sistema cuántico y el entorno provocan modificaciones en la función de estado del sistema cuántico. Desde el artículo original sobre GRW, se han sugerido diferentes enfoques con distintos grados de éxito. Independientemente de los detalles, lo importante es que los modelos GRW constituyen una versión alternativa de la mecánica cuántica que presenta modificaciones de la ley dinámica original de Schrödinger.

Desde la perspectiva de la metafísica del punto ciego, en particular su compromiso con la idea de que la física fundamental proporciona acceso a la realidad al margen de cualquier perspectiva humana, la característica más notable de la mayoría de las versiones de la RGW es que nunca se da cuenta de las superposiciones en sí. La pregunta básica de qué significa que un sistema se encuentre en un estado sin propiedades físicas definidas sigue sin respuesta. En su lugar, simplemente se afirma que las superposiciones existen durante tiempos suficientemente cortos en relación con objetos macroscópicos como nosotros: no hay ningún intento de dilucidar el significado de las superposiciones cuánticas. Aunque los términos y constantes añadidos permiten una visión óntica de la función de onda, no se aborda la preocupación ontológica básica. En términos más generales, desde la perspectiva de nuestra exposición del punto ciego, la RGW y, de hecho, todas las interpretaciones ontológicas psi, hacen claramente uso de una sustitución subrepticia, la sustitución de una cantidad matemática desarrollada para describir datos físicos —la función de onda— por una cosa real en el mundo, sin ninguna evidencia empírica de que esta sustitución esté justificada. Al hacerlo, eleva los parámetros hipotéticos que controlan el colapso de la función de onda a nuevas constantes (no observadas) de la naturaleza, al mismo nivel que, por ejemplo, la velocidad de la luz.

Psi-ontología (II): teorías de las ondas piloto

En la década de 1920, Louis de Broglie propuso otra forma de abordar la indeterminación de la mecánica cuántica que fue redescubierta y perfeccionada por David Bohm treinta años después.[15] La teoría de Broglie-Bohm, también conocida como mecánica bohmiana, exige la adición de una «variable oculta» para restaurar el determinismo de la mecánica cuántica. Al igual que Einstein, Podolsky y Rosen en 1935, de Broglie y Bohm consideraron que el formalismo cuántico original era incompleto. Reclamaban otros aspectos ocultos de la dinámica cuántica que pudieran proporcionar una descripción completa de los fenómenos atómicos sin referencia alguna a mediciones y observadores.

La teoría de Broglie-Bohm parte de la famosa dualidad onda-partícula de la teoría cuántica. La ecuación de Schrödinger describe literalmente ondas que se propagan por el espacio, representadas por la función de onda Ψ. Sin embargo, a diferencia de las ondas en el agua, o las ondas de los campos electromagnéticos, lo que surge de la ecuación de Schrödinger son ondas de probabilidad de que un sistema alcance propiedades con tal o cual valor (como la posición de una partícula). A esto se refieren los coeficientes a y b de la función de estado mostrada en la ecuación 1. Fue Max Born quien vio por primera vez que el cuadrado de estos coeficientes (a^2 y b^2) daba probabilidades de que se encontraran diferentes propiedades físicas de la función de estado en una medición (por ejemplo, |Blanco> o |Negro> en la ecuación 1). Lo que la teoría de Broglie-Bohm añade a este panorama es una nueva ecuación —una nueva ley y una nueva entidad— para la descripción de los sistemas cuánticos. Para la teoría de Broglie-Bohm, las partículas son entidades reales y, en cierto sentido, lo que proporciona el formalismo original de Schrödinger es una especie de «onda piloto» que guía el movimiento de las partículas.

Esta visión de la onda piloto se formalizó en la mecánica de Bohm. Las propiedades físicas de las partículas cuánticas, como la posición y el momento, son deterministas y sus valores están guiados por la onda piloto. Con este añadido, las superposiciones ya no tienen por qué considerarse cosas reales en el mundo. Las partículas son realmente pequeños trozos de materia, como imaginaban los griegos, cuyos movimientos son guiados por las ondas piloto, como un director de orquesta guía a los músicos. De este modo, la dinámica se vuelve completa, lo que significa que siempre hay una respuesta a qué propiedades tiene una partícula antes de que se realice una medición.

Durante muchos años, la teoría de Broglie-Bohm fue olvidada o ignorada debido a una serie de conceptos erróneos sobre su significado y validez. Recientemente, sin embargo, la creciente comprensión de que la teoría puede proporcionar un formalismo alternativo a la mecánica cuántica ha revitalizado la investigación sobre su viabilidad.

Una cuestión sobre la mecánica bohmiana se refiere a la localidad, es decir, que las interacciones entre objetos muy separados no pueden producirse más rápido que el tiempo que tarda una señal luminosa en atravesar la distancia que los separa. Como vimos en el capítulo anterior, la localidad está estrechamente relacionada con los conceptos de causalidad y dirección del tiempo. Dado que ninguna causa física puede viajar más rápido que la luz, la mayoría de los físicos exigen que las descripciones de la realidad sean siempre locales. Nosotros hemos visto que el teorema de Bell prohíbe que cualquier teoría de variables ocultas sea local, un resultado ahora confirmado por múltiples experimentos. En consecuencia, la mecánica bohmiana es no local. Esto significa que todo el universo participa de algún modo en la determinación del comportamiento de cada partícula material. Aunque Bell fue un ferviente defensor de la teoría de Broglie-Bohm, muchos físicos consideran que la necesidad de una dinámica no local le resta valor como interpretación ontológica de la teoría cuántica. Para esos físicos, el precio parece demasiado alto.

Otro punto de controversia para la teoría de Broglie-Bohm es la ontología de las ondas y partículas piloto. Estas ondas son en sí mismas entidades hiperdimensionales sin relación obvia con otras cosas que la física considera reales. Tras una medición, por ejemplo, la mecánica de Broglie-Bohm conserva ramas vacías o «fantasmas» de la onda piloto que describen posibles resultados experimentales no observados, los «otros» estados de la superposición. Estas ramas de la función de estado conservan su estatus ontológico, siguen flotando por ahí, reales pero no realizadas.

Psi-ontología (III): realidades paralelas e interpretación de los múltiples mundos

Enunciada por primera vez por Hugh Everett en 1957, la interpretación de muchos mundos, IMM —Many Worlds Interpretation (MWI), en inglés— propone una explicación directa del colapso de una función de estado superpuesta: nunca ocurre. El objetivo de la IMM, como el de otras interpretaciones psi-ontológicas, es preservar la ontología. Así, en lugar de que la ley dinámica representada por la ecuación de Schrödinger sea sustituida por una medición realizada por un observador, el propio universo se «divide» en ramas paralelas en el momento de la medición. Cada rama representa un mundo en el que el observador registra un resultado de medición diferente, con cada resultado identificado con una parte diferente de la función de estado original. Así, una medición del sistema cuántico representado por la ecuación 1 crearía una rama (un mundo) en la que los observadores registrarían que el aparato lee «|Blanco>», y otra en la que los observadores ven que el aparato lee «|Negro>». A partir de ahí, cada rama paralela sigue evolucionando, para volver a bifurcarse a medida que se realizan nuevas mediciones cuánticas.

Lo que hace que la IMM resulte atractiva para algunos físicos y filósofos es que preserva el estatus ontológico —la realidad objetiva— tanto de la función de estado como de la ley dinámica que determina su evolución. Se puede hablar de una «función de estado del universo» que representa una descripción completa de todas las partículas y procesos. En la IMM, esta función de estado viene determinada únicamente por las condiciones iniciales (dadas en el Big Bang), y la evolución posterior viene dada por una ecuación de Schrödinger mejorada (la versión relativista y teórica de las leyes dinámicas). Sin embargo, a falta de una comprensión de la naturaleza cuántica de la gravedad, no está claro qué significa una función de onda del universo. Otra cualidad que hace que la

IMM sea atractiva para sus partidarios (y poco atractiva para sus críticos) es que también desaparece la indeterminación asociada a las interacciones cuánticas. Al asumir que la función de estado y su ley dinámica tienen autoridad absoluta sobre la evolución del universo, la mecánica cuántica se vuelve totalmente determinista. La cuestión de cómo acomodar este determinismo a la naturaleza probabilística de la física cuántica sigue siendo un tema de debate.

La «unión» de un sistema cuántico y un aparato de medida crea las ramas paralelas en la IMM. Las interacciones generan subsistemas que comprenden el aparato y el sistema cuántico en diferentes estados. Es este estado superpuesto del subsistema el que evoluciona hacia múltiples ramas paralelas (es decir, sin interacción). Una de las claves de este proceso de división es la decoherencia, en la que un sistema cuántico aislado y superpuesto interactúa con los átomos del «baño» en el aparato de medición, mucho más grande y macroscópico. La decoherencia desempeña un papel esencial como mecanismo físico que provoca la bifurcación de un estado inicial entrelazado de un sistema cuántico y el aparato de medición en estados paralelos coexistentes en universos no comunicantes, cada uno de los cuales representa un posible valor de medición. De este modo, los múltiples mundos de IMM no son universos paralelos, sino partes de un único universo e invisibles entre sí. Los otros mundos son como fantasmas para los demás, presentes, pero incapaces de interactuar.

Dada su aparente naturaleza extraterrenal (valga el juego de palabras), la IMM ha sido criticada en varios frentes. La crítica más obvia invoca la navaja de Occam, que advierte contra la multiplicación de entidades innecesarias en una explicación. Los defensores de la IMM, sin embargo, argumentan lo contrario: que es el colapso no local de la función de onda durante la medición lo que constituye una entidad añadida innecesaria a la mecánica cuántica. El precio que paga la IMM para salvar la ontología de la función de estado y una visión determinista del mundo es la creación de un número casi infinito de mundos nuevos, cada uno de los cuales contiene una copia tuya (y de cualquier otra persona), con su propia consciencia única y que cree que eres tú. Esta ontología es un precio demasiado alto para muchos físicos y filósofos. También surgen dificultades técnicas en el tratamiento de las probabilidades en la IMM. En particular, no está claro cómo asignar probabilidades relativas a los distintos mundos de bifurcación que reflejan los resultados de las mediciones experimentales. Desde nuestra perspectiva, la elaborada ontología de la IMM es sintomática del punto ciego y la sustitución subrepticia. El compromiso de mantener la primacía ontológica de la función de onda obliga a los partidarios de la IMM a tomar una decisión que los deja con un universo lleno de fantasmas.

Entre epistemología y ontología: mecánica cuántica relacional

Una adición reciente al menú de interpretaciones que merece la pena tener en cuenta en nuestro texto es la mecánica cuántica relacional (MCR) —Relational Quantum Mechanics (RQM), en inglés— introducida por Carlo Rovelli en 1996.[16] La MCR es algo ortogonal, tanto a las interpretaciones psi-ontológicas que acabamos de explorar como a las interpretaciones psi-epistemológicas que cubriremos en las secciones siguientes.

Al igual que los modelos psi-epistemológicos, MCR no toma la función de estado para representar una nueva entidad en el universo. Es una herramienta de cálculo que no tiene un estatus ontológico intrínseco. Al mismo tiempo, al igual que la mecánica clásica, la MCR sostiene que un sistema físico tiene propiedades intrínsecas como la posición y el momento que existen «ahí fuera» en el universo. La innovación de la MCR consiste en afirmar que tales propiedades solo existen cuando se producen interacciones con otros sistemas. Además, estas propiedades solo tienen significado en relación con los otros sistemas con los que se produce la interacción. Así pues, las propiedades de las entidades físicas son siempre propiedades relacionales.

La MCR no exige que se otorgue ningún estatus especial a los observadores o a la medición. Cualquier sistema físico puede actuar como observador porque las mediciones son ahora simples interacciones. El precio que hay que pagar por este punto de vista es que la MCR no es muy realista en el sentido metafísico. Los sistemas físicos solo adquieren propiedades reales en el momento de una interacción (un destello). Entre estas interacciones, nada puede decirse sobre el valor real de las propiedades del sistema. La naturaleza relacional de la interpretación también significa que «diferentes observadores pueden dar diferentes versiones de la misma secuencia de acontecimientos».[17]

La MCR tiene elementos en común con muchas de las otras interpretaciones que estamos discutiendo aquí. Al igual que la interpretación de muchos mundos, MCR «indexa» las ramas de la superposición, pero, en lugar de crear nuevos mundos con cada medición, esta enumeración sirve para identificar la red de interacciones y los destellos de propiedades relacionales que se producen. Al igual que la interpretación de Copenhague, de la que hablaremos a continuación, se centra en la interacción entre un observador y un sistema cuántico. Sin embargo, «democratiza» la interacción al no asumir un papel especial para un mundo macroscópico clásico y al hacer que cualquier interacción desempeñe el papel de un observador. Por último, al igual que el QBismo, la última interpretación a la que nos referiremos, la MCR se centra en la naturaleza informativa de la función de estado e insiste en abandonar las preguntas que carecen de sentido dado el formalismo cuántico. Sin embargo, a diferencia del QBismo, no hace hincapié en el papel de los agentes o los observadores.

Psi-epistemología (I): la interpretación de Copenhague y la ortodoxia cuántica

«Mecánica cuántica ortodoxa» se utiliza a menudo para identificar el punto de vista estándar, también llamado interpretación de Copenhague, en contraste con los diversos puntos de vista psi-ontológicos que acabamos de revisar. La interpretación de Copenhague ha sido la forma operativa de pensar sobre la mecánica cuántica durante más de ochenta años. Las ideas que la sustentan aparecen en muchos libros de texto, aunque no se utilice ese término.

En realidad, no existe una única «interpretación de Copenhague». El término se refiere a un conjunto amorfo de ideas y perspectivas asociadas a algunos de los fundadores de la mecánica cuántica, como Werner Heisenberg, Max Born, Wolfgang Pauli, Eugene Wigner y, sobre todo, Niels Bohr, que residía en Copenhague.[18] Entre estos pensadores había diferencias significativas sobre la naturaleza de la función de estado, el papel de la medición y la distinción entre los mundos clásico y cuántico.

Niels Bohr era muy elíptico en su estilo de escritura, por lo que a veces resulta difícil precisar sus argumentos sobre cuestiones clave relativas al significado del formalismo cuántico. Bohr pensaba que los átomos eran reales, es decir, que no eran «construcciones heurísticas o lógicas».[19] Pero, en los dominios atómico y subatómico de la mecánica cuántica, los conceptos de la física clásica ya no se refieren a objetos en sí mismos. Todo debe remitirse a la disposición experimental. En consecuencia, todos nuestros conocimientos sobre los sistemas cuánticos dependían del contexto. El experimento, creado por el experimentalista, no puede quedar fuera de juego. Esta perspectiva establece una importante distinción entre los reinos clásico y cuántico, en los que el sistema estudiado y el dispositivo utilizado para llevar a cabo el estudio pueden separarse claramente. Así, para Bohr y la interpretación de Copenhague, existe una separación tajante entre los reinos clásico y cuántico de los fenómenos. A medida que se avanza de las escalas cuánticas a las asociadas con el macromundo, las descripciones de la mecánica cuántica deben ser complementarias (es decir, capaces de recuperar) a las de la mecánica clásica bien probada y fiable.

En la interpretación de Copenhague, la función de estado Ψ no permite hacerse una idea de lo que ocurre a nanoescala: la función de estado no representa una cosa o una entidad. En su lugar, es simbólica de nuestra comprensión de la disposición experimental dependiente del contexto, siendo por naturaleza epistémica. Es una expresión de nuestro conocimiento del sistema cuántico, adquirido a través de los experimentos que realizamos. Obsérvese que dicho conocimiento es objetivo, en el sentido de que dos experimentadores pueden realizar los mismos experimentos y comparar sus resultados. Si los experimentos dan las mismas respuestas, entonces esas respuestas constituyen un conocimiento objetivo.

En relación con el problema de la medición, la idea básica del colapso de la función de onda procede de la interpretación de Copenhague. Esto es lo que queremos decir al referirnos a ella como una «ortodoxia». En 1932, John von Neumann ofreció lo que se ha convertido en una explicación estándar del colapso al distinguir entre procesos de tipo 1 —los asociados a la medición— y procesos de tipo 2 —los asociados a la evolución de un sistema cuántico a través de la ecuación de Schrödinger—.[20] Además, sugirió que habría que distinguir entre el sistema cuántico, el dispositivo de medición y el observador real. En su opinión, la línea divisoria entre ambos depende del contexto.

Eugene Wigner retomó más tarde la ambigüedad relativa al papel aparente de un observador real (una mente) en su famosa «paradoja del amigo».[21] Un observador registra una medida de un sistema que estaba en superposición, colapsando así la función de estado. El amigo del observador observa el laboratorio en el que el observador realiza la medición. Sin embargo, antes de que el amigo mire y conozca el resultado de la medición, describiría al observador y al sistema cuántico en un estado de superposición. Para Wigner, esto indicaba algún papel de la consciencia en el proceso de colapso.

Este punto de vista, sin embargo, nunca fue la postura de Bohr. Aunque Bohr veía la función de estado fundamentalmente como una descripción dependiente del contexto de fenómenos cuánticos, no es probable que viera ningún papel para la actividad mental no-física que afecta directamente a los sistemas cuánticos (o cualquier sistema físico).

Así pues, la interpretación de Copenhague es en realidad una mezcla de opiniones a veces divergentes entre algunos de los fundadores de la mecánica cuántica. Lo que comparten, sin embargo, es un sentido definido de que la función de estado pertenece a nuestro conocimiento más que a la realidad en sí misma aparte del acto de conocer: representa lo que podemos decir sobre el mundo a través de nuestras mediciones, no cómo es el mundo en sí mismo. La mayoría de los puntos de vista bajo el estandarte de la interpretación de Copenhague reconocen que la mecánica cuántica cambia profundamente cómo debemos entender la relación entre el sistema estudiado y quienes lo estudian. De este modo, desde su incepción, la mecánica cuántica ha llevado a algunos de sus teóricos más creativos a creer que la nueva ciencia exige ir más allá de la metafísica del punto ciego.

Psi-epistemología (II): qbits y la primacía del sujeto

El bayesianismo cuántico, o como se denomina ahora, el QBismo, es relativamente nuevo en el concurso de interpretación.[22] El uso original de «bayesianismo» en su nombre proviene de su énfasis en tomar las probabilidades que aparecen en la mecánica cuántica al pie de la letra, e interpretarlas en un marco bayesiano. (El término *bayesiano* procede del matemático y teólogo del siglo XVIII Thomas Bayes). Para los bayesianos, las probabilidades representan un estado de conocimiento o creencia, en lugar de una frecuencia o propensión de algún fenómeno. Aunque hay varias corrientes de pensamiento bayesiano sobre lo que significa una distribución de probabilidades (que es una de las razones por las que se cambió el nombre al bayesianismo cuántico), la que importa para el QBismo es que las probabilidades reflejan el estado actual de conocimiento de un agente sobre el mundo, ya que hacen apuestas sobre lo que ocurrirá en el futuro. Como expresó el físico E. T. Jaynes al describir la visión bayesiana de la probabilidad para la ciencia: «La probabilidad es una construcción teórica, en el plano epistemológico, que asignamos para representar un estado de conocimiento, o que calculamos a partir de otras probabilidades según las reglas de la teoría de la probabilidad».[23]

Desde la perspectiva del QBismo, gran parte de la espeluznante rareza no local de la mecánica cuántica puede resolverse aceptando que la mecánica cuántica (y todo el quehacer científico) remite en última instancia a las experiencias de los agentes que utilizan la teoría. Así pues, el estado cuántico ya no es una propiedad del mundo en sí mismo. En su lugar, estos estados deben asociarse a los agentes que utilizan la mecánica cuántica para realizar experimentos sobre el mundo microfísico. Cada agente asignará estados cuánticos a un sistema en función del contexto en el que se encuentre. Los estados cuánticos no son elementos de la realidad, sino que representan los grados de creencia que tiene un agente sobre los posibles resultados de su medición. Por lo tanto, la rareza ontológica de las superposiciones desaparece porque la función de estado no es ontológica. La pregunta «¿Cómo es estar en una superposición?» no se plantea, porque las superposiciones no son estados del mundo. Son estados de conocimiento (o, más exactamente, estados de creencia, ya que los bayesianos generalmente entienden las probabilidades como grados de confianza, o «creencia», que los agentes tienen en las proposiciones dadas las pruebas de que disponen). Los QBistas afirman así que el entrelazamiento pierde su naturaleza paradójica. Lo que se aprende de las mediciones realizadas por los observadores en pares de partículas que han interactuado y luego se han separado es cómo las probabilidades cuánticas revelan la estructura con la que los agentes deben lidiar al hacer sus elecciones sobre el mundo. Comprender esa estructura es lo que los QBistas afirman que es el objetivo último de su proyecto.

Los QBistas también afirmarían que la medición ya no es un problema en su marco, porque las mediciones son simplemente actos que un agente realiza en el mundo externo. Esto hace que «cada resultado de la medición... sea un evento específico personalmente experimentado del agente que lo incita».[24] Así pues, ya no es necesario tratar de identificar la «escisión movediza» que marca el corte que separa el sistema cuántico, el aparato de medida y el entorno.

El QBismo adopta lo que a algunos les parece un enfoque subjetivista radical, no solo del formalismo cuántico, sino también de la propia ciencia. Dado este énfasis, una crítica afirma que el QBismo es solipsista. Los QBistas rechazan esta afirmación argumentando que el mundo externo es un postulado central de su marco. En opinión de los QBistas, la teoría cuántica trata siempre de «*las interacciones de un agente con el mundo exterior*; el formalismo de la teoría cuántica no tiene sentido de otro modo».[25] En palabras del físico N. David Mermin, «el QBismo devuelve el cientificismo a la ciencia».[26]

Afirmar que tu comprensión del mundo se basa en tu experiencia no quiere decir que tu mundo exista solo dentro de tu cabeza, como han afirmado erróneamente algunos artículos sobre el QBismo. Construimos nuestra imagen del mundo a partir de muchos ingredientes, como el impacto del mundo en nuestra propia experiencia, y cómo y cuándo responde el mundo a tus acciones. Cuando actúas sobre el mundo, por lo general no tienes control sobre la forma en que actúa contra ti.

Aunque no tengas acceso personal directo a la experiencia de otra persona, un componente importante de tu experiencia privada es el impacto que tienen en los demás tus esfuerzos por comunicarla. La ciencia es un esfuerzo humano de colaboración para encontrar, a través de nuestras acciones individuales en el mundo y nuestras comunicaciones verbales entre nosotros, un modelo de lo que es común a todos nuestros mundos construidos personalmente. Conversaciones, conferencias, trabajos de investigación y libros son parte esencial del proceso científico. Así pues, el QBismo trata de agentes que viven y actúan en un mundo compartido, y ese mundo siempre responde. El QBismo no tiene nada de solipsista.

A veces también se afirma que el QBismo no es más que una extensión de la interpretación de Copenhague. Los QBistas responden a esto señalando, en primer lugar, que no existe una única interpretación de Copenhague. Sin embargo, lo que es más importante, a diferencia de cualquier versión de la interpretación de Copenhague, los QBistas son explícitos a la hora de introducir agentes o «usuarios» de la mecánica cuántica, y hacerlos fundamentales para la comprensión del formalismo cuántico. En palabras de Mermin, «puesto que cada usuario es diferente, dividiendo el mundo de forma distinta en externo e interno, cada aplicación de la mecánica cuántica al mundo debe referirse en última instancia, aunque solo sea implícitamente, a un usuario concreto. Pero cada versión de Copenhague adopta una visión del mundo que no hace referencia al usuario particular que intenta dar sentido al mundo».[27]

Incierto desde hace un siglo: el quantum y el punto ciego

Uno de los aspectos más notables de la mecánica cuántica, y de su opulenta cesta de rarezas, es lo resistente que resulta frente a las controversias interpretativas. Después de más de un siglo, seguimos sin saber cómo interpretar el notable éxito del formalismo matemático de la física cuántica. Sin embargo, tras cien años de argumentación, lo que está claro es el alto precio que hay que pagar por cualquier intento de interpretar ese formalismo. Ese precio se paga a costa del punto ciego.

Cada interpretación del formalismo cuántico obliga a sus partidarios a dar un paso de gigante para alejarse del objetivismo directo del punto ciego y de sus fundamentos en la mecánica clásica. Por ejemplo, el precio que paga la interpretación de muchos mundos por hacer que la función de estado sea algo real en el mundo real es una proliferación inexplicable de mundos con innumerables copias de cada uno de nosotros. El precio que paga el QBismo por desentrañar la rareza de las superposiciones y la medición es el reconocimiento de que los agentes deben ser fundamentales en cualquier descripción de la física. En ambos casos, y por razones muy diferentes, la visión de la física clásica del punto ciego, con un único universo perfectamente cognoscible, debe abandonarse en favor de un nuevo conjunto de supuestos sobre la naturaleza del mundo y nuestra relación con él.

La mecánica cuántica nos obliga a plantearnos una difícil cuestión metafísica: ¿qué precio es demasiado alto? ¿Qué supuestos sobre el mundo son demasiado importantes como para renunciar a ellos? Mejor aún, ¿qué nuevos principios son ahora tan importantes que deben entretejerse en el tejido de la física? Desde la perspectiva que hemos desarrollado en este libro, está claro que cualquier intento de cosificar las abstracciones de la física matemática acarreará problemas. Whitehead planteó esta cuestión incluso antes de que estallaran las controversias sobre la interpretación cuántica. Su «falacia de la concreción fuera de lugar» no era más que el reconocimiento de que la sustitución de la experiencia concreta por la abstracción matemática debería conducir a la perplejidad y la paradoja, ya que se trata de una bifurcación antinatural de la naturaleza. En la mecánica cuántica vemos cómo esta falacia se pone en práctica cuando la cosificación de las construcciones matemáticas fuerza algunas interpretaciones hacia lo que parece un territorio extraño. Hay que preguntarse por qué algunos científicos, que suelen estar dispuestos a mantenerse cerca de los datos y los experimentos en otros campos, están dispuestos a ir más allá de la experiencia cuando se enfrentan a la mecánica cuántica. ¿Por qué muchos físicos y filósofos eligen como marco interpretativo algo como la interpretación de muchos mundos, que parece ontológicamente extravagante y no ofrece ninguna ventaja experimental obvia? ¿Por qué ese precio, una proliferación explosiva de mundos paralelos, es el que están dispuestos a pagar?

La respuesta es el punto ciego. Como hemos visto, el auge de la física clásica conllevó un olvido selectivo del papel de la experiencia como fundamento de toda práctica científica. Los ciclos ascendentes de abstracción desde Newton hasta Poincaré redujeron la experiencia a mera observación o registro de datos. La ontología objetivista se impuso a medida que los científicos se acostumbraron a suponer que las creaciones de su física matemática podían tratarse como leyes atemporales en la «mente de Dios» y visibles desde una perspectiva perfectamente objetiva, una perspectiva perfectamente aperspectiva, una «visión desde ninguna parte».[28] Así, cuando la mecánica cuántica surgió del mismo taller experimental que había creado el triunfo de la física clásica, muchos científicos creían que su trabajo consistía en defender las alturas ontológicas y equiparar la realidad con el formalismo abstracto.

El reconocimiento de que el punto ciego ha sido un error fundamental en la cultura de la ciencia (en contraposición a la práctica de la ciencia en sí) desde su creación moderna, arroja una luz particular sobre los debates de la mecánica cuántica. Cuando comprendemos que la experiencia había sido olvidada, pero que esta solo podía permanecer olvidada durante cierto tiempo, es razonable esperar que las interpretaciones que devuelven a la experiencia al lugar central que le corresponde en la ciencia sean la respuesta lógica al desafío que plantea la mecánica cuántica. Visto así, el precio epistemológico que impone el QBismo parece una buena apuesta más que una prohibición. No solo reconoce la centralidad de la experiencia, sino que también proporciona un marco para entender cómo podría surgir una nueva física a partir de ese reconocimiento.[29]

Aunque no afirmamos que el QBismo sea la interpretación correcta de la mecánica cuántica, sí afirmamos que es un paso en la dirección correcta. Junto con elementos de la MCR, aborda la cuestión fundamental planteada por la mecánica cuántica: la relación entre las propiedades del mundo y nuestras experiencias del mundo. De este modo, podemos empezar a ver, surgiendo lentamente dentro de los antiguos debates sobre la física cuántica, un ejemplo de cómo el punto ciego ha obligado a aceptar ciertas formas limitadas de pensar sobre la ciencia y de cómo esas formas, quizá, puedan ahora superarse.

5. Cosmología

Volver al tiempo

Ahora pasamos de lo pequeño a lo grande, de lo cuántico al cosmos. Centrarnos en la cosmología nos lleva de nuevo al tema del tiempo y a las cuestiones relativas al tiempo vivido frente al tiempo del reloj. Antes hemos estudiado el tiempo en la mecánica clásica y estadística. Vimos cómo poderosas abstracciones permitieron a los físicos realizar extraordinarios progresos en la captación de fenómenos relacionados con la mecánica celeste y el intercambio de calor entre cuerpos. Sin embargo, estos éxitos escondían potentes elementos de punto ciego, sobre todo cuando los científicos trataban de resolver cuestiones enojosas sobre la dirección del tiempo. Aquí continuamos la historia en la era moderna, con el auge de las teorías relativistas de la gravedad y la ciencia cosmológica que hicieron posible. Comenzamos con Albert Einstein y la revolución científica que supuso su teoría de la relatividad para nuestra comprensión del tiempo y el cosmos.

Einstein y la localización del tiempo

Todos los modelos fallan. Es de esperar, ya que los modelos son idealizaciones de la realidad. Cuando se les presiona mucho, acaban mostrando sus grietas. Y eso es bueno. De esas grietas surgen nuevas ciencias, a veces incluso nuevas visiones del mundo. Los físicos están entrenados para esperar e incluso agradecer esa fragilidad en sus modelos y teorías, aunque en realidad las cosas nunca son tan sencillas. Al ser humanos, los físicos se encariñan con sus modelos favoritos, y las emociones suelen dispararse cuando la viabilidad de un modelo querido se ve amenazada. Por eso la empresa científica está diseñada para reconocer sus propias debilidades: la decisión final sobre la viabilidad de un modelo o una teoría es empírica y comunitaria, no basada en la personalidad. Tarde o temprano, a medida que se recopilan y analizan nuevos datos, los egos quedan a un lado y prevalece el consenso. En cualquier caso, así es como se supone que deben funcionar las cosas, y en su mayor parte así es.

Sin embargo, lo que es más difícil es que los científicos vean por debajo de los cimientos del taller científico donde se llevan a cabo estos debates. Los supuestos básicos sobre el medidor y lo medido, el mapa y el cartógrafo, no se cuestionan porque se han vuelto invisibles. Han caído en el punto ciego. Este olvido —la amnesia de la experiencia— también estuvo presente en los debates sobre el tiempo y la relatividad a medida que aparecían las grietas en la cosmovisión newtoniana, y surgía y se afianzaba en la ciencia la revolucionaria obra de Einstein.

Tres grietas en la visión newtoniana de la mecánica y la gravitación son bien conocidas: en primer lugar, los movimientos rápidos exigen correcciones de la teoría especial de la relatividad; en segundo lugar, la gravedad fuerte exige correcciones de la teoría general de la relatividad; y en tercer lugar, los objetos de dimensiones moleculares, atómicas y subatómicas exigen una mecánica alternativa basada en las reglas de la física cuántica. La visión newtoniana del tiempo y el espacio absolutos, tan útil para describir el mundo de nuestra vida cotidiana, es, en efecto, una cartografía borrosa de la realidad. Funciona bien porque las correcciones relativistas y cuánticas solo son importantes en circunstancias extremas muy alejadas de nuestra percepción del mundo. Las grietas en los cimientos del marco newtoniano están bien ocultas. Sin embargo, una vez expuestas, las tres grietas exigieron una profunda revisión de los conceptos fundamentales, desarrollados durante las tres primeras décadas del siglo XX. El tiempo, como describiremos en este capítulo, adquirió una plasticidad que socavó la noción de tiempo absoluto de Newton. El tiempo se hizo local y dependiente del marco, y el reloj de cada observador marcaba su propio ritmo.

Einstein demostró que el tiempo absoluto de Newton, un reloj universal que corre inexorablemente a la misma velocidad para todos los observadores, en todas las regiones del universo, es una aproximación, válida solo para velocidades relativas lentas y gravedad débil, que son las condiciones en las que vivimos nuestras vidas. Sin embargo, las teorías de la relatividad y la física cuántica se basan necesariamente en la experiencia, sobre todo en experiencias creadas con las herramientas del taller científico.

El monumental logro de Einstein consistió en crear un marco conceptual que permitiera a distintos observadores comparar la hora de sus relojes, incluido cuando se mueven a velocidades enormes y en campos gravitacionales fuertes. Sin embargo —y esto es esencial para nuestro argumento—, el tiempo de la relatividad y de la teoría cuántica conserva las características matemáticas del tiempo físico abstracto de Newton: el tiempo se representa en una línea temporal continua, y se construye a partir de instantes sin duración. Las ecuaciones de la relatividad especial y general siguen asumiendo una causalidad implícita y necesitan condiciones iniciales para poder resolverse. El tiempo conserva su orden, pero puede fluir en cualquier dirección, del pasado al futuro, o del futuro al pasado. Con Einstein, el tiempo único y universal de Newton se convirtió en una aproximación, ya que el tiempo físico fluye de forma diferente según las condiciones locales. Cuanto más fuerte es la gravedad, más lento transcurre el tiempo. Podemos interpretar las teorías especial y general de la relatividad como dispositivos de traslación que permiten a los observadores que se mueven a velocidades diferentes, o en campos gravitatorios distintos, comparar sus mediciones locales del tiempo para que las leyes de la física sigan siendo universalmente válidas. Al comprender la inevitabilidad de las variaciones locales en las mediciones del tiempo y el espacio, Einstein restauró la integridad de una narrativa física universal, utilizando la constancia de la velocidad de la luz como su piedra angular.

No es de extrañar que Bergson y Einstein se enfrentaran sobre la naturaleza del tiempo en su famoso debate público de 1922.[1] Bergson presionó a Einstein sobre lo que llamamos el punto ciego, el olvido de la experiencia en la descripción de los fenómenos naturales, en este caso en la conceptualización del tiempo. Einstein rechazó la crítica de Bergson por considerarla psicológica y, por tanto, esencialmente inútil para la física.

Generalmente se atribuye a Einstein haber prevalecido en el debate, mientras que la reputación de Bergson se resintió y su influencia disminuyó.[2] Se dice que Bergson no entendió la teoría de la relatividad ni sus fórmulas matemáticas en su libro *Duración y simultaneidad*.[3] Es posible que el análisis de Bergson contuviera algunos errores, pero un examen minucioso del libro y del debate con Einstein no corrobora este juicio sesgado.[4] Como señaló el físico C. S. Unnikrishnan: «Su rigor como filósofo matemáticamente competente al abordar cuestiones de una teoría física era estricto, y era meticuloso en su análisis».[5] La importancia filosófica y científica del debate merece un examen más detenido. Desde nuestra perspectiva, cien años después, el debate representa una oportunidad perdida para llevar nuestra visión científica del mundo más allá del punto ciego. De hecho, el debate saca a la luz cómo el avance de la ciencia posnewtoniana, representada en aquel momento por Einstein, ya exigía suplantar el punto ciego. Bergson entendía esto, a pesar de sus errores. Bergson tenía razón, aunque también estuviera equivocado, y Einstein estaba equivocado, aunque también tuviera razón. Por estos motivos, debemos examinar más de cerca lo que realmente estaba ocurriendo en el debate.

Simultaneidad en la Ciudad de las Luces

6 de abril de 1922. Esta fue la trascendental fecha en la que Einstein se dirigió a la Sociedad Filosófica de París. Bergson, una celebridad intelectual conocida por su impresionante oratoria, dijo que solo había venido a escuchar y no a hablar.[6] Sin embargo, según Maurice Merleau-Ponty, «la discusión decayó» y Bergson tuvo que dirigirse a los presentes.[7] Cediendo a la «insistencia amistosa» de la sociedad, Bergson se levantó y presentó extemporáneamente algunas ideas de su libro *Duración y simultaneidad*, que estaba a punto de publicarse y que estaba dedicado a una «confrontación» entre su concepto de duración y las opiniones de Einstein sobre el tiempo.[8]

Bergson comenzó su intervención declarando su admiración por el trabajo de Einstein: «Me parece que exige la atención de los filósofos tanto como la de los científicos. Veo en ella no solo una nueva física, sino también, en cierto modo, una nueva manera de pensar».[9] Al final de su discurso, dejó claro que no tenía nada que objetar a la definición de simultaneidad de Einstein ni a la teoría de la relatividad. Su preocupación era más bien establecer que «una vez admitida la teoría de la relatividad como teoría física, no todo está acabado. Todavía tenemos que determinar el significado filosófico de los conceptos que introduce».[10]

Un físico duro podría preguntarse por qué tenemos que hacer esto. ¿Por qué no basta con decir que el concepto de tiempo designa lo quc mide un reloj y dejarlo así?

Esta fue más o menos la respuesta de Einstein. Bergson, en sus observaciones improvisadas, había procedido a esbozar la idea de un tiempo universal de duración, y había argumentado que la definición relativista de simultaneidad implicaba en realidad el concepto intuitivo de simultaneidad absoluta dado en la experiencia de duración: «absoluta en el sentido de que no depende de ninguna convención matemática, de ninguna operación física, como la puesta en hora de un reloj».[11] Einstein escuchó atentamente, pero su respuesta fue superficial. Resumió brevemente lo que entendía de lo que había dicho Bergson y luego afirmó: «No existe el tiempo del filósofo; solo existe un tiempo psicológico diferente del tiempo del físico».[12] Por «tiempo psicológico», Einstein entendía la percepción subjetiva del paso del tiempo, dependiente de factores individuales, como la forma en que nuestros sistemas perceptivos responden a los estímulos sensoriales y a nuestras emociones o estados de ánimo.

Bergson debió de sentirse contrariado. Einstein no había respondido directamente a sus argumentos, sino que había afirmado que la experiencia de la duración es solo un fenómeno psicológico. La preocupación de Bergson era la temporalidad del tiempo, el paso del tiempo. Einstein se negaba a considerarlo de otro modo que no fuera como un mero fenómeno psicológico. Existen los acontecimientos percibidos, que Einstein consideraba «construcciones mentales», y los acontecimientos objetivos de la física medidos por los relojes.

Pero Einstein no había abordado el punto de Bergson, y mucho menos sus argumentos. Bergson decía que no podemos entender el concepto de tiempo del reloj sin referirnos a algo que no es la lectura de un reloj, a saber, «el momento en el que nos encontramos, el acontecimiento que está ocurriendo», que solo conocemos como duración.[13] Ese es el momento en el que debe leerse cualquier reloj, porque los relojes no se leen a sí mismos. Bergson señalaba que hay que experimentar el tiempo como duración antes de poder abstraer el tiempo como un punto medido en la abstracción de un diagrama espacio-temporal. Nuestra experiencia del tiempo precede a la matematización del tiempo necesaria para construir un reloj.

Algunos físicos y filósofos siguen negando este punto, afirmando que el observador en la teoría de la relatividad no tiene por qué ser un ser vivo o un sujeto consciente, sino que podría «ser igualmente… una placa fotográfica, o un reloj», o un ordenador.[14] Pero esto es un grave error, que ejemplifica perfectamente la amnesia de la experiencia en el punto ciego. La naturaleza no produce aparatos de medición, salvo a través de los seres humanos y sus intenciones. A menos que lo que registra la placa fotográfica, el reloj o el ordenador se registre a su vez en la experiencia, carece de significado científico. No tiene valor en el taller científico.

Bergson afirmaba que solo dentro de la duración del momento presente —el ahora experimentado— establecemos la simultaneidad entre un acontecimiento que percibimos y un reloj que leemos. En sus palabras:

> La simultaneidad entre el acontecimiento y la lectura del reloj viene dada por la percepción que los une en un acto indivisible. Consiste esencialmente en el hecho —independiente de la puesta en hora de los relojes— de que este acto es *uno* o *dos*, según nuestra voluntad [es decir, podemos tomar nuestra percepción momentánea que comprende el acontecimiento y la lectura del reloj bien como un todo (por tanto, uno), bien como dividida entre el acontecimiento y la lectura del reloj (por tanto, dos), pero sin que se escinda la unidad duracional de la percepción]. Si no existiera esta simultaneidad, los relojes no servirían para ningún propósito. No los fabricaríamos, o al menos nadie los compraría. Porque solo se compra un reloj para saber qué hora es; y «saber qué hora es» consiste en observar una correspondencia, no entre la lectura de un reloj y la lectura de otro reloj, sino entre la lectura de un reloj y el momento en que nos encontramos, el acontecimiento que está ocurriendo, algo que no es en última instancia una lectura del reloj.[15]

Es importante entender que Bergson no se oponía a la definición operativa de simultaneidad de Einstein: dos acontecimientos son simultáneos en un marco de referencia dado si ocurren al mismo tiempo medido por relojes sincronizados mediante señales luminosas. En realidad, argumentaba que el concepto intuitivo o experimental de simultaneidad, basado en la experiencia de la duración, se encuentra por debajo de la definición operativa de Einstein. Estaba llamando la atención sobre la amnesia de la experiencia en el punto ciego.

Einstein, en su famoso artículo de 1905 «Sobre la electrodinámica de los cuerpos en movimiento», había afirmado haber definido operativamente *simultaneidad*, *sincronía* y *tiempo*, utilizando «ciertos experimentos físicos imaginarios».[16] Al final de la sección «Definición de simultaneidad», escribió: «El "tiempo" de un suceso es aquel que se da simultáneamente con el suceso por un reloj estacionario situado en el lugar del suceso, siendo este reloj sincrónico, y de hecho sincrónico para todas las determinaciones de tiempo, y por un reloj estacionario especificado».[17] Esta definición utiliza la simultaneidad local entre un acontecimiento local y un reloj local para definir la simultaneidad de los relojes a distancia.[18] Pero la simultaneidad local depende de la experiencia directa de la percepción. Por ejemplo, se dice que un acontecimiento físico, como una pelota que golpea el suelo, es simultáneo a la lectura de un reloj local porque se percibe que ambos suceden al mismo tiempo. Así pues, las definiciones de Einstein se basan en la percepción, es decir, en la percepción directa del ahora tal y como se da en la experiencia de la duración. Así pues, las definiciones no pueden pretender ser completamente operativas, en el sentido de utilizar únicamente procedimientos o pruebas objetivas y no depender de la experiencia subjetiva para su significado.

Bergson se apoderó de estos puntos cuando dijo que quedaba por determinar la significación filosófica de los conceptos de Einstein. Los conceptos de Einstein pretendían ser totalmente objetivos y definidos desde el punto de vista operativo, pero nuestro concepto intuitivo de simultaneidad basado en la experiencia de la duración yacía enterrado y olvidado en ellos. Así aparece de nuevo la amnesia de la experiencia en el punto ciego.

Bergson no se oponía a la necesidad de abstraerse de la experiencia de la duración, que siempre abarca un lapso de tiempo, para concebir un instante exacto con el fin de definir con precisión la simultaneidad en física. Se oponía a sustituir subrepticiamente la duración por el instante y a olvidar que el concepto de instante sigue dependiendo de la experiencia directa de la duración para tener sentido.

Einstein parece haber sido consciente de algunos de los problemas que plantea apelar a la percepción de la simultaneidad local. En una nota a pie de página de su artículo de 1905, escribió: «No discutiremos aquí la inexactitud que acecha en el concepto de simultaneidad de dos sucesos, aproximadamente en el mismo lugar, que solo puede eliminarse mediante una abstracción».[19] Esta inexactitud, sin embargo, se refería a lo que contaba como local frente a lo distante. No obviaba la necesidad de basarse en el concepto experiencial de simultaneidad dado en la experiencia de la duración para abstraer un concepto de instante, y construir una definición precisa de simultaneidad para la física.

Para Einstein, la prueba final era si su teoría funcionaba. Permitir la experiencia de la duración no le habría ayudado en su teoría, así que la consideró irrelevante y la ignoró. No hay nada malo en ello. Su error fue pensar que sus definiciones eran más fundamentales que la experiencia del tiempo.

Bergson se aferró a estos puntos en sus observaciones ante la sociedad. La inexactitud de la distinción entre lo local y lo distante es el punto, tanto de su ejemplo de un «superhombre con visión gigante [que] percibiría la simultaneidad de dos acontecimientos instantáneos "enormemente distantes" como nosotros percibimos la simultaneidad de dos acontecimientos "vecinos"», como de su ejemplo de «microbios inteligentes», que encontrarían enorme la distancia entre los acontecimientos vecinos de Einstein (un tren entrando en la estación, mientras él mira su reloj):

> Construirían relojes microbianos que sincronizarían mediante un intercambio de señales ópticas. Y cuando usted viniera a decirles que su ojo observa pura y simplemente una simultaneidad entre el acontecimiento E y la lectura H del reloj, que es «vecina», ellos le contestarían: «¡Oh, no! No admitimos eso. Somos más einstenianos que usted, señor Einstein. Solo habrá simultaneidad entre el acontecimiento E y la lectura de su reloj humano H, si nuestros relojes microbianos, colocados en E y H, marcan el mismo tiempo; y para un observador exterior a nuestro sistema, esta simultaneidad será sucesión, no tendrá nada de intuitiva ni de absoluta.[20]

Bergson tenía dos argumentos. En primer lugar, lo que cuenta como local frente a lo distante es inexacto y relativo, y depende del observador. En segundo lugar, y más importante, la capacidad de los microbios científicos para medir la simultaneidad sincronizando relojes mediante señales luminosas presupondría su propia experiencia de la simultaneidad local en la duración. La experiencia de la duración —es decir, la experiencia misma— es ineliminable, y no puede ser removida por las definiciones operativas de Einstein. Al contrario, esas definiciones la presuponen.

Bergson no negaba que las definiciones de Einstein fueran significativas y científicamente productivas. En cambio, su argumento era que seguía teniendo sentido hablar de la simultaneidad como dada en la duración, incluso en ausencia de la posibilidad de medir la duración, y que Einstein había ido demasiado lejos al pretender haber dado una definición exhaustiva y objetiva del tiempo —haber dicho lo que es el tiempo, o lo que hace que el tiempo sea tiempo—. El tiempo mensurable presupone la duración, y la duración siempre escapa a la medición y la supera (por las razones expuestas en el capítulo 3). Este es el tiempo filosófico que Einstein se negaba a reconocer. Para Einstein, la experiencia de la duración era solo un hecho psicológico contingente sobre cómo percibimos el tiempo a través de nuestros sentidos, y no la fuente ineliminable del significado del concepto de tiempo, incluso en física. En palabras de Robin Durie: «Para Einstein, no existe el tiempo del filósofo; pero para Bergson, el tiempo del físico no es tiempo en absoluto cuando se separa de la duración».[21]

Lejos de querer refutar la teoría de la relatividad por motivos científicos, Bergson quiso completarla mostrando cómo necesitaba el concepto de duración para fundamentarse en la experiencia. Lo que Bergson discernió en la teoría de la relatividad fue la posibilidad, por primera vez en la ciencia moderna, de tener «una teoría del tiempo que, cuando se interpreta adecuadamente, revela la relación genuina entre duración y tiempo mensurable».[22] Bergson vio que la revolución de Einstein abría la posibilidad de llevar la física más allá del punto ciego. Un cuidadoso análisis filosófico de la teoría de la relatividad mostraría que el significado del tiempo mensurable era inextricable de la experiencia de la duración inconmensurable, que el tiempo del reloj era inextricable del tiempo vivido. Demostrar esto fue la tarea que Bergson se impuso en *Duración y simultaneidad*. Desgraciadamente, este mensaje se perdió en el debate subsiguiente como resultado de algunos errores en las afirmaciones de Bergson sobre la relatividad especial.

Cuántas veces

La principal preocupación de Bergson en *Duración y simultaneidad* era el aparente conflicto entre la experiencia inmediata de la duración y la pluralidad de tiempos de la teoría especial de la relatividad. En esta «confrontación» entre las teorías de Bergson y Einstein se enredan un montón de cuestiones, por lo que debemos desentrañarlas para dar sentido al debate.

Bergson había sostenido en *Tiempo y libre albedrío* que existe un tiempo universal de duración, una duración única y omnicomprensiva en la que participa toda consciencia.[23] Sin embargo, la afirmación de que el tiempo del reloj presupone el tiempo vivido o que el tiempo mensurable es una abstracción derivada de la duración no implica obviamente que el tiempo vivido o la duración sean singulares, que no haya muchas duraciones. De hecho, el propio Bergson había subrayado en otros escritos que existe una multiplicidad de duraciones.[24] Whitehead también había argumentado que «la mensurabilidad del tiempo se deriva de las propiedades de las duraciones», pero que hay «diferentes familias de duraciones».[25] Si la duración es una o muchas es una cuestión distinta de si el tiempo del reloj presupone el tiempo vivido. Volveremos a la cuestión de si la duración es una o muchas al final de esta sección.

Lo importante ahora es que Bergson intentó conciliar su creencia en una duración singular y universal con la pluralidad de tiempos medidos y la dilatación del tiempo que implica la teoría especial de la relatividad. La dilatación del tiempo es la diferencia en el tiempo transcurrido medido por dos relojes debido a sus velocidades relativas. El reloj más rápido es el que está en reposo y el más lento es el que está en movimiento. Pero en la teoría de la relatividad no existe un estado de reposo absoluto. Cualquier observador puede considerarse en reposo mientras que otros sistemas de referencia pueden considerarse en movimiento. La dilatación del tiempo siempre afecta al reloj del «otro» observador considerado en movimiento con respecto al que se considera en reposo. Bergson razonaba que, puesto que en la teoría de la relatividad especial no existe un sistema de referencia absoluto y los sistemas de referencia son inerciales (no sufren aceleración), las situaciones de los observadores son simétricas e intercambiables y, por tanto, la pluralidad de tiempos debe considerarse matemática y no físicamente real. Y si los múltiples tiempos se considerasen estrictamente matemáticos, entonces podrían hacerse coherentes con la existencia de un único tiempo real de duración.[26] Aquí es donde se equivocó.

Bergson se centró en la llamada paradoja de los gemelos. Uno de los gemelos permanece en la Tierra mientras su hermano viaja al espacio exterior en un cohete espacial a casi la velocidad de la luz y regresa a la Tierra a la misma velocidad. Según la teoría de la relatividad especial, cuando comparan sus relojes (que estaban idénticamente construidos y sincronizados al comienzo del viaje), ha transcurrido más tiempo para el gemelo que se quedó en la Tierra, y parece ser biológicamente mayor que su hermano.[27] Sin embargo, Bergson negó que esto fuera así, o que fuera la forma correcta de interpretar la teoría de la relatividad especial. Mientras las situaciones de los gemelos fueran estrictamente idénticas y no hubiera aceleración (haciendo abstracción de la aceleración necesaria para cambiar de dirección y volver a la Tierra), el reloj de vuelta no mostraría ninguna ralentización a su llegada a la Tierra.[28] (En otras circunstancias en las que las situaciones de los gemelos fueran diferentes, habría diferencias en sus tiempos). En opinión de Bergson, los tiempos de los relojes eran meramente atribuidos matemáticamente y no físicamente reales.

Aquí Bergson se equivoca. La teoría de la relatividad especial predice que el reloj físico del gemelo que viaja ha marcado menos tiempo cuando los gemelos comparan los relojes, y que el gemelo que viaja habrá envejecido menos, como consecuencia de que la teoría postula que el espacio-tiempo tiene una geometría de Minkowski en lugar de una galileana.[29] Además, se ha confirmado experimentalmente que la dilatación del tiempo es un fenómeno físico.[30]

Bergson defendía dos cosas, una incorrecta y otra correcta. En primer lugar, la dilatación del tiempo no es físicamente real. Esto era un error. En segundo lugar, nadie experimenta la dilatación del tiempo de su propio sistema de referencia. La dilatación del tiempo solo existe en relación con otro sistema de referencia y solo puede verse desde el exterior. Esto significa que la dilatación del tiempo no es una medida del tiempo de nadie desde dentro de su propio marco de referencia. Un marco de referencia no es un dominio de la experiencia.[31] Por el contrario, es una abstracción y solo puede especificarse en relación con otro marco de referencia. Esto no es un error. Cada gemelo experimenta solo su propio tiempo.

Bergson insistió en que el gemelo que viaja no experimenta subjetivamente ninguna dilatación del tiempo, que no siente que el tiempo se ralentiza para él. Para discernir que se produce una dilatación del tiempo, hay que situarse fuera de su marco de referencia y comparar las lecturas de los relojes. Se podría objetar que Bergson ignoró la dependencia de la experiencia de la actividad cerebral, que también se ralentiza en el gemelo viajero en relación con el que se queda en casa.[32] Por tanto, la corriente de consciencia del viajero transcurre más lentamente que la de su hermano en la Tierra. Sin embargo, esto no es perceptible subjetivamente para el viajero. El ritmo más lento existe, o es lo que es, solo en relación con el otro marco de referencia en la Tierra. Por tanto, no tiene sentido decir que el gemelo «experimenta» un tiempo diferente. Sus experiencias de la duración les son propias. En palabras de Bergson, un gemelo que «experimenta un tiempo diferente» es un «fantasma», una «visión mental» o una «imagen», que aparece desde la perspectiva del gemelo en la Tierra.[33] En esto Bergson estaba en lo cierto. En lo que se equivocó fue en deducir que la dilatación del tiempo calculada desde fuera del marco de referencia en el que se encuentra no es real y que los dos gemelos no pueden estar realmente en dos tiempos diferentes, tal y como se miden físicamente.

Bergson pensaba que una medida de un intervalo deja de ser una medida de un intervalo de *tiempo* si pierde su relación con la duración. Esto es lo que pensaba que ocurre con los diferentes tiempos de la relatividad especial. Para Bergson, no hay duración en la dilatación del tiempo. La dilatación del tiempo solo aparece como una diferencia entre las lecturas de un reloj, o una diferencia entre las líneas del mundo (la trayectoria única de un objeto, aproximado como un punto, a través del espacio-tiempo) calculadas por el físico. Pero nadie experimenta la diferencia de velocidad del paso del tiempo como tal. No se puede experimentar directamente, porque, en cuanto uno se traslada mentalmente al sistema de referencia en el que se produce la dilatación temporal, esta desaparece y reaparece en el sistema de referencia original. En palabras de Bergson: «Los tiempos de la relatividad especial están definidos de tal manera que son, todos menos uno, tiempos en los que no existimos. No podemos estar en ellos, porque llevamos con nosotros, dondequiera que vayamos, un tiempo que ahuyenta a los demás, igual que la lámpara de un peatón hace retroceder la niebla a cada paso».[34]

Una vez más, Bergson tenía razón y se equivocaba. Tenía razón en que la dilatación del tiempo se calcula desde fuera del sistema de referencia y no se experimenta subjetivamente. Pero se equivocaba al afirmar que el «tiempo propio» —el tiempo medido por un reloj que sigue la línea del mundo dentro de un marco de referencia— no puede basarse en la duración propia de ese marco de referencia. Por el contrario, el tiempo propio puede entenderse como el tiempo mensurable basado en el paso del tiempo o la duración local. Así pues, como han sugerido recientemente varios filósofos, la idea de duración de Bergson es totalmente compatible con la teoría especial de la relatividad, si se entiende la duración como el paso del tiempo local o propio.[35] Además, cuando el tiempo propio se entiende como una abstracción matemática basada en la experiencia de la duración, entendida ahora como paso del tiempo local, resulta posible conciliar la perspectiva de la teoría especial de la relatividad con la experiencia de la duración.

El físico David Mermin también aborda esta cuestión en un debate sobre el tiempo y el problema del ahora desde la perspectiva del QBismo (del que hablamos en el capítulo anterior):

> El problema del «ahora» surge de la prolongada exclusión de la física clásica de la experiencia del sujeto que percibe, junto con una inadecuada identificación del formalismo de la física con la realidad del mundo natural. Que existe el momento presente es una parte innegablemente real de la experiencia de cada uno de nosotros. El hecho de que dispongamos de un formalismo útil que represente nuestra experiencia y que no parezca contener un «ahora» no significa que el «ahora» sea una ilusión. Significa que no debemos identificar el formalismo con la experiencia para cuya descripción se construyó.[36]

Volvamos ahora a la cuestión de si la duración es múltiple o única. La respuesta es: ambas.

La duración es múltiple porque siempre está situada: el paso del tiempo siempre se da desde alguna perspectiva experimentada en el universo, y nunca desde fuera de él. Cada línea del mundo refleja un paso único y una experiencia posible de duración. Mejor aún, cada línea del mundo representa la destilación de un flujo duracional único, ya que una línea del mundo es una abstracción matemática, una «invariante estructural», mientras que la duración es concreta. Dado que no existe un límite superior no arbitrario para el número de líneas del mundo y los tiempos propios asociados, el universo está repleto de tiempos y ritmos duracionales potenciales.[37]

El punto crucial que hay que subrayar es que «no puede existir una visión temporal a vista de pájaro del universo que ignore los ritmos del paso del tiempo discordantes constituidos por las trayectorias dispares a través del espacio-tiempo».[38] Este punto refuta el objetivismo del punto ciego: la suposición de que puede existir una visión exterior a vista de pájaro (o desde la perspectiva del ojo de Dios).

Pero la duración también es una. Los tiempos mensurables y los ritmos de duración pueden diferir, pero el paso temporal en sí es inconmensurable, y se resiste al análisis y la explicación.

El tiempo medido presupone siempre el mismo hecho ineliminable de la duración experimentada o del paso temporal. En la jerga filosófica, la duración es un ejemplo de «facticidad», algo que debe aceptarse, pero para lo que no puede darse ningún fundamento o razón. En términos budistas, la duración ejemplifica la «talidad», un carácter concreto del ser para el que no puede darse ningún fundamento conceptual. Como dijo Whitehead, la naturaleza, como término de la consciencia de los sentidos, es un proceso, y «no puede haber explicación de esta característica de la naturaleza», aunque podemos distinguirla y describir sus relaciones con otras características.[39] Toda medición de un intervalo temporal es una medida del tiempo transcurrido, el tiempo transcurrido presupone duración, y no se puede reconstituir la duración a partir del tiempo medido.

En retrospectiva, podemos ver que Bergson y Einstein se malinterpretaron y se expresaron mal en su intercambio. Fue una desgracia. Combinar las ideas de Bergson y Einstein puede ayudarnos a suplantar el punto ciego. Como argumentaremos ahora, este movimiento es particularmente necesario en el caso de la concepción del punto ciego de la teoría de la relatividad como soporte de una imagen del «universo bloque» en el que el tiempo es una ilusión.

¿Un universo de bloques atemporal?

En las teorías especial y general de la relatividad, Einstein demostró que el flujo del tiempo puede diferir de un observador a otro, dependiendo de su estado relativo de movimiento a velocidades constantes (relatividad especial), o debido a diferencias en su campo gravitatorio local (relatividad general). El tiempo avanza resueltamente para cada observador, aunque más despacio, relativamente, para los que se mueven a mayor velocidad o en campos gravitatorios fuertes. El tiempo de la relatividad permanece ordenado, ya que la causa precede al efecto. Sin embargo, como para Newton, las ecuaciones de la relatividad siguen siendo ambiguas con respecto a una dirección única del tiempo. No distinguen el pasado del futuro. Al pasar de Newton a Einstein, el tiempo pierde su fluidez absoluta, pero permanece mudo con respecto a lo que diferencia el pasado del futuro. La mecánica, relativista o no, no tiene memoria. La duración, sin embargo, el tiempo de la experiencia, incluye esencialmente la memoria, como decía Bergson.

Gran parte de la confusión surge del hecho de que las teorías de la relatividad de Einstein pueden formularse en un continuo espacio-tiempo de cuatro dimensiones, en el que el tiempo parece adquirir el mismo estatus que el espacio. Pero tal equivalencia no es en absoluto el caso. La libertad de movimiento en el espacio —podemos caminar donde queramos, al norte o al sur, al este o al oeste, montaña arriba o hacia el valle— no se refleja en la dimensión temporal. En ella, seguimos limitados por la cadena causal, en la que los acontecimientos se suceden de forma ordenada. Se puede dejar de caminar y permanecer en la misma posición en el espacio; no se puede dejar de vivir en el tiempo.

Matemáticamente, y para una geometría plana, la diferencia entre espacio y tiempo se encapsula en el espacio-tiempo cuatridimensional de Minkowski, donde el cuadrado de la distancia invariante *ds* entre dos sucesos en el espacio-tiempo es $(ds)^2 = -c_2$ $(dt)_2 + (dX)^2$. En esta ecuación *c* es la velocidad de la luz, *t* es el tiempo y *X* es la posición en el espacio tridimensional. (Las *d* indican que se trata de segmentos diminutos.) La variable temporal *t* aparece multiplicada por la velocidad de luz, ya que «*c* multiplicado por *t*» tiene dimensiones espaciales. La diferencia de signo entre el tiempo espacializado y las tres dimensiones del espacio es crucial.[40]

En el espacio de Minkowski, la distancia *ds* entre dos sucesos (que tienen lugar en dos puntos del espacio y dos momentos del tiempo) es la misma para todos los marcos de referencia inerciales (esto es lo que se entiende por «distancia invariante en el espacio-tiempo»). La causalidad está implícita en esta formulación, salvaguardada por la velocidad de la luz, porque el cuadrado de la distancia entre dos sucesos no puede ser negativo. Matemáticamente, $(ds)^2 \geq 0$. La distancia más pequeña posible, $(ds)^2 = 0$ (la separación nula o del cono de luz), solo se cumple para $/dX/ \mathrm{dt}| = c$, es decir, cuando un «objeto» se mueve a la velocidad de la luz. La teoría también determina que solo los «objetos» sin masa pueden hacerlo. Cualquier otra velocidad, al ser menor que la de la luz, hará que el cuadrado de la distancia invariante $(ds)^2$ sea positivo. Así se incorpora el ordenamiento del tiempo.[41]

Lo que parece arbitrario en este marco es la definición del presente, o el «ahora». Uno puede elegir cualquier momento para que sea el ahora, el momento en que el reloj empieza a correr. Tanto la teoría especial como la teoría general de la relatividad añadieron una localidad a esta arbitrariedad que era ajena a la visión newtoniana del mundo: la teoría especial, con la arbitrariedad dada por los movimientos relativos de observadores que se mueven con velocidades constantes; la teoría general, con distorsiones locales en el flujo del tiempo debidas a variaciones del campo gravitatorio, es decir, diferentes flujos de tiempo en regiones con diferentes concentraciones de masa. Esta aparente arbitrariedad del flujo del tiempo y del significado del ahora ha inspirado a algunos científicos y filósofos a proponer que no existe un ahora siempre cambiante. En su lugar, todo cambio es ilusorio.[42] De este modo, utilizan herramientas teóricas de la teoría de la relatividad de Einstein para hacerse eco de filósofos presocráticos como Parménides y Zenón. Con el nombre de eternalismo, la idea central es que, al igual que los diagramas que muestran la totalidad del espacio-tiempo parecen reflejar una realidad atemporal del ser, es nuestra estrecha visión tridimensional de la realidad la que hace surgir las nociones de pasado y futuro. En la plenitud de las cuatro dimensiones, no hay flujo temporal. Esta visión suele denominarse teoría del universo de bloques: todo el espacio-tiempo es un bloque cuatridimensional inmutable.[43] En consecuencia, toda la historia cósmica y la totalidad del futuro constituyen un único bloque en el espacio-tiempo cuatridimensional, y nuestra experiencia del flujo del tiempo es ilusoria. En palabras del físico matemático y filósofo Hermann Weyl: «El mundo objetivo simplemente *es*, no *sucede*».[44]

La teoría del universo de bloques personifica el punto ciego. ¿Cómo es posible formular coherentemente una concepción de la realidad contemporánea de todos los acontecimientos contenidos en el universo bloque sin adoptar una imposible perspectiva del ojo de Dios externa al universo y al devenir de la naturaleza?[45] Además de ser objetivista, la teoría del universo en bloque bifurca la naturaleza en espacio-tiempo objetivamente real y tiempo psicológico ilusorio, sustituye subrepticiamente el espacio por el tiempo (tiempo espacializado por duración) y trata una representación matemática abstracta como si fuera un ser concreto (la falacia de la concreción fuera de lugar). La teoría priva a la naturaleza del paso del tiempo y el tiempo de duración. Reifica el espacio-tiempo, convirtiendo el proceso del devenir en una cosa. En palabras de Bergson: «Añadiendo una dimensión [el tiempo] al espacio en el que existimos, podemos sin duda imaginar un *proceso* o un *devenir*, observado en el antiguo espacio, como una *cosa* en este nuevo espacio. Pero como hemos sustituido lo *completamente hecho* por lo que percibimos *que está siendo hecho*, hemos... eliminado el devenir inherente al tiempo».[46] La teoría del universo de bloques confunde una imagen matemática con lo que se está representando; confunde el mapa con el territorio.[47]

El flujo del tiempo es palpable para nosotros como observadores, aunque la teoría de la relatividad nos demuestre que la velocidad de nuestro flujo del tiempo no es universal, sino más bien local. Así pues, si nuestro objetivo es ofrecer un mapa de la realidad, tenemos dos opciones: ofrecer un mapa que invoque una abstracción para descartar el flujo del tiempo, o uno en el que el flujo del tiempo sea una parte inherente a nuestra experiencia, y de naturaleza no bifurcada. ¿Cuál sería el propósito de un mapa que descarta el flujo del tiempo? ¿Adónde nos lleva? ¿Nos ayuda a comprender mejor el tiempo, o nos lleva a enigmas intratables?

Una de las lecciones de nuestra discusión sobre Bergson y Einstein es que no puede haber una visión temporal del universo a vista de pájaro, que vuele fuera y por encima de las trayectorias dispares a través del espacio-tiempo y los diferentes ritmos de duración. La teoría del universo bloque renuncia a esta idea, empuja a la física de nuevo a una visión del mundo de punto ciego y se queda atascada en el intratable enigma de ser incapaz de dar cuenta de la temporalidad del paso del tiempo, su flujo y su direccionalidad irreversible. Por estas razones, la teoría del universo en bloque es esencialmente regresiva. Restablece el punto ciego en lugar de ayudarnos a superarlo.

A menudo se dice que Einstein creía que el tiempo es una ilusión, basándose en un críptico comentario que hizo en una carta con motivo de la muerte de su amigo de toda la vida, el ingeniero suizo-italiano Michele Angelo Besso. En una carta dirigida al hijo y a la hermana de Besso, Einstein escribió: «Ahora ha partido de este extraño mundo un poco antes que yo. Eso no significa nada. Para nosotros, físicos creyentes, la distinción entre pasado, presente y futuro es solo una obstinada ilusión».[48]

Pero estas observaciones son ambiguas. Por un lado, Einstein no se dirigía a físicos y filósofos.[49] La carta expresaba su dolor y su deseo de consolar a la familia de Besso, y parecía estar pensando en la proximidad de su propia muerte (murió un mes y tres días después). Por otra parte, ofrecía consuelo basándose en su condición de científico para opinar sobre cuestiones metafísicas y espirituales. Como «físico creyente», conoce la verdadera naturaleza oculta del tiempo, a pesar del testimonio contrario de su experiencia. Debemos permitir que Einstein se consuele, pero no debemos ignorar el predicamento existencial al que se enfrenta al tratar el tiempo como una ilusión.

La duración, el paso del tiempo, el fluir del tiempo son esenciales para nuestra percepción del mundo. La ciencia sería imposible sin ellos. Cualquier ciencia que intente atribuir el flujo del tiempo a una ilusión subjetiva induce una amnesia de la experiencia y desfonda el suelo sobre el que se asienta. Imaginar que podemos abstraernos del flujo del tiempo para alcanzar una visión objetiva de la realidad es sustituir el paso del tiempo de la naturaleza por un símbolo sin vida. Hay una diferencia crucial entre la forma en que podemos ser engañados por la experiencia sensorial —que las teorías de Einstein intentan corregir, centrándose en invariantes observacionales— y descartar por completo la experiencia por ser irrelevante para nuestra descripción de la realidad.

Así pues, la tarea que tenemos entre manos es volver a imaginar un mapa de la realidad que incluya, implícitamente, una dirección temporal que abarque todas las escalas de longitud, desde la atómica y la molecular hasta la humana y la cósmica. De hecho, como sugerimos en la siguiente sección, nuestra propia experiencia del tiempo lleva en sí misma toda la historia del universo.

La aparición del tiempo cósmico

En el capítulo 3 vimos que la termodinámica atribuye la flecha del tiempo a la pérdida de información que se produce cuando un gran número de moléculas interactúan entre sí. El seguimiento de los detalles de cada colisión requiere una precisión de descripción en el espacio de fase que es inalcanzable, incluso en principio. Esto es fundamental. Ninguna medida puede tener una precisión arbitraria. Esta limitación fundamental compromete la tarea de cartografiar la realidad. Los pequeños errores de medición se propagan, la información se pierde y la reversibilidad es esencialmente imposible. Por decirlo sin rodeos, no podemos saberlo todo, ni siquiera sobre sistemas bastante simples. Olvidar estas limitaciones representa otro aspecto de la amnesia de la experiencia en el punto ciego, esta vez de la experiencia científica y sus limitaciones inherentes.

Hay una segunda complicación, igualmente fundamental, en nuestros esfuerzos por cartografiar la realidad, que no depende de nuestras limitaciones de medición. Los sistemas con un gran número de partículas son caóticos: pequeñas perturbaciones, aunque estén muy lejos, afectan al sistema de tal manera que es imposible predecir su comportamiento de forma determinista (el famoso efecto mariposa en la predicción meteorológica). Una pulga saltando muy lejos en el universo llevaría a un gas de átomos al caos tras unas treinta y tres colisiones, en menos de una millonésima de segundo. El minúsculo efecto tardaría mucho en llegar al gas, pero una vez que lo hace, el efecto es fulgurante.[50] Así pues, se mezclan dos limitaciones fundamentales: el caos —perturbaciones que provocan cambios independientes de nosotros— y los límites físicos de las mediciones de precisión.

Sin embargo, alguien podría argumentar: ¿no podemos al menos imaginar un ser perfecto o un dispositivo milagroso que registre la velocidad, la ubicación y el ángulo de colisión de cada molécula con una precisión infinita? Un ser así sería una síntesis del demonio de Laplace, que conoce con precisión la ubicación y el momento de cada partícula del universo y, por tanto, sus valores pasados y futuros para cualquier momento dado, y del demonio de Maxwell, que puede seguir el curso de cada partícula e intervenir para disminuir la entropía. ¿No podría un ser así invertir perfectamente los movimientos, y así disminuir la entropía e invertir la flecha del tiempo? Para este ser, el pasado y el futuro serían igualmente accesibles y controlables.

Pero estas hazañas siguen siendo imposibles incluso para un ser así, a menos que se violen tres leyes fundamentales de la física.

En primer lugar, este ser tendría que ser omnipresente y omnisciente: tendría que conocer los detalles de todas las mediciones individuales de posición y momento a través del espacio de forma instantánea. Pero ¿cómo podría ser así, dado que cada medición es una interacción en una región del espacio y en un momento del tiempo? En otras palabras, la noción misma de causalidad y la finitud de la velocidad de la luz impiden que tales mediciones tengan lugar en un sentido remotamente realista. El naturalismo choca con el sobrenaturalismo.

En segundo lugar, este ser tendría que ser capaz de medir las posiciones y velocidades de cada molécula e interferir potencialmente en sus trayectorias sin generar entropía. Pero ¿cómo podría funcionar y trabajar en el sistema (manipulando moléculas) sin producir entropía? Eso violaría la segunda ley de la termodinámica.

Por último, está la incertidumbre cuántica. Recordemos que el tratamiento de Boltzmann y Gibb de la mecánica estadística requiere la definición del espacio de fase, compuesto de pequeñas celdas que denotan una región del espacio (como un cubo diminuto) y de velocidades (más exactamente, momentos). Cuando introdujimos este concepto de espacio de fases en los capítulos 2 y 3, abordamos la cuestión de la granularidad o borrosidad intrínseca a la definición del tamaño de una celda en el espacio de fases. ¿Qué tamaño puede tener una célula? La perspectiva clásica es que depende de la precisión de nuestros aparatos de medición. Argumentos como el anterior, que invocan a un ser mágico capaz de medir las magnitudes físicas con una precisión arbitraria para reducir a un punto el tamaño de una célula en el espacio de fase, son una fabulación, un ejercicio teórico que intenta (y no lo consigue) eludir el punto ciego. Con el tiempo, a medida que el tamaño de la célula se reduce, los límites de la incertidumbre cuántica que prohíben las mediciones de posición/momento con precisión arbitraria empezarán a importar. La borrosidad cuántica es el límite último del grano grueso.[51]

El grano grueso desempeña un doble papel en nuestra comprensión de la realidad física. Hay una borrosidad que es intrínseca al tejido mismo del mundo, una característica fundamental de la realidad física a nivel cuántico; y hay una borrosidad que se deriva de cómo interactuamos con el mundo físico, a través de las limitaciones de nuestras mediciones, y de la recogida y almacenamiento de datos. Si aceptamos la relación entre la flecha del tiempo y la pérdida de información, esto significa que la entropía en los sistemas cerrados crece y el tiempo tiene una dirección única del pasado al futuro.

¿Podemos elevar esta noción de las colisiones moleculares o atómicas a las escalas macroscópicas? En otras palabras, ¿es posible amplificar la irreversibilidad del tiempo de las escalas moleculares a las macroscópicas? Al fin y al cabo, el tiempo fluye en todas partes hacia el futuro, aunque a ritmos relativos diferentes según el campo gravitatorio local o el movimiento relativo de los observadores de los objetos. El tiempo es intrínseco a todos los seres vivos, desde las bacterias unicelulares hasta los pinos milenarios; las estrellas nacen, evolucionan y mueren; las galaxias se alejan unas de otras a medida que el universo se expande. El tiempo parece avanzar en todas las escalas espaciales, desde lo muy pequeño a lo muy grande, desde lo cuántico a lo cósmico.

Hasta donde sabemos, no hay lugares en el universo donde el tiempo fluya hacia atrás. Esto es así desde mucho antes de que los humanos hicieran mediciones y pensaran en el tiempo. Debido a nuestro acoplamiento con el mundo a través de la experiencia, sin embargo, lo que podemos contar del pasado prehumano depende de la narración que construimos en el presente, anclada en lo que podemos medir de la naturaleza. Nuestra imagen del pasado reside en el presente, y la historia que podemos contar sobre el pasado es necesariamente incompleta. Sigue sujeta a las limitaciones que hemos mencionado. Olvidar estas limitaciones al extrapolar la física moderna al pasado distante amplifica los errores de punto ciego y los conceptos erróneos sobre el tiempo y las limitaciones de la ciencia, como veremos más adelante. Si entender la dirección del tiempo es un reto, entender el origen del tiempo eleva las dificultades a otro nivel.[52]

Tomemos como punto de partida la siguiente pregunta: ¿qué une la flecha del tiempo a través de todas las escalas físicas conocidas, desde la subatómica hasta la cosmológica? El vínculo es la propia historia del universo tal y como la contamos ahora, desde una bola de fuego primigenia inicial justo después del Big Bang, hace 13 800 millones de años, hasta el espacio en expansión que forjó átomos, estrellas, galaxias y vida en la Tierra (y posiblemente en otros lugares). El descubrimiento de una historia cósmica, que coincide con la datación de nuestro planeta en aproximadamente un tercio de la edad cósmica, representa un profundo cambio en nuestra perspectiva del tiempo. Durante miles de años, la regularidad de los movimientos celestes locales nos permitió ordenar el flujo del tiempo en periodos de horas, días y años, escalas de tiempo con las que podemos relacionarnos y que no difieren mucho de nuestra vida. Pero las modernas técnicas de datación, y los avances en la observación astronómica y la espectroscopia en todas las ventanas del espectro electromagnético, han ampliado el reloj cósmico a miles de millones de años. El antiguo cosmos del ser, receptáculo estático de todo lo que existe, se ha convertido en un universo en devenir, salpicado de cambios drásticos en la naturaleza de las estructuras materiales, desde las partículas subatómicas hasta los cúmulos galácticos gigantes y más allá. Estos cambios en las propiedades de la materia determinan cómo se expande el universo y, por tanto, cómo fluye el tiempo cósmico. Los tipos de materia que llenan el universo determinan, a través de su interacción gravitatoria, la velocidad de expansión del universo.[53] El mayor descubrimiento de la cosmología moderna, la expansión del universo, ha redefinido nuestra propia experiencia del tiempo, que ahora puede considerarse profundamente entrelazada con la historia del propio cosmos.

Estas afirmaciones sobre la velocidad de expansión del universo son posibles porque interactuamos con el cambio que medimos. De hecho, la idea misma del tiempo cósmico como medida de la evolución de un universo en expansión —medido por un reloj en reposo respecto al universo en expansión y ajustado a cero en el momento del estado inicial del universo— es una abstracción. No puede hacerse inteligible sin remitir en última instancia a nuestra experiencia del tiempo como duración, como nos han mostrado Bergson y Whitehead. Como el fabuloso ouroboros, la serpiente que se traga su propia cola, cerrándose en un círculo, nuestra experiencia del tiempo depende del flujo del tiempo cósmico que medimos a través de nuestra experiencia del tiempo. No podemos sustraernos a la historia cósmica porque también es nuestra historia. Estamos en el universo, y el universo está en nosotros. Estamos atrapados en un extraño bucle.

Enigmas cosmológicos

Cuando Edwin Hubble descubrió en 1929 que las galaxias lejanas se alejaban unas de otras a velocidades proporcionales a sus distancias, el propio universo adquirió plasticidad e historia. Doce años antes, Einstein había aplicado su teoría general de la relatividad al universo en su conjunto.[54] Pero su cosmos imaginario era muy diferente del que Hubble vio con su telescopio. Suponiendo un universo esférico tridimensional sin límites —como si visualizáramos la superficie bidimensional de una pelota— y un cosmos estático, Einstein resolvió las ecuaciones de su teoría general de la relatividad para hallar la geometría de un universo esférico autogravitatorio, lanzando la cosmología relativista moderna. Sin embargo, para su decepción, la solución que encontró era inestable frente al colapso. Como salida, Einstein añadió un término extra para equilibrar sus ecuaciones, que pasó a conocerse como la constante cosmológica. Cinco años más tarde, en 1922, el meteorólogo ruso reconvertido en cosmólogo Aleksánder Friedmann demostró que se podía eliminar la suposición de un cosmos estático para obtener soluciones variables en el tiempo que describían un universo en eterna expansión o uno que alcanzaría un tamaño máximo, y luego colapsaría sobre sí mismo, pasando de un big bang a un «big crunch».

Saltando a la cosmología moderna, ahora sabemos que el universo se ha estado expandiendo desde su infancia, hace 13 800 millones de años. No conocemos los detalles de lo que ocurrió realmente cerca del principio, y abundan las especulaciones. Por ejemplo, en la relatividad clásica, existe una singularidad inevitable al retroceder hasta el principio, $t = 0$, dado que magnitudes físicas como la densidad de energía y la temperatura divergen hasta el infinito a medida que la distancia entre los objetos llega a cero. Para evitarlo, se recurre a los efectos cuánticos para cambiar la narrativa a medida que nos acercamos a la singularidad. Si —potencialmente— la propia estructura del espacio-tiempo fluctuara, la singularidad quedaría literalmente desdibujada.

Sin embargo, es esencial tener en cuenta que no sabemos, ni tenemos ningún indicio a partir de las observaciones, que extrapolar las fluctuaciones cuánticas al propio espacio-tiempo sea un paso válido. Tales fluctuaciones son, de hecho, esenciales para nuestra comprensión actual de los campos cuánticos como los actores fundamentales de la realidad material (los bloques de construcción del universo, como a algunos científicos les gusta llamarlos). Esos actores son las doce partículas fundamentales del Modelo Estándar de la física de partículas (seis leptones y seis quarks), el bosón de Higgs y las partículas portadoras de las tres fuerzas conocidas de la naturaleza (electromagnetismo y las fuerzas nucleares fuerte y débil). La gravedad, insignificante a las distancias subatómicas descritas por el Modelo Estándar, se añade como cuarta fuerza, con la suposición implícita de que, al igual que las otras tres fuerzas, también es cuantificable y que su portador, el gravitón, es una partícula con menos masa. Esto es plausible, pero ciertamente no es un hecho conocido. Es plausible porque la gravedad, como las otras tres fuerzas conocidas, se describe mediante una teoría de campos. Si la gravedad es un campo, ¿por qué no cuantizarla?

Pero esta suposición, aunque plausible, es problemática. Cuantificar la gravedad no es sencillo, porque la gravedad es intrínsecamente diferente de los otros campos de radiación y materia. Estos otros campos se definen con valores en el espacio-tiempo, es decir, en cada punto del espacio y del tiempo. Cuando estos campos se cuantizan, el espacio y el tiempo siguen siendo puntuales. Pero ¿qué aspecto tendría una teoría cuántica de los campos electromagnético o nuclear débil y fuerte en un espacio-tiempo cuantizado? Nadie lo sabe, y las opiniones divergen.

Nuestras actuales teorías cuánticas de campo son descripciones eficaces de grano grueso de cómo interactúan las partículas en el espacio-tiempo, espectacularmente útiles para describir los resultados de los experimentos que ahora podemos realizar. El problema es que tales pruebas experimentales se mantienen a energías quince órdenes de magnitud menores que las cercanas al Big Bang. Evidentemente, cualquier extrapolación de la física actual en esta cantidad debe tomarse con pinzas. Pero a menudo no es así. Los profesionales toman lo que sabemos de las energías de nuestros aceleradores actuales y asumen tácticamente que la realidad será de naturaleza similar en un entorno completamente diferente, del que no tenemos ningún dato. Mediante la sustitución subrepticia, olvidan que los campos son solo modelos del mundo, no el mundo en sí. Las teorías de campo son mapas, no el territorio. Los mapas solo pueden ser eficaces cuando se diseñan a partir de partes conocidas del territorio. Las partes desconocidas no son cartografiables, de ahí las regiones denominadas «Aquí hay monstruos» en los antiguos mapas medievales.

Olvidar estas precauciones conduce a un pensamiento ciego, en particular a un objetivismo injustificado. Dado que las teorías de campo son eficaces a las energías que podemos probar, parece natural extrapolarlas a energías mucho más altas, de las que no tenemos datos. ¿Qué otra cosa se podría hacer para avanzar en el conocimiento científico? Pero es peligroso olvidar que estas extrapolaciones amplifican las limitaciones ya problemáticas de las teorías efectivas actuales. Dado que lo que podemos decir de la realidad física se basa, en última instancia y de forma irrefutable, en la experiencia, toda extrapolación a un territorio sin datos debe ser sometida a un escrutinio crítico. Si no hay pruebas empíricas para validar las hipótesis, todo lo que podemos esperar es la compatibilidad con las partes del universo que podemos probar a energías mucho más bajas. Por tanto, es una arrogancia considerar esas teorías como definitivas en cualquier sentido genuino, aunque a menudo se haga. Declarar que tenemos, o estamos cerca de tener, una comprensión definitiva del mundo subatómico y de la naturaleza cuántica del espacio-tiempo es mala ciencia y mala filosofía. Esta forma de pensar ilustra lo perdida que puede llegar a estar la búsqueda del orden en la naturaleza una vez que se impone el objetivismo ciego.

En la práctica, aplicar al campo gravitatorio la misma receta utilizada para cuantizar los tres campos de fuerza conduce a graves callejones técnicos sin salida. Los intentos de superarlos —en particular, los candidatos actuales a una teoría cuántica de la gravedad, como la gravedad cuántica de bucles y las supercuerdas— no han resultado convincentes, a pesar de su bella estructura formal y de más de cinco décadas de esfuerzos concentrados por parte de miles de físicos de talento. En particular, la falta de detección de cualquier atisbo de supersimetría, un ingrediente esencial de la teoría de supercuerdas, ha hecho que su candidatura como teoría unificada fundamental de la realidad se tambalee.[55]

Por supuesto, el fracaso no debe disuadirnos de seguir esforzándonos. Solo encontramos si buscamos. Pero es precisamente en estas situaciones en las que resulta tentador extrapolar, cuando debemos proceder con pleno conocimiento del punto ciego. Existen limitaciones fundamentales en cuanto al alcance de nuestras teorías cuando intentamos describir la realidad. Como hemos argumentado, cualquier teoría que intente desligarse de nuestra experiencia del mundo, extrapolando mucho más allá de la realidad percibida y medida para proponer una visión divina desde ninguna parte, y una estructura del espacio y el tiempo, radicalmente ajena a cómo estamos en el mundo, acabará siendo una persecución de fantasmas. No se puede llegar muy lejos sin datos que sirvan de guía. Tal extrapolación, sumada a una expectativa de finalidad explicativa, establece de antemano una concepción objetivista de la realidad desvinculada del acto de conocer. Esto es un error. La ciencia se basa en lo que percibimos del mundo, por lo que la atención al acto de conocer y a sus limitaciones debe atemperar cualquier concepción de la realidad. Hace décadas, Isaiah Berlin denominó «falacia jónica» la insistencia en la verdad de las explicaciones finales, en referencia a la antigua tradición jónica de filosofía natural que comenzó con Tales, quien afirmó que todo es agua (véase el capítulo 2).[56] Tal vez la gravedad sea simplemente distinta de las demás fuerzas y no pueda formularse de forma coherente a distancias muy cortas. Muchos físicos empiezan a pensar que puede ser así.[57]

Poner las cosas en marcha

Entonces, ¿qué podemos decir con seguridad sobre la historia del universo? En realidad, bastante. Afortunadamente, para construir un relato básico del tiempo a escala cósmica no necesitamos todos los detalles de lo que ocurre en el Big Bang o muy cerca de él. Lo que sí necesitamos saber es que el universo tiene una historia y que esta historia, como cualquier otra, se desarrolla en el tiempo, afectando directa o indirectamente a todas las escalas físicas. Todas las estructuras materiales que existen, desde los núcleos atómicos hasta los cúmulos de galaxias, pasando por las estrellas, los planetas y los seres vivos, surgen y se mantienen gracias a un intercambio termodinámico de energía libre disponible en la entropía. Para que existan estructuras ordenadas, debe haber energía libre disponible para que pueda realizarse el trabajo, lo que conduce inevitablemente al crecimiento de la entropía, como dicta la segunda ley de la termodinámica. Esto significa que la entropía del universo en el pasado remoto tenía que ser menor que la entropía actual. De lo contrario, no podrían haberse formado estructuras como las estrellas y, por tanto, tampoco planetas cálidos y ricos en agua ni seres vivos. Un universo de alta entropía estaría lleno de un gas informe de radiación y poco más. Incluso podríamos decir que la vida es lo que acaba ocurriendo en un universo viejo y rico en hidrógeno que comienza en un estado de baja entropía. Al menos esa es nuestra historia.

Los experimentos que se están llevando a cabo en el Centro Europeo de Física de Partículas (CERN) exploran la física una billonésima de segundo después del Big Bang. En ese momento de la historia cósmica, el universo estaba lleno principalmente de lo que se aproxima a un fluido de radiación, compuesto por partículas sin masa (como fotones y, potencialmente, gravitones) y partículas elementales efectivamente sin masa (como neutrinos y muchas otras).[58] Este fluido primigenio estaba «no agrupado» gravitacionalmente: no había estrellas, ni galaxias, ni cuerpos autogravitatorios.[59]

Cuán lejos nos remontemos hacia este pasado de baja entropía, depende tanto de nuestra comprensión evolutiva de los procesos físicos que tuvieron lugar muy pronto durante la infancia cósmica, como de nuestra tolerancia a la física teórica especulativa. A efectos prácticos, no necesitamos remontarnos demasiado atrás. En su lugar, podemos explorar dos acontecimientos cruciales en la historia cósmica.

El primer gran acontecimiento cósmico se produjo unos cincuenta mil años después del Big Bang, cuando el universo pasó de estar dominado por la radiación a estarlo por la materia. En otras palabras, las partículas masivas que existían tomaron el relevo de la radiación sin masa (como los fotones y los neutrinos) para determinar a qué velocidad se expandiría el universo.[60] Si, en ese momento, la materia oscura —partículas desconocidas que contribuyen a la composición del universo— se movía a velocidades muy inferiores a la de la luz (la llamada materia oscura fría), la atracción gravitatoria habría hecho que las nubes ricas en materia oscura empezaran a aglomerarse. Estos cúmulos fueron las semillas de lo que, cientos de millones de años más tarde, se convertirían en estrellas, galaxias y cúmulos de galaxias. Imaginemos que muchos niños se deslizan por un foso: los cúmulos de materia oscura tallan los fosos gravitacionales y la materia ordinaria se desliza por ellos. La agrupación gravitatoria es un proceso lento que utiliza la energía potencial para comprimir la materia en volúmenes más pequeños. Cuanto más se aprieta, más rápido se mueven las partículas y otros objetos, lo que provoca un aumento de la entropía.

El segundo gran acontecimiento cósmico tuvo lugar unos cuatrocientos milaños después del Big Bang, cuando los fotones se desacoplaron de los electrones y protones para convertirse en lo que hoy es la radiación de fondo de microondas. Los protones y electrones se unieron para formar los primeros átomos de hidrógeno, la materia tal como la conocemos. Estos átomos se desplazaron lentamente hacia los pozos gravitatorios excavados por los cúmulos de materia oscura y empezaron a comprimirse.

Como los fotones se habían desacoplado casi por completo de la materia, casi no había presión de radiación para contrarrestar la presión gravitatoria.[61] Unos doscientos millones de años después del Big Bang nacieron las primeras estrellas.

El resto es historia, aunque complicada y dramática. Mientras tanto, la energía libre se transforma en estructuras materiales cada vez más complejas, a medida que la entropía aumenta a trompicones. Surgen sistemas planetarios y la química explota en innumerables posibilidades hasta que, al menos en un mundo y potencialmente en más, los conjuntos moleculares capaces de autoproducirse y actuar metabolizan la energía y se reproducen, mientras aumentan la entropía a su alrededor (véase el capítulo 6). Algunos de ellos, podemos suponer, evolucionaron para poder pensar y hacerse preguntas sobre sus orígenes, su curiosidad impulsada por una aguda consciencia del paso del tiempo dada en la experiencia de la duración.

Comienzos confusos

Sin embargo, para que la narrativa que acabamos de describir funcione, es necesario dar un paso crucial. Debemos suponer que el universo comenzó en un estado de baja entropía en el pasado lejano, como encapsulado en un fluido de radiación uniforme. La radiación tiene menos entropía que la materia agrupada, especialmente que los agujeros negros. Pero ¿es razonable esta suposición? Evidentemente, si consideramos muchos comienzos posibles para el universo, los ejemplos con mayor entropía son mucho más comunes. Una condición inicial de baja entropía es un acontecimiento raro, pero necesario para que nuestra narrativa actual tenga sentido.

Esta necesidad de un estado inicial raro de baja entropía se ha denominado «hipótesis del pasado».[62] Ha habido muchos intentos de abordar la cuestión en modelos teóricos. Una vía ha sido conectar el principio del tiempo con una fase anterior al Big Bang en la que el tiempo corría hacia atrás, una especie de universo especular.[63] Otra posibilidad es considerar que las leyes de la física pueden haber variado muy al principio, antes de que el universo se asentara en su curso actual.[64] Los investigadores también han considerado que el universo pasa por una sucesión de fases de expansión y contracción, alcanzando una especie de estado de rebote que nunca llega a comprimir el espacio hasta un tamaño problemáticamente pequeño.[65]

Hasta la fecha, ninguno de estos modelos ha sido ampliamente aceptado por la comunidad científica como solución al problema de la baja entropía. Desde la perspectiva de nuestra crítica del punto ciego, podemos ver por qué. Los tres intentos mencionados extrapolan la física actual al principio del propio tiempo. Otros modelos hacen lo mismo, aunque no podemos fiarnos de ninguna extrapolación actual a épocas muy tempranas, dado que no disponemos de suficiente información empírica para fundamentar nuestras especulaciones. Por supuesto, entendemos que el objetivo de la especulación es llevar los límites del conocimiento actual a situaciones en las que pueda o no ser válido, con el fin de obtener cierto nivel de comprensión de las hipótesis viables. Debemos especular.

Sin embargo, al proponer modelos del comienzo cósmico se asume implícitamente que la matematización del tiempo como variable continua (o discreta) será útil a medida que descendamos a $t = 0$ o muy cerca de él. Los creadores de modelos suponen que las mismas leyes físicas que se aplican en el límite de nuestros experimentos actuales a altas energías se aplicarán a medida que nos acerquemos al principio del tiempo, donde las energías son miles de billones de veces superiores. Irónicamente, los escenarios actuales para abordar el misterio de la flecha del tiempo utilizan en ocasiones nuestra ignorancia de la naturaleza del tiempo cerca de la singularidad cósmica para proponer soluciones al problema del tiempo: el punto ciego se convierte en un principio rector para trazar nuevas ideas que conducen, como cabría esperar, a callejones sin salida.

El multiverso (un grupo hipotético de universos múltiples o paralelos) es un ejemplo. Existen esencialmente dos formas diferentes de pensar en el multiverso en cosmología: una a partir de los llamados modelos inflacionarios y otra a partir de la teoría de supercuerdas.

En el caso de la inflación, se supone que el universo primordial estaba lleno de un campo escalar que determinaba el ritmo de expansión cósmica. «Inflación» se refiere a un periodo de corta duración de expansión exponencialmente rápida en el que este campo escalar, a menudo llamado inflación, se desplaza de su mínimo energético. Este exceso de energía se traduce en una presión negativa efectiva que impulsa la expansión exponencial. Los detalles carecen de importancia aquí. El multiverso surge de esta imagen cuando se añaden efectos cuánticos a la dinámica de la inflación. Imaginemos el campo rodando por su curva de energía como un niño por un tobogán. Pero como se trata de un campo en el universo primitivo, las fluctuaciones cuánticas son importantes, y pueden hacer que el campo baje o suba por la curva de energía. Cuanta más energía tenga el campo, más rápido se expandirá el universo. Como resultado, en diferentes regiones del universo, este campo estará haciendo cosas diferentes. En algunas regiones, bajará, mientras que en otras subirá. El resultado neto es una proliferación de regiones cósmicas, cada una expandiéndose a un ritmo diferente, cada una generando un tipo diferente de universo. La suma total de estas regiones, cada vez más numerosas, es el multiverso de la cosmología inflacionista. Se supone que habitamos en una de ellas, separados para siempre de nuestros cosmoides vecinos.

En la teoría de supercuerdas, el multiverso surge al considerar que estas teorías se formulan en espacios con seis dimensiones espaciales adicionales. Estas dimensiones se enroscan en un espacio diminuto, de geometría complicada. La teoría efectiva que «vemos» en nuestras tres dimensiones espaciales ordinarias está directamente determinada por los detalles de la geometría de estas dimensiones extra. Una geometría diferente «allí» significa un tipo diferente de física aquí. El multiverso de cuerdas surge como una forma de paisaje de geometrías posibles. Cada universo se origina en un espacio extradimensional con su propia geometría particular. Resulta que esta geometría también determina los valores de los parámetros físicos de nuestro universo, como la masa del electrón o de los quarks, sus giros, etcétera. Así que cada universo del paisaje tendrá un tipo de física diferente. El nuestro resulta ser el que tiene los valores que están maduros para un universo longevo lleno de estrellas y, al menos aquí en este planeta, de vida. Los defensores de este tipo de multiverso afirman que responde a una pregunta fundamental sobre nuestro universo: ¿por qué está «sintonizado» para la vida? No lo está, afirman; es solo que nos ha «tocado» la lotería cósmica.

Consideremos estos dos multiversos bajo la lente de nuestra crítica del punto ciego. El multiverso inflacionario se basa en una enorme serie de extrapolaciones: que existió un campo escalar en épocas muy tempranas; que se modeló con un perfil energético de un tipo específico; que se cumplió la condición de entropía pequeña; y que los efectos cuánticos hicieron efectivamente lo que el modelo afirma que son capaces de hacer. Aunque convincentes, ninguna de estas suposiciones tiene una base empírica sólida. Son extrapolaciones de las condiciones conocidas en los experimentos actuales, muy alejadas del horno de un universo a los 10^{36} segundos del estallido. Las variaciones de este sencillo escenario requieren extrapolaciones similares. No está mal, por supuesto, extrapolar, como hemos subrayado antes. Pero es un error construir grandes narrativas explicativas con un sorprendente nivel de confianza basadas en tales extrapolaciones. Eso es objetivismo y sustitución subrepticia en acción. Que el modelo alcance cierto nivel de consistencia con las observaciones actuales (el llamado modelo Lambda-CDM) está muy lejos de su validación. La coherencia es lo mínimo que se puede esperar de una extrapolación; no es prueba de que la extrapolación sea válida como modelo de la realidad física.

El multiverso de cuerdas es aún más drástico. Aquí no solo tenemos la extrapolación de campos con comportamientos que nos son familiares a partir de condiciones que prevalecen mucho más tarde, sino también las siguientes suposiciones añadidas: (1) el espacio tiene seis dimensiones extra; (2) la supersimetría, una hipotética nueva simetría de la naturaleza que duplica el número de partículas, es válida; (3) el sustrato ontológico de la realidad física no son ni partículas ni campos, sino cuerdas vibrantes; (4) las muchas topologías del espacio extra de seis dimensiones se correlacionan de hecho con diferentes tipos de universo en el paisaje, siendo el nuestro uno de ellos; y (5) solo hay cuatro fuerzas fundamentales de la naturaleza, y pueden unificarse en una sola fuerza bajo este escenario.

El multiverso de cuerdas combina varias ideas erróneas de punto ciego, la más clara de las cuales es la falacia de la concreción equivocada —la falacia de confundir un edificio teórico, especulativo, matemático y muy abstracto, con la naturaleza misma—. El multiverso de cuerdas es un heredero directo del platonismo en la física moderna. Personifica la creencia —porque es una creencia— de que las matemáticas son el plano de los secretos de una descripción «monoteogeométrica» de la realidad física: la simetría se entiende como belleza, y la belleza en este sentido matemático es el camino hacia la verdad. La teoría de cuerdas también personifica la espiral de abstracción que caracterizó a la mecánica clásica cuando pasó de Newton a Hamilton y Poincaré, pero con la diferencia fundamental y crítica de que su realidad postulada está muy alejada de la validación empírica. La teoría de cuerdas es la cúspide del punto ciego de la física moderna, una ilustración de la confusión entre abstracción matemática y naturaleza contra la que advertía Whitehead.

En el futuro, es probable que obtengamos más información empírica sobre el pasado distante del universo, los fósiles de la cosmología. Estos datos ayudarán sin duda a fundamentar nuestros modelos que intentan construir una narrativa de las condiciones físicas cercanas al principio. Sin embargo, no podemos esperar de forma realista tender un puente que vincule nuestra experiencia del tiempo, el ingrediente esencial en todas las mediciones del tiempo, con las condiciones iniciales que pusieron al universo en su curso. Un puente así tendría que llevarnos fuera del reino del tiempo y el espacio, fuera del universo, más allá de la ciencia tal como la conocemos, dándonos una perspectiva semejante a la de Dios, que, como hemos visto, es una ficción.

Concluimos este capítulo con unas palabras sobre la cuestión del comienzo del tiempo. Culturas de todo el mundo se han sentido fascinadas por el origen de todas las cosas y han creado relatos míticos que intentan dar sentido a las que quizá sean las preguntas más difíciles que podemos hacernos: ¿cómo empezó el universo? ¿Cuál es el origen del tiempo? ¿Por qué hay algo en lugar de nada? Los mitos de la creación son un puente entre lo incognoscible y lo cognoscible. Muchos de ellos vinculan la idea de la causa que inició todas las causas a la intervención sobrenatural. Postulan una primera causa en forma de Dios o deidad. Otras tradiciones consideran que el universo no tiene principio. Vemos una divergencia similar en las filosofías sistemáticas posteriores. Así, mientras que Aristóteles introdujo su eterno motor inmóvil como primera causa del sistema causal único del universo, filósofos budistas medievales indios como Dharmakīrti y Ratnakīrti argumentaron que la idea misma de que algo sea eterno y al mismo tiempo pueda actuar como causa, o más en general, la idea de una primera causa que no fuera a su vez efecto de otra cosa, es contradictoria.[66]

La ciencia, por supuesto, no puede recurrir a la intervención sobrenatural, ni a argumentos *a priori* sobre la necesidad de una causa primera, por lo que se topa de bruces con el problema de la primera causa. Aun así, algunos científicos han afirmado haber resuelto el problema de la primera causa añadiendo efectos cuánticos al espacio-tiempo clásico en una «cosmología cuántica». Los modelos son elegantes y cautivadores, pero carecen de poder explicativo. Todos ellos son consecuencia del punto ciego, de elevar muchos supuestos físicos de trabajo al nivel de axiomas, y de construir mapas fabulistas que se parecen más a dispositivos interpretativos útiles que a auténticos mapas de la realidad. Se necesitan muchos conceptos para construir esos modelos de cosmología cuántica —campos, energía, espacio-tiempo, leyes de conservación, hamiltonianos, minisuperespacio, ecuaciones de Wheeler-DeWitt— y ninguno de ellos está justificado *a priori*. Los modelos son mapas, y los mapas solo funcionan bien cuando los cartógrafos conocen el terreno que están cartografiando. Los modelos de cosmología cuántica viven dentro de las regiones «Aquí hay monstruos» del mapa. Podemos aceptar que son fabulaciones o, alternativamente, aceptar que ciertas cuestiones transgreden los límites de la ciencia. ¿Quién ha decretado que la ciencia debe ser capaz de responder a todas las preguntas sobre la realidad? Si lo que podemos decir del mundo depende de nuestra experiencia del mundo, describir lo que está más allá de cualquier posibilidad de confirmación experiencial pertenece al reino de los dioses, no de las personas.

Parte III.
Vida y mente

6. Vida

La vida en el punto ciego

La vida es una sorpresa, al menos desde el punto de vista de la física y la química. Si a un sistema avanzado de IA se le dieran todas las leyes de la mecánica, todas las ecuaciones del electromagnetismo y todas las tablas de todas las posibles cadenas de reacciones químicas, seguiría sin estar claro si alguna vez tropezaría con los tipos de sistemas que llamamos «vivos». Peor aún, si se le presentaran tales sistemas, ni siquiera está claro que los reconociera como vivos. Conociendo solo las leyes de la física y la química, podría ser incapaz de reconocer que los sistemas vivos —el reino de lo biótico— son diferentes de los no vivos —el reino de lo abiótico— .

Nuestro sistema de IA imaginario no está vivo. Es una inteligencia puramente computacional, sin cuerpo vivo ni metabolismo y, por tanto, sin necesidad de renovarse y mantenerse constantemente. Su conocimiento está limitado por cierto tipo de modelo del mundo, lo que los investigadores de IA llaman «ontología cognitiva», una especificación de los tipos de cosas que existen en el mundo y las relaciones entre ellas. La física y la química agotan su ontología. ¿Cómo podría reconocer la vida un sistema de inteligencia artificial sin vida ni cuerpo? ¿Cómo podría saber qué fenómenos son seres vivos? ¿Cómo podría decir que la función del corazón es bombear sangre y no emitir sonidos, ya que ambos son efectos físicos por igual? ¿Cómo podría distinguir entre un proceso sano y uno patológico, ya que las leyes de la física y la química no los diferencian? Como escribe el filósofo y médico francés Georges Canguilhem, «mientras que los monstruos siguen siendo seres vivos, en la física y la mecánica no hay distinción entre lo normal y lo patológico. La distinción entre lo normal y lo patológico solo es válida para los seres vivos».[1] En resumen, ¿cómo podría nuestro sistema de IA, al estar confinado a una representación fisicoquímica del mundo y carecer del concepto de ser vivo, por no hablar de la experiencia de estar vivo, ser capaz de enfocarse en los organismos, por no hablar de distinguir dentro de ellos entre función y efecto secundario, o salud y enfermedad?

Pero sabemos que hay vida. Experimentamos nuestros cuerpos vivos desde dentro, y reconocemos otros cuerpos como vivos. Esta experiencia se produce mucho antes de que aprendamos biología, y es una condición de posibilidad de la biología, aunque esta la enriquezca y la revise. Ciertamente, hemos ampliado enormemente nuestra percepción y comprensión del mundo vivo, gracias a la biología y a las herramientas y métodos del taller científico. Aun así, solo la vida puede conocer la vida, como escribe el filósofo Hans Jonas.[2] El biólogo puede validar nuestra experiencia de la vida *a posteriori*, y puede profundizarla y enmendarla, pero no puede renunciar a ella. Esto es cierto no solo en la práctica, sino también en principio: como sostiene Jonas, un dios físicoquímico, matemático incorpóreo, sería incapaz de delimitar a los seres vivos en el flujo físicoquímico.[3] Solo percibiría el flujo de átomos y moléculas, pero no la individualidad del organismo, ni cómo la organización del organismo canaliza el flujo molecular. Sin la experiencia de la corporeidad y el concepto *sui generis* de la vida, un dios así no tendría forma de reconocer la forma o patrón permanente que delimita un organismo como individuo persistente en el incesante movimiento de moléculas, átomos y partículas elementales.

Este extraño bucle —que hace falta vida para reconocer la vida— es lo que oculta el punto ciego cuando se trata de biología. Del mismo modo que la ciencia de la termodinámica presupone nuestra experiencia corporal del calor, la ciencia de la biología presupone nuestra experiencia de la vida. Nuestra experiencia perceptiva, y no el análisis fisicoquímico o funcional, es lo que nos permite en primera instancia discernir los movimientos físicos como comportamientos —como la natación en peces o bacterias, el vuelo en aves o insectos, o el crecimiento en plantas— aunque nuestra percepción a veces se equivoque al atribuir vida a artefactos no vivos. La biología presupone la experiencia que la vida tiene de sí misma. La amnesia de esta experiencia define la concepción del punto ciego de la biología.

En este capítulo, pasamos de la física de la materia y del tiempo a la biología de la vida. La ciencia ha avanzado extraordinariamente en la comprensión de las bases moleculares de la vida gracias a los descubrimientos del ADN, el ARN y la síntesis de proteínas. Gran parte de ese progreso se ha basado en la aplicación del método de microrreducción (analizar un todo en función de las propiedades de sus partes). En consecuencia, la perspectiva del punto ciego sobre la vida se apoya en gran medida en la metafísica del reduccionismo (la idea de que las propiedades de los sistemas complejos están determinadas exclusivamente por las propiedades de sus partes). Para la metafísica reduccionista, la vida no es más que una maquinaria molecular. Esta forma de pensar es un caso de sustitución subrepticia, de sustitución de un método a veces útil, por una metafísica.

Sin embargo, la metafísica de la vida como máquina es profundamente errónea. La metáfora de la máquina solo es válida para las partes abstraídas de su contexto, pero no para los conjuntos autoproductivos y autosuficientes. Los organismos, como sistemas completos organizados, se producen, se reparan y, en general, se mantienen a sí mismos. Este tipo de organización sistémica se denomina «autonomía biológica».[4] La autoindividuación, la agencia y la autonomía dependiente —«libertad necesitada», en palabras de Jonas— hacen que la vida no se parezca a nada en la naturaleza, ni a nada que fabriquemos. La metafísica de la vida como máquina no capta este modo único de ser y de organizarse y, por tanto, fracasa en su tarea explicativa.

Además del reduccionismo, otros rasgos distintivos del punto ciego, en particular el fisicalismo y el epifenomenalismo, aparecen en los tratamientos mecanicistas de la vida. En su raíz se encuentra la bifurcación de la naturaleza, que exige que los rasgos más destacados de la vida, como la autonomía y la agencia, se separen como epifenómenos de procesos moleculares más fundamentales. Partes estrechamente definidas, como los genes abstraídos del contexto de desarrollo del organismo y su entorno, se elevan a la categoría de esencia de la vida. Estas partes sustituyen subrepticiamente al todo, al organismo que se autoproduce y construye el mundo, dejándolo oculto y sin explicación.

Nos centraremos en cómo los avances de la biología exigen que sustituyamos la concepción del punto ciego de la vida como una máquina molecular por una perspectiva de la vida que haga hincapié en la autonomía biológica y el devenir histórico abierto.

Incendios, huracanes y estrellas

A pesar de los espectaculares avances de la bioquímica y la genética, todavía no hay consenso sobre cómo definir la vida, ni sobre cómo caracterizar exactamente la diferencia entre los seres vivos y los sistemas físicos no vivos. Consideremos tres sistemas físicos diferentes: incendios, huracanes y estrellas. Los tres tienen las propiedades termodinámicas generales de las llamadas «estructuras disipativas», es decir, sistemas que funcionan lejos del equilibrio termodinámico, intercambiando materia y energía con su entorno. Generan patrones a gran escala (como el ciclón de un huracán) a medida que la energía que fluye a través de ellos los desplaza del equilibrio. Aunque las estructuras disipativas abundan en los sistemas vivos, ser una estructura disipativa no basta para ser un organismo: los incendios, los huracanes y las estrellas no son organismos. Destacar las diferencias entre estos sistemas y los organismos puede ayudarnos a reflexionar sobre qué es y qué hace la vida.

Consideremos primero los incendios. Los incendios se propagan y se alimentan de su entorno para mantenerse. Consumen oxígeno para seguir ardiendo, por lo que son sistemas termodinámicos abiertos, como los seres vivos. Si se dan las condiciones adecuadas, los incendios se multiplican, a menudo con consecuencias devastadoras. Pero sabemos que los incendios son diferentes de los organismos. No llamaríamos proceso metabólico a la combustión de oxígeno. A diferencia de una célula, un incendio no tiene un límite físico producido internamente. En términos geométricos, un fuego tiene una forma física cambiante, pero no una unidad topológica gracias a una membrana. Tampoco consideraríamos la propagación de un fuego como una forma de reproducción. Un fuego no duplica sus estructuras y se divide en dos, como ocurre en la división celular. Un fuego tampoco se replica: no sirve de plantilla para crear otro fuego, como ocurre en la replicación del ADN. Por estas razones, los fuegos no tienen una historia evolutiva. No forman linajes con conservación y variación de características estructurales de una generación a otra. Por último, los incendios no tienen un objetivo. Si un incendio desciende por un barranco hacia un arroyo, seguirá ardiendo hasta que se detenga junto al agua y acabe extinguiéndose. No buscará más combustible para seguir ardiendo. Una célula, sin embargo, regula de forma adaptativa el flujo de materia y energía para mantenerse en un estado alejado del equilibrio, al tiempo que evita condiciones perjudiciales para ella y altera el entorno de forma que favorezca su propia continuidad.

¿Y los huracanes? Al igual que los incendios, son sistemas complejos persistentes, lejos del equilibrio de los sistemas complejos que necesitan el apoyo medioambiental adecuado para existir y mantenerse. Viajan y están estrechamente ligados a las condiciones locales de humedad, presión y temperatura. Mientras las condiciones atmosféricas sean favorables, mantienen su forma básica. La Gran Mancha Roja de Júpiter es una gigantesca tormenta anticiclónica que ha perdurado durante al menos cuatrocientos años. Pero, al igual que ocurre con los incendios, no podemos equiparar estas propiedades de los huracanes con la vida de una célula.

Las estrellas son similares. Son autosuficientes, en el sentido de que convierten la energía potencial gravitatoria (implosionan lentamente) en las altísimas presiones y temperaturas de sus núcleos que promueven las reacciones de fusión nuclear necesarias para mantenerse. Incluso podríamos decir que las estrellas son entidades autocanibalizadoras que «comen» sus propias entrañas para sobrevivir. Las estrellas existen gracias a un constante tira y afloja entre la gravedad, que intenta apretarlas hacia dentro, y la fusión nuclear, que intenta hacerlas estallar. Sorprendentemente, esta situación aparentemente inestable puede hacerlas estables durante miles de millones de años. Nuestro Sol, una estrella de tamaño modesto de poco menos de cinco mil millones de años, se encuentra aproximadamente en la mitad de su «ciclo vital» (nótese la nomenclatura). Las estrellas se forman en regiones ricas en gases y elementos químicos llamadas «viveros estelares». Cuando una estrella agota el combustible de su núcleo, «muere» en una enorme explosión, creando ondas de choque que se propagan y esparcen su material por el espacio interestelar. Cuando estas ondas de choque de la estrella moribunda chocan con nubes de gas, pueden desencadenar la formación de nuevas estrellas. En cierto sentido, las estrellas se reproducen y comparten parte de su materia original con las estrellas nacientes.

Hay poesía en el ciclo de vida y muerte de las estrellas, que cobra sentido gracias a nuestra propia experiencia vital. Estamos tan imbuidos de vida que tendemos a verla en todas partes. Sin embargo, las estrellas no están vivas como los organismos. No tienen metabolismo ni se reproducen para formar linajes históricos de duración indefinida.

Los organismos son distintos fundamentalmente de los incendios, los huracanes y las estrellas. No se limitan a autoorganizarse y automantenerse. También se autoproducen y construyen el mundo, y generan linajes históricos reproduciéndose y evolucionando. Estos son los aspectos en los que vamos a centrarnos.

Desaparición y retorno del organismo

Cuando utilizamos la palabra *organismo*, nos referimos a un ser vivo, entendido como un sistema organizado. De hecho, el término *organismo* se introdujo en el siglo XVIII para designar el tipo de organización de los seres vivos, en contraste con la organización de las máquinas. Solo más tarde, en el siglo XIX, la palabra pasó a referirse a los seres vivos individuales.[5] Así pues, el concepto de organismo contiene implícitamente la idea de que los seres vivos tienen una organización única que los diferencia tanto de las cosas físicas no vivas como de las máquinas.

Fue precisamente esta idea la que desapareció a mediados del siglo XX con el auge de la biología molecular y la concepción de los seres vivos como máquinas moleculares. Los biólogos moleculares, utilizando métodos de la biofísica y la bioquímica, y conceptos y modelos explicativos de la cibernética, la teoría de la información y la informática, intentaron explicar todos los fenómenos biológicos en última instancia en función de las propiedades estructurales de las macromoléculas. Anteriormente, en la década de 1930, los arquitectos de la llamada síntesis moderna habían fusionado la teoría de la evolución por selección natural de Darwin con la genética mendeliana, reformulada como genética de poblaciones. Con la posterior identificación de los genes con segmentos de ADN, el organismo, como concepto explicativo, desapareció en favor de entidades moleculares, por un lado, y de poblaciones descritas en términos de su composición genética, por otro. Aunque siempre hubo disidentes de este marco, como el Club de Biología Teórica en los años treinta (cuyos miembros estaban influidos por la filosofía procesual del organismo de Whitehead) y Barry Commoner en los sesenta (más tarde conocido por su activismo ecologista), el concepto de organismo volvió a cobrar importancia solo hacia finales del siglo XX, espoleado por las enérgicas críticas a la biología molecular reduccionista y la síntesis moderna, y por un renovado interés por el problema teórico de explicar la organización de la vida.[6]

El genocentrismo, la postura según la cual las unidades fundamentales de la vida son los genes y no los organismos, fue el principal blanco de estas críticas. Según el genocentrismo, los organismos son vehículos hechos por y para los genes. Aunque, en sentido estricto, se suponía que los genes eran entidades funcionales abstractas que obedecían a las leyes de la herencia de Mendel, ahora se identificaban con longitudes de ADN. Esta fusión de función y estructura física llevó a los genes a cumplir en biología el mismo propósito reduccionista que los átomos cumplían tradicionalmente en física.[7] Así, durante la segunda mitad del siglo XX, muchos biólogos moleculares entendieron que su proyecto consistía en explicar los fenómenos vivos como epifenómenos de los genes.

Pero no todos los biólogos pensaban así. Ya en 1965 Barry Commoner escribió: «La especificidad bioquímica que rige la precisión con la que los efectos hereditarios se transmiten de padres a hijos no se origina en una sola molécula, sino en una compleja red de interacciones moleculares… Todo el complejo sistema de la célula viva, incluido el ADN y diversas enzimas, es la fuente de la especificidad bioquímica de la célula que es transmisible en la herencia. A pesar de la "genética molecular" moderna, la teoría de la célula sigue vigente».[8] En otras palabras, todo lo relativo a la especificidad bioquímica —replicación del ADN, síntesis de proteínas y metabolismo (tasas de reacción, series enlazadas de reacciones químicas)— ocurre dentro de una célula y en virtud del contexto y las limitaciones habilitantes de la organización funcional de la célula en su conjunto. Así pues, la célula, como organismo unicelular, o como parte de un organismo pluricelular, sigue siendo primordial. Como escribió Commoner, «el ADN no es ni un "código" genético autosuficiente, ni la "química maestra" de la célula... En su lugar, la herencia depende de interacciones multimoleculares que no ocurren en un sistema menos complejo que el de la célula intacta; la autoduplicación no es, por tanto, un atributo molecular del ADN, sino una propiedad de toda la célula».[9]

Sin embargo, la estrategia reduccionista de descomponer el organismo (la célula) en sus partes resultó ser un método tan poderoso para investigar las biomoléculas que se olvidó una verdad crucial: las propiedades de cada parte dependen de las interrelaciones de las partes y del contexto de las partes dentro del todo. Como consecuencia del olvido de esta verdad, se sustituyó subrepticiamente un método de investigación útil por una ontología injustificada: la vida como máquina molecular.

Un efecto prevalente de este caso de sustitución subrepticia de la biología molecular es el «animismo molecular», la proyección en las moléculas de la agencia animada propia de los organismos. En palabras del filósofo Daniel Nicholson:

> Se trata de la tendencia a antropomorfizar las moléculas llamándolas «reguladoras», «integradoras», «organizadoras», etc., atribuyéndoles los efectos reguladores, integradores y organizadores que en realidad surgen de la actividad coordinada de todo el sistema. El hábito erróneo de otorgarles roles causales privilegiados a las moléculas en las explicaciones de los fenómenos celulares se debe

> a que no se comprende que todo lo que ocurre dentro de una célula (por ejemplo, la replicación del ADN, la síntesis de proteínas, el tráfico de membranas, etc.) sucede en virtud de las condiciones propicias que ofrece la organización funcional preexistente de la célula en su conjunto.[10]

La célula crea el entorno estable y protector fuera del cual la replicación del ADN y la síntesis de proteínas no pueden tener lugar, mientras que la célula es el resultado de esos procesos moleculares.

El creciente reconocimiento de que entender el todo en términos de sus partes requiere entender las partes en términos del todo está detrás del retorno del organismo como concepto explicativo fundamental para entender la complejidad biológica. Los procesos moleculares locales que permiten el desarrollo y la evolución deben entenderse dentro del contexto globalmente organizado de la célula que los hace posibles en primer lugar.

Pero ¿qué es exactamente esta organización global? Evidentemente, no es la suma de las partes, porque las partes adquieren su condición de tales solo en virtud de cómo se organizan entre sí. Por lo tanto, necesitamos una explicación independiente de la organización propia del organismo, en particular, una que describa cómo el organismo mantiene su organización produciendo, descomponiendo y sustituyendo continuamente las partes que constituyen esa organización. Esta organización autoproductiva del organismo es nuestro próximo tema.

Lo que hace diferente a la vida: autonomía y agencia

Desde que Erwin Schrödinger popularizara la idea en su libro *¿Qué es la vida?*, publicado por primera vez en 1944, los científicos han buscado principios universales que diferencien los sistemas vivos de los no vivos.[11] La esperanza ha sido encontrar una «gran teoría unificada» de la vida, idealmente enunciable en el lenguaje de la física. Sin embargo, setenta años después de la aparición de *¿Qué es la vida?* no se ha encontrado tal teoría, a pesar de los muchos avances en biología teórica y matemática. Existen diversas explicaciones de por qué sigue siendo así. Schrödinger especuló que, para la estructura de la materia viva, «debemos estar preparados para encontrar un nuevo tipo de ley física que prevalezca en ella».[12] Unas décadas más tarde, el físico matemático Eugene Wigner sugirió que la física microscópica actual, en particular la física cuántica, puede presuponer situaciones en las que la vida está ausente y puede ser válida solo en esas condiciones especiales, no universalmente. Especuló con la posibilidad de que hubiera que modificar las leyes de la física para tener en cuenta la vida.[13] Sin embargo, otros científicos, de los que hablaremos más adelante, sostienen que la clave para comprender la vida es introducir nuevos principios de organización biológica que no contravengan las leyes fisicoquímicas existentes, pero que no sean reducibles a ellas ni expresables en términos de ellas.[14] Una cosa que está clara es que las características clave de la vida la sitúan en una categoría aparte de la de las estructuras disipativas sin equilibrio.

Muchas de estas características giran en torno al prefijo «yo». Estar vivo es autoindividuarse, dividir la existencia en la díada del yo frente al mundo. Un sistema vivo se construye a sí mismo constantemente, diferenciándose de su entorno y alterándolo de forma que favorezca su propia continuidad. En otras palabras, un sistema vivo posee autonomía y agencia: produce, mantiene y regenera las partes y procesos que constituyen su funcionamiento como un todo integrado y autogobernado (autonomía), a la vez que promueve las condiciones ambientales favorables para su propia existencia, y evita activamente las condiciones que la amenazan (agencia). La autonomía y la agencia son lo que tenemos que investigar para entender en qué se diferencia la vida de las meras estructuras disipativas.

La organización es el concepto clave para comprender la autonomía biológica. Introducido por Immanuel Kant para describir el carácter único de la vida, «organización» se refiere a cómo las partes de un organismo existen para y por medio del todo, y el todo existe para y por medio de las partes.[15] Las distintas partes de un organismo desempeñan funciones causales únicas, al tiempo que se interrelacionan para generar y encarnar un todo integrado. Según Kant, los organismos se autoorganizan: sus partes se producen recíprocamente y constituyen así un todo organizado que es también una condición para su propia existencia y funcionamiento.[16] Por poner un ejemplo desconocido para Kant, las enzimas de las células vivas se producen en vías metabólicas (series enlazadas de reacciones químicas) facilitadas por otras enzimas, que a su vez se producen con la ayuda de otras enzimas, de forma cíclica y recursiva, con todas las vías metabólicas constreñidas por la condición límite de la membrana celular, que a su vez es un producto de las vías metabólicas. Este tipo de autoorganización es cualitativamente diferente de la formación de estructuras disipativas fisicoquímicas: implica una enorme diversidad de interacciones moleculares que se adecuan y producen mutuamente bajo la condición límite de una membrana que resulta de un subconjunto de esas mismas interacciones.

La idea de Kant de la autoorganización biológica fue fundamental para la biología del siglo XIX, especialmente en la Europa continental, y para la embriología de la primera mitad del siglo XX. En la segunda mitad del siglo XX, sin embargo, la idea fue dejada de lado por el auge de la biología molecular y la genética, en particular por la idea errónea de que los genes determinan la organización biológica. Aunque esta idea conformó inicialmente la perspectiva de la biología molecular, es lógicamente separable de ella. De hecho, la propia biología molecular deja claro que la expresión génica siempre se produce dentro de un sistema biológicamente autoorganizado (una célula), y presupone la presencia de ese sistema como condición necesaria para que se produzca. Aunque los genes desempeñan un papel crucial en la organización biológica, también son consecuencias de la organización, no determinantes de ella.

En las últimas décadas, la idea de organización se ha recuperado y se ha vuelto a poner en práctica en biología.[17] En los años sesenta y setenta se dio un paso crucial con la idea de que la organización biológica puede describirse utilizando el concepto de cierre o clausura.[18] En su sentido matemático, «cierre» significa que una operación sobre los miembros de un conjunto siempre produce un miembro del mismo conjunto. Por ejemplo, el conjunto de los números reales es cerrado bajo adición porque la suma de dos números reales siempre produce otro número real. En el contexto biológico, «cierre» significa que un proceso (como la síntesis de proteínas) produce elementos (como las enzimas) que componen y permiten ese proceso, de modo que el proceso y los elementos son mutuamente dependientes.

El psicólogo Jean Piaget fue uno de los primeros teóricos en aplicar el concepto de cierre a los procesos biológicos en su obra de 1967 *Biología y conocimiento*.[19] Describió cómo un organismo debe estar a la vez termodinámicamente abierto a los intercambios con el entorno, y organizacionalmente cerrado, en el sentido de estar compuesto por elementos que mantienen una organización cíclica regenerándose a través de cadenas de dependencia mutua.[20]

Una década más tarde, el neurobiólogo Francisco Varela introdujo el concepto de «cierre organizacional» y lo utilizó para definir un sistema autónomo.[21] Para que un sistema sea autónomo, los procesos que lo componen deben tener cierre organizacional. Esto significa que los procesos dependen recursivamente unos de otros para generarse mutuamente, como una red y, por tanto, constituyen el sistema como una unidad. El paradigma es una célula viva. En palabras de Varela: «Una célula sobresale de una sopa molecular mediante la definición y especificación de límites que la distinguen de lo que no es. Sin embargo, esta especificación de límites se hace a través de producciones moleculares posibilitadas por las propias fronteras».[22] En la versión unicelular de la autonomía biológica, los procesos constitutivos son bioquímicos, y su interdependencia recursiva adopta la forma de una red autoproductora que también genera y mantiene sus propias condiciones de contorno, en particular su membrana. La creación de la membrana define el interior y el exterior, pero solo teniendo un interior y un exterior se pueden tener los procesos que crean la membrana. Varela, junto con su mentor y colega Humberto Maturana, llamó a este tipo de autonomía celular «autopoiesis».[23]

El biólogo teórico Robert Rosen fue otro importante científico que utilizó el concepto de cierre para describir la organización del organismo.[24] Utilizó la distinción de Aristóteles entre causa material (aquello a partir de lo cual se hace algo) y causa eficiente (la fuente primaria del cambio) para afirmar que un organismo está «cerrado a la causalidad eficiente». Esto significa que cualquier cosa dentro de un organismo que sea causa eficiente de algún proceso se produce materialmente dentro del organismo. Concretamente, todo catalizador (enzima) necesario para el metabolismo es un producto del metabolismo, por lo que no es necesaria ninguna actividad catalítica exterior para mantener el organismo.

Por la misma época, Stuart Kauffman propuso y exploró modelos de lo que llamó «conjuntos colectivamente autocatalíticos». Un conjunto de moléculas colectivamente autocatalítico es aquel que, en su conjunto, cataliza la formación de todos los miembros del conjunto, sin que ninguna molécula catalice su propia formación. El conjunto alcanza así el «cierre catalítico».[25]

En trabajos posteriores, Kauffman dio un paso más al fundamentar termodinámicamente estas ideas en lo que denominó un «ciclo de trabajo-restricción».[26] Para utilizar un flujo de energía con el fin de generar trabajo en lugar de calor, es necesario restringir el flujo de energía: hay que limitar sus grados de libertad. Así, el trabajo puede considerarse una liberación limitada de energía. Si un sistema utiliza el trabajo para regenerar al menos algunas de las restricciones que hacen posible el trabajo, entonces encarna un ciclo trabajo-restricción. En palabras de Kauffman, «el trabajo engendra restricciones que engendran trabajo». Este es el caso de un organismo. A diferencia de las paredes del cilindro de un motor, que limitan la combustión, las limitaciones que permiten a un organismo canalizar el flujo de energía no están preestablecidas, ni se fabrican desde el exterior. Las produce y mantiene el propio organismo. El organismo utiliza el trabajo generado por las restricciones (como la estructura de la membrana, o una enzima que facilita una reacción química) para generar esas mismas restricciones (reconstruir la membrana o producir enzimas). Así pues, la autonomía biológica, el hecho de que los organismos, en palabras de Kauffman, «actúen por sí mismos», se fundamenta termodinámicamente en el cierre organizacional de los ciclos de trabajo-restricción.

Los biólogos teóricos y filósofos Maël Montévil y Matteo Mossio, junto con el matemático Giuseppe Longo y el filósofo Álvaro Moreno, han sintetizado y desarrollado estas ideas en su explicación del «cierre de restricciones» como base única de la organización y la autonomía biológicas.[27] Entienden una restricción como una estructura que, aunque actúa sobre un proceso determinado, no se ve afectada por él en una escala temporal específica. Por ejemplo, el sistema vascular transporta la sangre sin verse alterado por el flujo sanguíneo en la misma escala temporal, y una enzima cataliza una reacción sin agotarse en ella. En física, las restricciones suelen ser estructuras independientes que no dependen de lo que limitan para su existencia y mantenimiento. Por ejemplo, un plano inclinado limita el rodamiento de una pelota, pero el rodamiento de la pelota no contribuye a la existencia y mantenimiento del plano. En biología, sin embargo, las limitaciones (el sistema vascular, las vías metabólicas) suelen depender de lo que limitan (el suministro de oxígeno, las enzimas) para su existencia y mantenimiento. En particular, en un organismo, «la existencia de un conjunto de restricciones depende colectivamente de las acciones que ejercen sobre los procesos y la dinámica. Cuando esto ocurre, puede decirse que el conjunto de restricciones mutuamente dependientes realiza el cierre y, por tanto, está organizado».[28] El cierre organizacional, entendido como cierre de restricciones, «alcanza una forma de "autodeterminación", en el sentido preciso de que las condiciones de existencia de las restricciones sujetas a cierre... se determinan dentro de la propia organización».[29] Así pues, el cierre de las restricciones implica autonomía (autodeterminación).

La función biológica se basa en la autonomía mediante el cierre de restricciones. La función del corazón es bombear sangre, no emitir sonidos, porque bombear sangre contribuye al cierre de restricciones del organismo (autonomía), mientras que emitir sonidos no.[30] En otras palabras, de los innumerables efectos causales de un proceso dado, los efectos necesarios para el cierre de la restricción son las funcionales.

La autonomía (autodeterminación) también subyace a la agencia (ser capaz de interactuar con el mundo para promover condiciones favorables y evitar las peligrosas). Pensemos en las bacterias, uno de los organismos más antiguos, más pequeños y estructuralmente más simples. Son sistemas autopoiéticos que se regulan de forma adaptativa entre sí y en función de las condiciones cambiantes del entorno. Las bacterias se comunican entre sí mediante señales químicas y regulan así la expresión génica de las demás en respuesta a las fluctuaciones de la densidad de su población celular, un comportamiento denominado «detección de cuórum». También se mueven hacia lo que los atrae y se alejan de lo que los repele, un comportamiento conocido como quimiotaxis. Su movimiento no es pasivo, sino activamente dirigido. Las bacterias móviles nadan por medio de flagelos incrustados en sus membranas. Giran sus flagelos para formar una hélice que empuja el cuerpo celular hacia delante o para desplazarse aleatoriamente. Mientras se mueven, son capaces de registrar los cambios que se producen con el tiempo en la concentración de atrayentes o repelentes. Las células mantienen su rumbo mientras detectan un aumento del nivel de nutrientes. Si el nivel de nutrientes disminuye, las células comienzan a dar tumbos al azar hasta que encuentran una orientación en la que vuelven a detectar un aumento, momento en el que se dirigen en esa dirección. Repitiendo estos comportamientos —nadando en la misma dirección mientras las condiciones mejoran o no empeoran, y dando tumbos cuando las condiciones empiezan a deteriorarse o invirtiendo el rumbo cuando encuentran toxinas— las bacterias pueden recorrer largas distancias hacia lugares favorables y alejarse de los perjudiciales. La detección del cuórum y la quimiotaxis son ejemplos de agencia: las células responden activamente a su entorno y cambian su relación con él para mantener su autonomía.[31]

Desde esta perspectiva, la agencia es la capacidad de un sistema autónomo para regular sus interacciones con el entorno y, de este modo, garantizar su propio mantenimiento y autodeterminación.[32] Los agentes adaptativos modulan su comportamiento en relación con las condiciones registradas como mejorables o deterioradas, viables o inviables, a fin de preservar su viabilidad.[33] Responden activamente a su entorno y entre sí. Estas capacidades son las características esenciales de los organismos. A diferencia de otros sistemas físicos, como los incendios, los huracanes o las estrellas, los organismos son agentes autónomos y adaptativos.

Vivir es creación de sentido en condiciones precarias

La autonomía y la agencia implican la creación de sentido. Los organismos son seres creadores de sentido. Crean mundos relevantes. Se relacionan con entornos estructurados por sus acciones y por lo que es relevante para su viabilidad. Los seres vivos dividen su entorno en cosas que tienen un valor positivo o negativo, o que son neutras, o que no tienen ningún significado, que quedan totalmente fuera de la esfera de la relevancia. En palabras de Varela, vivir es crear sentido.[34]

Consideremos, de nuevo, la quimiotaxis bacteriana. Las bacterias nadan por un gradiente de sacarosa, que pueden metabolizar como nutriente. La sacarosa significa alimento para estos organismos. ¿De dónde procede este tipo de significado? Visto desde una perspectiva puramente fisicoquímica, el gradiente de sacarosa no es más que una concentración variable de disacáridos (moléculas de dos partes). No tiene ningún sentido, significado o valor inherente. El hecho de que sea un alimento no es intrínseco a su estructura fisicoquímica. Tampoco es alimento solo porque pueda unirse a otras moléculas de la membrana celular. Más bien, la sacarosa solo significa alimento dada la bacteria como agente autónomo que debe mantener su viabilidad. El significado no reside en el nivel molecular, sino en el nivel de la agencia autónoma, es decir, en el nivel del organismo como totalidad. La sacarosa significa alimento porque contribuye a la autodeterminación de la bacteria (cierre organizacional). La sacarosa tiene significado y valor como alimento en el mundo microbiano que surge con las bacterias y otros microbios. Por supuesto, este tipo de importancia depende de la estructura fisicoquímica de la sacarosa, de su capacidad para formar un gradiente, atravesar una membrana celular, etcétera. Sin embargo, la importancia de la sacarosa como alimento solo surge cuando la célula bacteriana es un agente autónomo que debe preservar su autodeterminación y permanecer dentro de su zona de viabilidad.

Algunos investigadores utilizan el concepto de información semántica para describir este tipo de significado.[35] Lo importante es distinguir entre información sintáctica e información semántica. La teoría de la información, la teoría de la comunicación de la información digital formulada originalmente por Claude Shannon, no es una teoría de la información semántica (significado, sentido o significancia). En su lugar, proporciona medidas de correlaciones estadísticas entre eventos o sistemas. Son medidas de la llamada información sintáctica. Cuando decimos «el humo significa fuego» o «los anillos de los árboles indican la edad», utilizamos «significa» o «indica» para referirnos a correlaciones físicas. Pero cuando decimos «sacarosa significa alimento para una bacteria», aquí la «significación» no puede reducirse a correlaciones estadísticas de sacarosa, transducción de membrana y absorción metabólica. La «información semántica» se refiere a las correlaciones que tienen un significado para el automantenimiento de un sistema como agente autónomo. La sacarosa tiene un significado (información semántica) para la bacteria como agente autodeterminado (autónomo) que debe mantener su viabilidad. La bacteria considera que las condiciones mejoran o empeoran, y trabaja para mantenerse dentro de su zona de viabilidad. El gradiente de sacarosa es una diferencia que influye en su viabilidad. La relación entre la sacarosa y la viabilidad (entre el ascenso por un gradiente de sacarosa y el aumento de la viabilidad) tiene un significado (contiene información semántica) para la bacteria como agente autónomo.

La necesidad de mantener la viabilidad surge de estar constantemente desafiados por las condiciones precarias de un universo termodinámico. De este modo, la afirmación de Varela de que vivir es crear sentido puede ampliarse diciendo que *vivir es crear sentido en condiciones precarias*.[36]

Imagina que eres muy pequeño, de modo que las moléculas de agua te golpean continuamente y te desvían de tu curso, mientras que el contenido acuoso de tu interior está en constante movimiento. Tal es el entorno externo e interno de la bacteria, el micromundo de la difusión térmica y el movimiento browniano (el movimiento continuo de partículas suspendidas en un líquido o un gas). ¿Cómo te mantienes cohesionado como ser vivo? Dependes completamente, por supuesto, de las propiedades fisicoquímicas de los enlaces fuertes y débiles, pero también te mantienes unido porque eres un agente autónomo con cierre organizacional: cada uno de tus procesos constituyentes es, a la vez, habilitado por uno o más de tus otros procesos constituyentes, y es una condición habilitadora para ellos. Las condiciones precarias son aquellas en las que los procesos constituyentes (catálisis, regulación enzimática, formación y reparación de membranas) no pueden sostenerse a sí mismos en ausencia de cierre organizacional, o en situaciones físicas equivalentes.[37] En pocas palabras, estos procesos no pueden durar fuera de la estructura protectora de la célula. Si se eliminan, tenderán a agotarse o atrofiarse. En este sentido, toda la vida es precaria. Si se rompe una célula, sus componentes metabólicos vuelven a la sopa molecular; si se saca una hormiga de una colonia, acaba muriendo; si se separa a una persona de una relación, puede dejar de florecer. Las condiciones precarias implican la necesidad constante de adaptabilidad, de regular la propia actividad y comportamiento en condiciones registradas como ventajosas o deletéreas con respecto a la propia viabilidad en un entorno constantemente cambiante y no estacionario (uno cuyas propiedades estadísticas cambian con el tiempo). Como dice Ezequiel Di Paolo: «La vida no sería mejor sin precariedad; simplemente, no sería vida».[38]

Lo que hace diferente a la vida: evolución abierta

«Nada en biología tiene sentido si no es a la luz de la evolución» es el título de un ensayo de 1973 del célebre biólogo evolutivo y genetista Theodosius Dobzhansky.[39] Su afirmación, ahora famosa, se repite a menudo en los libros de texto de biología. (Hace tiempo que se olvidó que Dobzhansky hizo esta afirmación en el contexto de su rechazo del creacionismo, al tiempo que defendía la compatibilidad de la creencia en Dios y el hecho de la evolución). Pero esta afirmación debe matizarse, dadas las ideas anteriores sobre la autonomía biológica.[40] Algunas cosas de la biología tienen sentido al margen de la evolución. En particular, la autonomía biológica, definida como el cierre de las restricciones, y la agencia, que consiste en actuar por cuenta propia, son conceptos organizativos, no evolutivos, aunque todos los agentes autónomos existentes sean producto de la evolución. La cuestión es conceptual: los conceptos organizativos no son reducibles a los genealógicos, y la evolución no puede darse sin sistemas organizados que se reproduzcan con variación. Así pues, la perspectiva evolutiva de la vida debe combinarse con la organizativa.

La evolución, en palabras de Darwin, es descendencia con modificación. Es el resultado de la variación, la herencia y la selección natural, como demostró Darwin. Pero también requiere sistemas autónomos (organizacionalmente cerrados) que reproduzcan. La evolución biológica no podría haberse puesto en marcha sin sistemas autónomos en miniatura, como las protocélulas autopoiéticas. Se requiere un grado mínimo de complejidad organizada para que la complejidad aumente como resultado de la selección natural.[41] Así pues, la organización es una condición para la evolución. Pero la evolución es necesaria para pasar de sistemas autónomos mínimos en forma de protocélulas autopoiéticas a agentes autónomos de pleno derecho en forma de organismos.

La descendencia con modificación y la selección natural han conducido a cascadas de mayor complejidad organizativa a lo largo de los eones de historia de la vida en la Tierra. La organización, tal y como la conocemos hoy, y tal y como somos capaces de reconstruir su historia, es el resultado de la evolución. La vida comenzó presumiblemente con protocélulas autopoiéticas simples (sistemas con cierre catalítico que producían su propia membrana), efectuando la transición de un mundo abiótico a otro biótico, seguida de la evolución de los procariotas (arqueas y bacterias), los eucariotas unicelulares y los organismos pluricelulares (animales, plantas y hongos), hasta llegar a la biosfera actual (véase el capítulo 9).[42]

La evolución abierta es otra característica que diferencia a la vida de otros sistemas físicos. «Abierto» significa que la evolución tiene la capacidad de generar una variedad ilimitada de sistemas vivos sin ningún límite predefinido sobre cómo realizan físicamente el cierre organizacional.[43] Además, la evolución abierta no solo genera una variedad ilimitada de organismos. También genera evolucionabilidad, la capacidad de evolución adaptativa de las poblaciones de organismos. La evolucionabilidad también puede aumentar en complejidad a medida que evoluciona.

Todo esto sucede a una escala temporal mucho más larga que la de los tiempos de vida de los organismos individuales. También ocurre a escala colectiva y planetaria. Las poblaciones de organismos crean nuevos mundos para los demás, sobre todo a través de la simbiosis, y crean ciclos de elementos biológicos, químicos y geológicos a escala global (véase el capítulo 9). La vida en su sentido más amplio es un fenómeno histórico, colectivo y planetario. Si definimos a los seres vivos como agentes autónomos (organizacionalmente cerrados) con capacidades de evolución abierta, también debemos decir que cualquier ser vivo, o población de seres vivos, está necesariamente enredado en la red histórica, colectiva y planetaria de la vida.[44] La vida depende de la autopoiésis, la evolución y la ecopoiésis; de la autoproducción de la célula como unidad básica de la vida, de la descendencia con modificación y de la selección natural, dando lugar a la vasta proliferación de organismos diversos; y de la producción colectiva, global, y del automantenimiento de la biosfera.

Los organismos no son máquinas

Los organismos, entendidos como agentes organizados, autónomos, capaces de reproducirse y evolucionar sin fin, son fundamentalmente distintos de las máquinas.[45] En términos generales, una máquina es un dispositivo formado por un conjunto de componentes que funcionan de forma coordinada de acuerdo con una secuencia prescrita para producir un resultado predeterminado. Las propiedades de los componentes son independientes del conjunto y existen antes que este. Además, la finalidad o función de la máquina es extrínseca: se encuentra fuera de la máquina, en su fabricante o usuario. Sin embargo, en un organismo, las propiedades de las partes (los componentes funcionales) dependen del todo, y las partes no existen antes que el todo: los componentes, como las enzimas o los orgánulos, proceden de células anteriores y se sintetizan o producen dentro de la célula. Además, un organismo, como agente autónomo, actúa por sí mismo, por lo que es intrínsecamente propositivo: actúa hacia sus propios fines, como mantener su viabilidad en condiciones precarias. Así pues, la intencionalidad intrínseca se deriva directamente de la autonomía y la agencia biológicas.

Las máquinas están hechas a medida para las explicaciones reductivas, las que explican un sistema descomponiéndolo en sus componentes separables. Esto se debe a que las máquinas son «descomponibles».[46] En un sistema descomponible, las propiedades intrínsecas (no relacionales) de cada parte determinan su funcionamiento independientemente de las demás. Si el sistema está organizado jerárquicamente, de modo que las piezas de una subparte interactúan más que las piezas que pertenecen a subpartes diferentes, se dice que el sistema es «casi descomponible». Los sistemas jerárquicos o casi descomponibles también son adecuados para la explicación reductiva. En cambio, en un sistema «no descomponible», el comportamiento de las partes depende en gran medida de sus interrelaciones dinámicas y del contexto cambiante del conjunto. En este caso, los modelos de máquina y las explicaciones reductivas tienen un valor limitado.

La ironía es que las recientes investigaciones de biología molecular inspiradas en el modelo de máquina de la vida han producido datos experimentales que minan ese modelo y revelan las limitaciones del reduccionismo molecular. Nicholson examina cuatro áreas de investigación en las que esto ha sucedido: arquitectura celular, complejos proteínicos, transporte intracelular y comportamiento celular.[47] Según la concepción maquínica de la célula, la arquitectura celular es una estructura estática y muy ordenada; los complejos proteínicos son máquinas moleculares especializadas; el transporte intracelular es el movimiento de sustancias mediante motores en miniatura impulsados por fuerzas mecánicas; y el comportamiento celular (como la expresión génica) es el resultado de un programa determinista codificado en el genoma. Sin embargo, nuevos descubrimientos cuestionan esta imagen y sugieren una visión alternativa: «La arquitectura celular se considera un proceso fluido y autoorganizado; los complejos proteínicos, conjuntos pleomórficos transitorios; el transporte intracelular, el resultado de un movimiento browniano; y el comportamiento celular, un asunto probabilístico sujeto a constantes fluctuaciones estocásticas».[48] En otras palabras, una célula transforma continuamente su arquitectura interna equilibrando flujos moleculares que están lejos del equilibrio; las proteínas se pliegan en muchas formas diferentes (conformaciones) dependiendo del contexto; las sustancias se mueven direccionalmente dentro de la célula surfeando la tormenta de movimiento fluido aleatorio que las envuelve; y el comportamiento celular no se desarrolla según un algoritmo paso a paso, sino que implica acontecimientos aleatorios, dependientes del contexto, en un entorno sujeto a la dinámica caótica del movimiento browniano. Nicholson concluye su revisión y análisis de estos hallazgos de la siguiente manera:

> La célula *no es* una máquina, sino algo totalmente distinto, algo más interesante, pero también más rebelde. Se trata de una organización de procesos interconectados e interdependientes, delimitada, autosostenida y en estado estacionario; un sistema integrado, dinámicamente estable y multiescala de flujos conjugados, desplazados colectivamente del equilibrio termodinámico. Dada su naturaleza precaria, la célula tiene que negociar constantemente un compromiso entre estabilidad estructural y flexibilidad funcional: demasiada rigidez compromete la adaptabilidad fisiológica y demasiada promiscuidad compromete la eficiencia metabólica. La célula lo consigue cambiando y reorganizando continuamente sus componentes en diferentes complejos macromoleculares con diversas capacidades funcionales, que se ensamblan y desensamblan para satisfacer las demandas siempre cambiantes del entorno. La mezcla estocástica permanente de moléculas dentro de la célula, y sus asociaciones oportunistas para formar conjuntos funcionales transitorios en respuesta a señales intracelulares y extracelulares, proporciona soluciones rápidas y robustas a los problemas de adaptación a los que se enfrenta la célula, de forma que se consigue un equilibrio óptimo entre eficacia y plasticidad.[49]

Nicholson subraya que cada célula, ya sea en un organismo o como organismo unicelular, es estructural y conductualmente única. No hay dos células u organismos, aunque sean genéticamente idénticos (isogénicos), que se comporten exactamente igual. El comportamiento celular incorpora un componente probabilístico esencial, y las poblaciones celulares son heterogéneas. Los métodos tradicionales que promedian poblaciones pierden de vista la singularidad de la célula como individuo, y la variabilidad del mundo celular. Mirando hacia el futuro, a medida que la biología celular se transforma progresivamente en «biología unicelular» y dedicamos cada vez más atención a caracterizar cuidadosamente, no solo las células individuales, sino también las moléculas individuales en células individuales, es posible que pronto nos encontremos en la situación de tener que reconsiderar nuestra comprensión incluso de los procesos biológicos más básicos».[50]

De hecho, esa reconsideración ya está en marcha, pues biólogos, matemáticos y filósofos trabajan juntos para entender la vida como «basada en la física, pero más allá de la física», en palabras de Stuart Kauffman.[51] Para ver qué significa esto, tenemos que volver a la idea de espacio de fase, que introdujimos en el capítulo 1, como elemento clave de la espiral ascendente de abstracción de la física matemática, y retomamos en los capítulos 3 y 5, en nuestros tratamientos del tiempo y la cosmología.

Espacio de fases revisado

Guiseppe Longo, Maël Montévil y Stuart Kauffman sostienen que es imposible «preestablecer» el espacio de fases de la evolución biológica.[52] La evolución cambia constantemente, por lo que es imposible especificar de antemano los observables (cantidades físicas mensurables), los parámetros (grados de libertad) y las condiciones límite (condiciones iniciales y restricciones) del espacio evolutivo de posibles trayectorias (caminos filogenéticos). De ello se deduce, dicen, que «el fuerte sueño reduccionista de una teoría que implique el devenir completo del universo es erróneo. Con la vida, llegamos al final de una cosmovisión de la física que nos ha dominado desde Newton».[53] En nuestros términos, con la vida, llegamos al final de la cosmovisión del punto ciego.

Recordemos que el espacio de fases es un espacio abstracto en el que se representan todos los estados y trayectorias posibles de un sistema, en el que cada estado posible corresponde a un único punto del espacio. En mecánica clásica, el espacio de fases consiste en todos los valores posibles de las variables de posición y momento. A medida que el sistema evoluciona en el tiempo, traza una trayectoria en el espacio de fases, y la forma de la trayectoria revela aspectos de su dinámica.

El espacio de fases de un sistema debe construirse antes de calcular las trayectorias en él. Esto es lo que Longo, Montévil y Kauffman entienden por «preconfigurar» el espacio. En la física de las bolas de billar, por ejemplo, el espacio de fase se construye especificando las condiciones de contorno (las superficies de la mesa de billar), las condiciones iniciales (la posición inicial de las bolas) y todas las posiciones y momentos posibles de las bolas. Utilizando las tres leyes del movimiento de Newton expresadas como ecuaciones diferenciales, se resuelven las trayectorias de las bolas integrando las ecuaciones, dadas las condiciones iniciales y de contorno. En otras palabras, se deducen las trayectorias derivando las soluciones de las ecuaciones. Por lo tanto, las trayectorias en el espacio de fases son obligatorias (lógicamente necesarias), dadas las leyes y las condiciones iniciales y de contorno. Esta vinculación es válida incluso para sistemas que no podemos predecir debido a lo que se conoce como caos determinista. Desde Poincaré, sabemos que la predicción es imposible para ciertos tipos de sistemas, como dos o más planetas y el Sol, o las muchas bolas de billar (el llamado problema de los tres cuerpos o *n-cuerpos*). Estos sistemas caóticos son no lineales (los efectos no son proporcionales a las causas), su comportamiento es aperiódico y sus trayectorias son extremadamente sensibles a pequeños cambios en las condiciones iniciales. Sin embargo, son deterministas: su comportamiento está totalmente determinado por las condiciones iniciales y las ecuaciones de movimiento. Por tanto, aunque estos sistemas no pueden predecirse (sus ecuaciones de movimiento no pueden resolverse analíticamente), sus trayectorias en el espacio de fases siguen estando determinadas por las ecuaciones, dadas las condiciones iniciales y condiciones límite.

Recordemos que los espacios de fase no están «ahí fuera», ocultos tras los fenómenos, esperando a que los descubramos. Son construcciones abstractas. A lo largo de los siglos, los físicos han llegado al concepto de espacio de fase analizando trayectorias (Galileo), situándolas en un espacio geométrico analítico (Descartes), especificando leyes de movimiento (Newton), definiendo observables (como el momento) y elaborando progresivamente invariantes estructurales (restricciones, coordenadas generalizadas). En el capítulo 2 describimos esta espiral ascendente de abstracción debida a los avances de Lagrange, Hamilton, Poincaré, Boltzmann y muchos otros.[54] Pero como escriben Longo, Montévil y Kauffman, «los espacios físicos (de fase), por tanto, no están "ya ahí", como absolutos subyacentes a los fenómenos: son nuestra notable y muy eficaz invención para hacer inteligibles los fenómenos físicos».[55]

El punto crucial, continúan diciendo, es que este método choca con un límite duro en el caso de la vida. Los espacios de fase de los sistemas físicos son mapas de lo posible conocido. Las bolas de billar y los planetas solo pueden seguir determinados caminos dentro del espacio de fases. Sin embargo, los caminos evolutivos no están confinados de esta manera, porque el espacio de fase de la evolución cambia constantemente. Imaginemos la superficie de una mesa de billar en constante deformación, incluida la adición de nuevos agujeros en la mesa, en parte en función de las bolas que se reproducen constantemente y cambian de tamaño y textura. La evolución es aún más compleja, dada la diversidad de especies y nichos. Los organismos y el entorno se crean mutuamente de forma circular. Los parámetros y las condiciones límite de la filogenia cambian constantemente a nivel molecular, morfológico, conductual y ecológico. Por un lado, las partes de un organismo pueden asumir nuevas funciones que no están determinadas de antemano: las plumas servían originalmente para regular la temperatura, pero luego se utilizaron para volar. Stephen Jay Gould y Elisabeth Vrba denominaron «exaptación» a esta cooptación de un rasgo fenotípico por la selección de una nueva función.[56] Por otro lado, la evolución crea nuevos nichos. A medida que cambian las funciones fenotípicas, se abren nuevos mundos para los organismos, y estos mundos hacen posibles nuevos organismos, que a su vez crean nuevos mundos. Nada de esto está determinado de antemano de acuerdo con alguna «ley de movimiento» biológica. La biosfera en evolución no está «obligada» por leyes, sino que está «posibilitada» por la historia.[57] La evolución se produce a través de la proliferación de caminos contingentes y la exploración de lo que Kauffman denomina «lo posible adyacente» (las posibilidades de que dispone la filogenia en un momento dado). No hay forma de determinar de antemano los fenotipos y nichos que se cocrearán mutuamente en el curso de la evolución. Podemos explicar retrospectivamente esa cocreación *a posteriori*, pero no podemos predefinir espacios de fase en los que esas vías cocreadas sean trayectorias posibles. Kauffman escribe: «Puesto que no podemos predefinir las nuevas funciones que surgen y forman el espacio de fases siempre cambiante de la biosfera en evolución, no podemos escribir leyes de movimiento para la biosfera en evolución. No podemos integrar las ecuaciones que no tenemos. Por lo tanto, no hay leyes tipo Newton que impliquen la evolución de nuestra biosfera o de cualquier biosfera entre los diez a veintidós sistemas solares estimados en el universo».[58] Esto es lo que significa decir que la vida no tiene un espacio de fases preestablecible.

Las implicaciones de esta perspectiva son decisivas para el punto ciego, en particular para el fisicalismo y el reduccionismo.

Según estas ideas, las leyes fundamentales del universo físico gobiernan las disposiciones espaciotemporales de la materia y la energía en los niveles más bajos, y todo lo demás está determinado por esas leyes y disposiciones. Pero la vida —por no hablar de la experiencia— escapa a este marco. Si la evolución de la biosfera implica un espacio de fases en constante cambio que abre continuamente nuevas vías «adyacentes posibles», entonces la vida genera nuevas formas y posibilidades que la metafísica del fisicalismo y el reduccionismo no pueden captar.[59] Como dice Kauffman, «en pocas palabras, la vida se basa en la física, pero va más allá de ella. No puede haber una "teoría final" para la evolución de un universo que tenga al menos una biosfera en evolución».[60]

La vida más allá del ángulo muerto

A Francisco Varela le gustaba citar al poeta Antonio Machado: «Caminante, son tus huellas el camino y nada más; Caminante, no hay camino, se hace camino al andar».[61] La vida traza caminos al andar, ninguno de ellos predefinido y vinculado a condiciones previas. Si la vida se basa en la física, pero va más allá de la física, entonces vamos a necesitar nuevas ideas científicas para pensar cómo la vida traza caminos al andar.

Los biólogos, junto con físicos, matemáticos y filósofos, están desarrollando afanosamente estas nuevas ideas.[62] Nuestro propósito aquí no es repasarlas, ya que aún se encuentran en sus primeras fases. En su lugar, destacamos que la biología ya nos ha llevado al punto en el que podemos vislumbrar una ciencia de la vida más allá del punto ciego. Los organismos son agentes autónomos, no máquinas. La vida comprende espacios de fase que no pueden preestablecerse con antelación. La vida se autoalimenta y no está sujeta a leyes. La vida es esencialmente histórica.

El fisicalismo, el reduccionismo y el epifenomenalismo —piedras angulares de la cosmovisión del punto ciego— fracasan ante la vida.

Terminamos con las palabras de Kauffman: «Este vasto devenir emergente está más allá de la física, pero se basa en ella. Es la vida coconstruyéndose a sí misma y posibilitando su propia y vasta diversificación evolutiva aquí, y en cualquier biosfera, en el universo».[63]

7. Cognición

Es complicado

El siglo XX dio origen a un nuevo proyecto científico, la ciencia transdisciplinar de la mente llamada ciencia cognitiva, que combina antropología, inteligencia artificial (IA), lingüística, neurociencia, filosofía y psicología. Su relación con el punto ciego es complicada. Por un lado, la ciencia cognitiva amplía el punto ciego al campo de la mente; por otro, ofrece una oportunidad única para revelar e intentar ir más allá del punto ciego. La historia de la ciencia cognitiva, en particular el papel central que ha desempeñado en ella la IA, pone de manifiesto esta ambigüedad.

Cuando surgió la ciencia cognitiva en los años cincuenta, se basaba en la idea de que la mente es esencialmente un ordenador. La mente es un software; el cerebro, un hardware. La cognición consiste en cálculos realizados por el cerebro o un sistema artificial (un ordenador o un robot). Al principio, los científicos cognitivos consideraban que estos cálculos consistían en símbolos en forma de palabras o frases. Se pensaba que la cognición era la manipulación de símbolos similares al lenguaje en el cerebro de acuerdo con reglas lógicas. En décadas posteriores, esta idea, conocida como la teoría computacional clásica de la mente, fue criticada desde diversos puntos de vista. La teoría de las redes neuronales (también llamada conexionismo) propuso que los cálculos subyacentes al comportamiento inteligente son de tipo numérico en lugar de lingüístico y lógico. Los procesos cognitivos consisten en patrones de activación «subsimbólicos» en redes neuronales biológicas o artificiales. Este marco es la base del actual campo del aprendizaje automático, en el que los ordenadores aprenden a realizar tareas (como categorizar objetos en imágenes) sin estar explícitamente programados para ello. Un enfoque relacionado procede de la ciencia cognitiva dinámica. Utiliza las herramientas de la teoría de sistemas dinámicos de las matemáticas y la física para modelar cómo se desarrollan en el tiempo los procesos cognitivos y el comportamiento inteligente, ya sea en redes neuronales o en agentes completos que interactúan con su entorno, en contraste con los modelos computacionales clásicos, que no tienen en cuenta la escala temporal en la que se produce el cálculo mental. Por último, el programa de investigación sobre la cognición, en particular la versión conocida como ciencia cognitiva enactiva, hizo hincapié en la importancia del cuerpo y las interacciones con el entorno para comprender la mente. La cognición no se localiza en la cabeza, sino que reside en la relación continua y activa entre el agente encarnado y el entorno físico y social. La cognición de un mundo significativo se produce o se representa a través de la acción corporal situada.

Estas diferentes perspectivas hacen que la relación entre la ciencia cognitiva y el punto ciego sea ambigua. Por un lado, la teoría computacional de la mente, especialmente su aplicación en la IA, amplía el punto ciego al sustituir subrepticiamente el significado y la experiencia de la comprensión por la computación. Por otro lado, la ciencia cognitiva se encuentra rápidamente en la necesidad de aceptar el punto ciego, porque la experiencia directa sigue siendo la piedra de toque indispensable para comprender la mente.

La ciencia cognitiva difiere de la física y la biología, las ciencias que hemos considerado hasta ahora, en lo que respecta al punto ciego. En la física y la biología, el observador humano puede dejarse de lado, o redefinirse operacionalmente en términos de algún procedimiento para medir las cosas, como medir el tiempo anotando los números de un reloj físico. Por supuesto, este movimiento de «poner entre paréntesis al observador» choca con límites significativos en la física fundamental del tiempo y la materia, y en la biología de la vida, como ya hemos comentado. Sin embargo, la ciencia cognitiva no puede evitar poner al observador entre paréntesis tan fácilmente como estas otras ciencias. La ciencia cognitiva es la ciencia de la mente, y la observación es una capacidad mental basada en la percepción consciente. De ello se deduce que, cuando nuestra preocupación es la mente, la observación no puede dejarse de lado ni redefinirse operativamente sin presuponer lo que hay que explicar. Por lo tanto, al hacer ciencia cognitiva debemos enfrentarnos a la experiencia directa y tenerla en cuenta. La cuestión es si suprimimos o marginamos la experiencia, o si reconocemos la primacía de la experiencia directa y, en consecuencia, intentamos reorientar la ciencia de la mente lejos del punto ciego. Esta cuestión se hace más acuciante en la neurociencia cognitiva de la consciencia, de la que hablaremos en el próximo capítulo.

Mientras que la ciencia cognitiva clásica se esforzaba por ignorar la experiencia en favor de procesos computacionales no conscientes, la ciencia cognitiva enactiva surgió al reconocer la experiencia encarnada como el punto de referencia ineludible para comprender la mente.[1] Los teóricos enactivistas abrazan la primacía irreductible de la experiencia directa y, en consecuencia, se esfuerzan por ir más allá del punto ciego en sus investigaciones de la mente.[2] La tensión entre estos enfoques divergentes es otro signo de la ambigüedad no resuelta en la relación de la ciencia cognitiva con el punto ciego. Volveremos sobre esta ambigüedad al final del capítulo.

Es imposible abarcar todas las formas en que las subdisciplinas de la ciencia cognitiva, individual y colectivamente, se relacionan con el punto ciego. En cambio, nos centraremos en la manifestación más fuerte y prominente del punto ciego en la ciencia cognitiva, la cual encontramos en la IA.

La realización de la relevancia

Pensar que la mente es esencialmente un ordenador ha dado lugar a rompecabezas intrincados, visibles sobre todo en la IA. Estos se centran en el significado y la comprensión, sobre todo en cómo entendemos la relevancia.[3]

Considera la posibilidad de tomar apuntes durante una clase. Para tomar buenos apuntes hay que centrarse en lo relevante y saber ignorar lo irrelevante. Tienes que ser capaz de seguir una línea de pensamiento y extraer sus ideas principales, al tiempo que establecès conexiones con otras cosas que sabes. Si haces preguntas, ya sea para obtener más detalles, aclarar un malentendido, o sacar a la luz y explorar las presuposiciones o implicaciones de lo que se está diciendo, también tienes que ser capaz de discernir la relevancia. Por último, toda esta actividad se rige por normas, por criterios racionales sobre cómo pensar y hablar, por criterios sociales de comportamiento aceptable, y por criterios de sentido común de buen juicio. Comprender y ser capaz de seguir estas normas también es una parte crucial de la «realización de la relevancia».[4]

A pesar del bombo y platillo de la IA, que tiende a aumentar y disminuir con los éxitos y fracasos de la IA a lo largo de las décadas, ningún sistema de IA se acerca a la relevancia real, y ningún enfoque histórico o actual de la IA se acerca a ser capaz de crear sistemas que entiendan el significado, tengan inteligencia general, o manifiesten incluso un mínimo sentido común.[5]

La investigación en IA tiene varios hilos distintos pero entrelazados. Podemos distinguir dentro de la IA como ciencia e ingeniería de la creación de sistemas computacionales, la IA como parte de la ciencia cognitiva, y el esfuerzo enfocado de investigación que a veces se denomina «IA fuerte».[6] La IA fuerte es la postura que defiende que un ordenador con el tipo de programa adecuado tiene mente, y que la mente humana es una colección de programas que se ejecutan en el cerebro. Los teóricos de la IA fuerte intentan explicar la mente construyendo sistemas informáticos que implementen o instancien capacidades cognitivas, como el reconocimiento de caras o la traducción de idiomas, al tiempo que recurren a psicólogos y neurocientíficos para averiguar qué programas o algoritmos se instancian en el cerebro y subyacen a la cognición humana.

Aunque el campo del aprendizaje automático ha creado sistemas que realizan tareas como jugar, detectar objetos en imágenes y generar texto hablado o escrito, las limitaciones de su rendimiento, especialmente en lo que respecta a la cognición genuina y la comprensión del significado, han demostrado ser fácilmente evidentes con un poco de sondeo y análisis.[7] Los «ejemplos adversos» son un caso bien conocido. Muchos algoritmos de aprendizaje automático de imágenes pueden ser engañados para que cometan grandes errores de clasificación, como clasificar imágenes de edificios, vehículos, perros e insectos como imágenes de avestruces, haciendo cambios triviales en los píxeles que dejan las imágenes sin cambios para los humanos.[8] Los ejemplos adversos indican que estos sistemas aprenden correlaciones estadísticas, no conceptos de reconocimiento de objetos, y que los sistemas no comprenden los objetos como tales. Además, ningún sistema de IA tiene algo parecido a una inteligencia amplia y de nivel general —la capacidad no solo de resolver, sino también de plantear nuevos problemas integrando múltiples capacidades cognitivas y recurriendo a múltiples fuentes de conocimiento— y lograr este tipo de inteligencia no está a la vista en la IA. En palabras de Brian Cantwell Smith, los sistemas de IA destacan en el «cálculo», pero carecen por completo de «juicio».[9] Uno de los principales problemas es conseguir que los sistemas de IA se den cuenta de la relevancia, como indican los siguientes ejemplos.

El problema del marco

El «problema del marco» de la IA ilustra la importancia de la relevancia, y las dificultades para conseguir que los sistemas informáticos la tengan en cuenta.[10]

El filósofo Daniel Dennett, en un artículo clásico, ilustra el problema del marco con una historia sobre un robot que intenta encontrar pilas (su fuente de alimento) y trasladarlas a un almacén.[11] El robot encuentra un vagón en el que hay una pila, pero también una bomba de relojería. El robot deduce correctamente que si tira del vagón, la batería vendrá con el vagón. Pero el robot no se da cuenta de que la bomba también vendrá con el vagón. El robot no ha discernido algo crucial para sus acciones. Los diseñadores del robot intentan solucionar el problema actualizando su programa para que deduzca, no solo los efectos previstos de sus acciones, sino también los posibles efectos secundarios. Pero ahora el robot se queda ahí sentado, calculando el número indefinidamente grande de posibles efectos secundarios, dejando de lado cada uno de ellos, hasta que estalla la bomba. Una vez más, el robot no ha sabido plantear la situación correctamente para tener en cuenta solo la información relevante en el momento oportuno. Los diseñadores deciden modificar el programa para que el robot calcule una lista de los efectos secundarios potencialmente relevantes que debe tener en cuenta. Pero ¿qué efectos secundarios son los relevantes? Esta pregunta reintroduce el problema original de cómo determinar qué información es relevante y qué información es irrelevante. Además, incluso si este problema pudiera resolverse de algún modo, ¿cómo se supone que los diseñadores van a evitar que el robot se detenga una vez más y calcule sin parar, esta vez calculando dos listas, una con todos los efectos secundarios potencialmente relevantes y otra con todos los efectos secundarios irrelevantes?

El problema del encuadre surge al intentar diseñar un sistema inteligente (un programa informático o un robot) que actúe adecuadamente en situaciones del mundo real para lograr algún fin. El sistema debe ser capaz de enmarcar correctamente las situaciones para tener en cuenta los efectos secundarios de sus acciones, tanto intencionados como no intencionados. Debe centrarse en lo relevante e ignorar lo irrelevante. ¿Cómo diseñar o programar un agente para que solo tenga en cuenta la información relevante sin perder el tiempo con la irrelevante?

La historia de Dennett ilustra que un agente debe ser capaz de ignorar grandes cantidades de información de forma inteligente para actuar en el mundo, incluso en situaciones relativamente sencillas. Un agente inteligente debe ser capaz de centrarse en lo relevante sin tener en cuenta la mayor parte de lo irrelevante. La paradoja es que si el agente es capaz de ignorar lo irrelevante, entonces ya debe comprender de algún modo lo relevante.

El problema del marco surgió en el contexto de la teoría computacional clásica de la mente y la IA de la primera ola, basada en la lógica.[12] El problema ilustra la dificultad insuperable de intentar especificar la relevancia en términos computacionales clásicos (simbólicos) —en representaciones proposicionales de situaciones en el mundo, junto con una heurística (atajos para la resolución de problemas que encuentran soluciones aceptables, pero soluciones imperfectas en un tiempo limitado) para determinar la relevancia—. El ser humano es capaz de enfrentarse con eficacia a situaciones abiertas y en constante cambio en las que cualquier cosa puede ser relevante. La relevancia depende del contexto y no hay límites a lo que puede ser relevante. De ello se deduce que la pertinencia no puede especificarse de antemano. Pero, entonces, ¿cómo podría capturarse en un conjunto de representaciones del mundo similares al lenguaje, junto con un conjunto de reglas heurísticas para manipularlas? La evidencia sugiere que la realización de la relevancia no puede reducirse a reglas heurísticas y representaciones simbólicas.

La incapacidad de comprender la relevancia mediante representaciones lingüísticas y heurísticas es una de las motivaciones de la IA de segunda generación basada en el aprendizaje automático. El objetivo es diseñar sistemas capaces de generar significado y relevancia por sí mismos a partir de enormes cantidades de datos utilizando hardware de procesamiento paralelo y algoritmos de aprendizaje muy rápidos. Aunque el aprendizaje automático ha tenido mucho éxito en algunos ámbitos de tareas limitadas, como los juegos, de los que hablaremos a continuación, los sistemas de aprendizaje automático actuales carecen de muchas de las capacidades cruciales para la realización de la relevancia, como la capacidad de generalizar en muchos ámbitos de tareas diferentes y de realizar análisis entre un área de conocimiento o experiencia y otra. Intentar sacar estos sistemas de sus limitados dominios de tareas y hacer que funcionen de forma autónoma en el mundo cotidiano nos devuelve inmediatamente al problema del marco y al problema de la realización de la relevancia.

La relevancia de los juegos

Jugar a juegos como el ajedrez o el Go se considera un éxito de la IA. Pero la forma en que los ordenadores juegan es muy diferente a la nuestra, y las diferencias son reveladoras sobre la relevancia.[13]

La IA considera el juego como una forma de resolución de problemas. En la ciencia cognitiva clásica, la resolución de problemas se describía como el desplazamiento a través de un espacio de búsqueda desde un estado inicial hasta un estado objetivo mediante una secuencia de operaciones que convierten un estado dado en un estado posterior. Para ganar una partida de ajedrez, hay que pasar del estado inicial de la posición de apertura al estado objetivo de dar jaque mate al adversario. Pero el ajedrez tiene un espacio de búsqueda enorme: el gran número de movimientos y posiciones posibles en la apertura y el medio juego aumenta exponencialmente en cada turno. El número de caminos es demasiado grande para que cualquier ordenador, por no hablar de un ser humano, pueda buscar exhaustivamente. El revolucionario programa de ajedrez de IBM Deep Blue, que derrotó al campeón mundial Garry Kasparov en 1997 utilizando hardware de propósito especial y potencia de cálculo de fuerza bruta, solo podía buscar con unas veinte jugadas de antelación y normalmente solo buscaba con una profundidad de seis a ocho jugadas. Los ajedrecistas humanos expertos, sin embargo, utilizan sus habilidades de reconocimiento de patrones de buenas posiciones y jugadas de ajedrez para descartar grandes regiones del espacio de búsqueda como irrelevantes y centrarse solo en las regiones relevantes. En otras palabras, se basan en formas de reducir a cero la relevancia. En cambio, Deep Blue calculó un árbol de ramificación parcial de posibles jugadas, utilizando la posición actual del tablero como raíz, y luego aplicó su función de evaluación para estimar los valores de las posiciones. Aunque Deep Blue lo hizo extremadamente bien en un juego que requiere inteligencia cuando lo hacen los humanos, su rendimiento se basó en la potencia de cálculo de la fuerza bruta y en una enorme base de datos de información de ajedrez que le proporcionaban los jugadores humanos. (Deep Blue no era un sistema de aprendizaje; su información ajedrecística estaba programada a mano). Todo lo que Deep Blue podía hacer era jugar al ajedrez, y su rendimiento no se parecía en nada a la comprensión ajedrecística humana. Deep Blue no sabía que estaba jugando al ajedrez ni que se enfrentaba a un oponente humano.

El espacio de búsqueda del Go es aún mayor que el del ajedrez. Hay alrededor de doscientos cincuenta movimientos posibles desde cualquier posición del tablero en el Go, mientras que en el ajedrez hay aproximadamente treinta. Por lo tanto, utilizar incluso formas limitadas de búsqueda por fuerza bruta no es viable. Además, dar a los programas de ordenador funciones de evaluación para las posiciones del tablero de Go basadas en criterios explícitos y bien definidos no conduce a un juego de alto nivel. Los jugadores expertos de Go dicen que en su lugar confían en sus intuiciones sobre si las posiciones del tablero tienen «buenas formas». En este caso, la relevancia consiste en ser capaz de identificar dichas formas. Los mejores jugadores utilizan sus afinadas habilidades de reconocimiento de patrones, que no pueden verbalizar ni formular en términos de conceptos y reglas explícitas. Por estas razones, el Go representa un reto mayor para la IA que el ajedrez.

En 2016, AlphaGo, un programa informático para jugar al Go creado por Deep-Mind, derrotó al campeón mundial Le Sedol. A diferencia de Deep Blue, AlphaGo se basó en algoritmos de aprendizaje automático en redes neuronales artificiales. Utilizaba una clase de algoritmos llamados de «aprendizaje profundo» («profundo» se refiere al número de capas de la red neuronal). AlphaGo aprendió primero a encontrar patrones en partidas jugadas por jugadores humanos expertos, y a realizar las mismas jugadas que estos. A continuación, sus diseñadores le hicieron jugar repetidamente contra versiones anteriores de sí mismo para mejorar su rendimiento (sus posibilidades de ganar) utilizando un aprendizaje por refuerzo (un método de aprendizaje automático en el que el programa recibe recompensas por sus acciones y trabaja para maximizar las recompensas acumulativas). El resultado no fue solo un programa informático capaz de vencer a los mejores jugadores humanos de Go, sino uno que parecía replicar sus habilidades intuitivas de reconocimiento de patrones. Desde fuera, parecía capaz de distinguir entre posiciones y jugadas relevantes e irrelevantes mejor que sus oponentes humanos.

Nos acercamos al punto ciego. Si AlphaGo, o su sucesor más potente, AlphaGo Zero, «dominó» el Go «sin conocimiento humano» o «guía humana», como afirmaron sus inventores, y si «replicó» o «capturó la intuición», como afirmaron algunos comentaristas, entonces es tentador suponer que la intuición y la realización de la relevancia son solo una cuestión de computación.[14] La idea sería que lo que los jugadores de Go, basándose en su experiencia subjetiva, llaman «intuición» a lo que consiste en cálculos neuronales, subjetivamente inescrutables para los propios jugadores. Los cálculos neuronales llevan la voz cantante; tienen poder causal. La experiencia de la intuición es un efecto secundario *a posteriori*, un epifenómeno subjetivo de los cálculos cerebrales. Según esta forma de pensar, la experiencia aparentemente directa de la intuición forma parte de la ilusión del usuario del cerebro.

Hemos llegado al punto ciego. Aunque AlphaGo constituye un hito de la IA, y la intuición humana y la realización de la relevancia dependen incuestionablemente de procesos cerebrales subjetivamente inescrutables, es erróneo pensar que los métodos de aprendizaje profundo obvian la necesidad de que las redes neuronales artificiales se basen en el conocimiento humano, que estas redes capturan la intuición y que la intuición es epifenoménica. Esta línea de pensamiento ilustra perfectamente el punto ciego, y cada uno de sus pasos es erróneo.

AlphaGo no dominó Go «sin conocimiento humano», a pesar de que el título del artículo publicado en *Nature* por sus inventores afirmara lo contrario.[15] Como escriben el psicólogo Gary Marcus y el informático Ernest Davis, «el sistema seguía basándose en gran medida en cosas que los investigadores humanos habían descubierto en las últimas décadas sobre cómo conseguir que las máquinas jugaran a juegos como Go, sobre todo la búsqueda de árbol Monte Carlo [un algoritmo informático diseñado para programas de juego]..., que no tiene nada que ver intrínsecamente con el aprendizaje profundo... Deep Mind también... incorporó las reglas y otros conocimientos detallados del juego. La afirmación de que el conocimiento humano no estaba involucrado, simplemente, no era objetivamente exacta».[16] La incapacidad de ver que detrás y dentro de AlphaGo yacen milenios de experiencia humana jugando al Go, combinada con décadas de conocimiento humano acumulado sobre cómo diseñar programas de juego, constituye un caso sorprendente de la amnesia de la experiencia en el corazón del punto ciego.

AlphaGo no replica ni captura la intuición humana, y no se da cuenta de su relevancia, porque no sabe nada sobre el Go como juego. AlphaGo destaca en la detección de patrones que *sabemos que son posiciones del tablero de Go*, pero no sabe que sus estructuras de datos representan posiciones y jugadas de Go. AlphaGo no sabe que está evaluando jugadas de Go; de hecho, no sabe que está jugando al Go en absoluto. Como escribe Smith, «es improbable que AlphaGo y sus sucesores se den cuenta de que el Go es un *juego*, con una historia milenaria ilustre, jugado por expertos de todo el mundo, o incluso, para el caso, y más concretamente, de que hay una diferencia entre el juego concreto al que está jugando, y la representación de ese juego en sus estructuras de datos».[17] Entendemos que el comportamiento de AlphaGo tiene que ver con el Go, un juego que existe en el mundo fuera de sus estructuras de datos. Pero AlphaGo no sabe que existe un mundo exterior, y mucho menos uno con juegos. No tiene forma de entender que lo que está haciendo constituye un juego. De hecho, no entiende nada; es un dispositivo sofisticado para detectar patrones estructurales complicados y regularidades en grandes cantidades de datos, pero no tiene acceso a la semántica de los datos, a lo que significan sus estructuras de datos (a cómo se relacionan con algo fuera del sistema). AlphaGo no replica la intuición, y los sistemas de aprendizaje profundo en general no «embotellan la intuición».[18] Más bien, el rendimiento de AlphaGo en la detección de patrones, *tal y como lo interpretamos desde fuera*, modela aspectos de la intuición humana al jugar al Go, simulándolos.

AlphaGo, y las redes neuronales artificiales de aprendizaje profundo en general, no demuestran que la intuición sea epifenoménica. Por el contrario, la experiencia de la intuición es la forma en que deberíamos esperar que se organizara la percepción de un agente encarnado altamente cualificado para que fuera eficaz al actuar en el mundo. Supongamos que creamos un jugador de Go artificial experto que sabe que está jugando al Go. Para tener este tipo de conocimiento, tendría que saber y entender muchas cosas sobre el mundo, incluida su propia comprensión como agente de la comunidad de jugadores de Go y del mundo en general. Cabe esperar que su funcionamiento interno y profundo le resulte subjetivamente inescrutable, precisamente porque está orientado al mundo. Deberíamos esperar que percibiera las posiciones del tablero de Go intuyendo que tienen «buenas formas» y que su modo intuitivo de percepción sea una forma causalmente eficaz de organizar su cognición en relación con el mundo. Sin estar organizada para la intuición, no sería capaz de realizar la relevancia, no solo en el micromundo del juego de Go, tampoco en el mundo en general.

Más que un juego

El ajedrez y el Go son especiales. Tienen estados, reglas, movimientos y piezas perfectamente definidos, y los jugadores tienen acceso a información sobre estas características en todo momento. El ajedrez y el Go constituyen sus propios universos abstractos y separados. Los seres humanos pueden habitar mentalmente ambos universos, entendiéndolos, no solo como sistemas formales (como estructuras abstractas perfectamente definidas), sino también como juegos con significado. Los humanos pueden alternar entre cada juego, incluso al mismo tiempo. AlphaGo no puede hacer nada de esto. La informática Melanie Mitchell escribe que «incluso la versión más general, AlphaZero, no es un sistema único que aprendió a jugar al Go, al ajedrez y al *shogi*. Cada juego tiene su propia red neuronal convolucional separada que debe ser entrenada desde cero para su juego en particular. A diferencia de los humanos, ninguno de estos programas puede "transferir" nada de lo que ha aprendido sobre un juego para ayudarle a aprender otro diferente».[19]

La capacidad humana de generalizar de un área de conocimiento a otra, o de utilizar una habilidad antigua para adquirir una nueva, implica ser capaz de abstraer y formar analogías entre dominios de pensamiento y acción muy diferentes. En palabras de Mitchell, «puedes mostrar a una red neuronal profunda millones de imágenes de puentes, por ejemplo, y probablemente pueda reconocer una nueva imagen de un puente sobre un río o algo así. Pero nunca podrá abstraer la noción de puente (en inglés, *bridge*) y asociarla, digamos, a nuestro concepto de reducir la brecha (en inglés, *bridging*) de género».[20] Esta capacidad de abstraer y formar analogías es crucial para la realización de la relevancia.[21] Aunque la investigación en aprendizaje automático sobre «aprendizaje por transferencia» y aprendizaje abierto en agentes y entornos virtuales sigue avanzando, dista mucho de producir sistemas capaces de establecer analogías significativas en el mundo real.[22]

No todos los juegos son como el ajedrez y el Go, universos abstractos perfectamente definidos y autocontenidos. Las reglas de las charadas, por ejemplo, varían mucho de un lugar a otro, y las charadas no se dividen en estados discretos y definidos, porque dependen de la actuación física continua e improvisada y de la mímica. Jugar a las charadas se parece más a la acción del mundo real. Mitchell escribe (basándose en un artículo de Gary Marcus) que las charadas «requieren una sofisticada comprensión visual, lingüística y social que supera con creces las capacidades de cualquier sistema de IA actual. Si se pudiera construir un robot capaz de jugar a las charadas tan bien como, por ejemplo, un niño de seis años, creo que se podría decir con seguridad que se han conquistado varios de los "dominios más desafiantes"» para la IA.[23]

A diferencia de un juego de mesa, el mundo no viene preconfigurado en estados listos para su uso, gobernados por reglas precisas sobre cómo actuar con un conjunto limitado y definido de elementos. Tomemos una actividad cotidiana como preparar la cena. A pesar de ser una actividad rutinaria, no puede delimitarse de tal manera que consista en estados y acciones definidos con un marco claro a su alrededor que determine su relevancia. Preparar la cena abarca multitud de acciones, objetos y estados posibles en función del entorno social, las normas culturales, lo que se decida preparar, el lugar donde se esté cocinando, lo que se tenga a mano y el tiempo de que se disponga. ¿Eres ayudante de chef en un restaurante de lujo? ¿O voluntario en un comedor social? ¿Competidor en un programa de cocina? ¿O preparas la cena para su familia? ¿Estás en casa, o de acampada? Aquí tienes más posibilidades: no tienes todos los ingredientes que quieres, así que tienes que improvisar. Decides probar algo nuevo, así que consultas recetas en Internet, lo que significa inhibir tu impulso de consultar el correo electrónico, las redes sociales y las noticias. Tu teléfono suena mientras estás en los fogones y tienes que decidir si contestas. Llega tu pareja, disgustada por algo que ha pasado en el trabajo, así que debes dividir tu atención para escucharla mientras intentas cocinar. Se produce un apagón, así que tienes que replanificar todo sobre la marcha. O suena la alarma de incendios en el edificio y tienes que dejar lo que estás haciendo y marcharte inmediatamente. En situaciones reales, no hay forma de especificar de antemano lo que puede ocurrir y lo que puede resultar relevante. No hay forma de poner límites a las situaciones cotidianas para especificar lo que entra dentro de ellos y lo que queda fuera.[24]

La conducción es otro ejemplo de cómo la acción en el mundo cotidiano, incluso cuando se rige por normas y leyes, no está bien definida. Aunque hay normas de circulación explícitas, también hay numerosas convenciones y comportamientos tácitos que varían mucho de una cultura a otra: pensemos en la conducción en Atenas o Tel Aviv, frente a la conducción en Los Ángeles o Manhattan. El reto de diseñar coches autónomos que funcionen en función del contexto pone de manifiesto la complejidad de estas convenciones tácitas y la imposibilidad de plasmarlas en normas bien definidas. También está el problema de cómo gestionar la larga lista de situaciones poco probables y, por tanto, muy difíciles de prever, situaciones que no aparecerán en los datos de entrenamiento de los sistemas supervisados de aprendizaje automático. Mitchell escribe que se trata de «situaciones para las que el vehículo no ha sido entrenado, y que pueden ocurrir raramente por separado, pero que, en conjunto, ocurrirán con frecuencia cuando se generalicen los vehículos autónomos... Los conductores humanos se enfrentan a estas situaciones utilizando el sentido común, en particular la capacidad de comprender y hacer predicciones sobre situaciones nuevas, por analogía con situaciones que el conductor ya comprende».[25] En otras palabras, los conductores humanos se dan cuenta de lo que es relevante; los coches autoconducidos no.

Una forma de sortear este problema es remodelar nuestro entorno para que su estructura sea lo más definida posible, de modo que tecnologías como los coches autónomos puedan adaptarse a él. Podemos pensar que estamos creando sistemas artificiales con auténtica autonomía propia, pero en realidad estamos rehaciendo nuestro entorno para adaptarlo a las limitaciones de nuestros dispositivos no autónomos, como cuando permitimos que los coches autoconducidos operen solo en zonas geocercadas (áreas geográficas definidas por una frontera virtual) con una amplia infraestructura de apoyo.[26] Nuestra incapacidad para darnos cuenta de que en realidad hemos estado remodelando nuestro mundo vital para adaptarlo a nuestros dispositivos, en lugar de crear sistemas genuinamente cognitivos, es un caso de punto ciego.

Suponer que el mundo cotidiano consiste en estados definidos que deben representarse computacionalmente dentro de la cabeza es otro caso de punto ciego. Como indican el problema del marco y las limitaciones cognitivas de las redes neuronales de aprendizaje profundo, suponer que el mundo cotidiano consiste en estados con límites determinados es un error. Esa suposición es en realidad un caso de sustitución subrepticia, de sustitución de estados computacionales por el impreciso y fluido mundo cotidiano.

El punto ciego computacional

Ahora han salido a la luz dos aspectos interrelacionados de lo que llamaremos el punto ciego computacional. Uno es sustituir subrepticiamente el mundo cotidiano por modelos computacionales; el otro es no ver cómo se nos induce a rehacer el mundo para que se ajuste a las limitaciones de nuestros sistemas computacionales. Ambos nos impiden ver cómo nuestra experiencia del mundo se relaciona con nuestras construcciones computacionales.

El punto ciego computacional se encuentra en lo más profundo de la historia de la ciencia cognitiva. Fue la razón básica del fracaso de la primera ola de IA basada en la lógica. El supuesto subyacente a la primera ola de IA era que el mundo consiste en estados, objetos, propiedades y eventos determinados (como las posiciones, piezas y movimientos de un juego) y que la percepción requiere tener una representación computacional de ellos dentro del sistema. Se suponía que la inteligencia podía incorporarse a un sistema haciéndole percibir «objetos discretos, bien definidos y a mesoescala que ejemplifican propiedades y se sitúan en relaciones inequívocas».[27] Pero nosotros no percibimos el mundo en estos términos. Percibimos el mundo como un conjunto de situaciones abiertas y fluidas que requieren y permiten acciones.[28] Si recordamos la metáfora del mapa y el territorio, nuestra percepción sensorial del mundo es el territorio, y las representaciones computacionales de objetos y acontecimientos mediante funciones matemáticas y lógica binaria son el mapa. La IA de la primera ola intentó dotar de inteligencia a un sistema dándole una percepción tecnocientífica del mundo, haciéndole percibir el mundo en términos de una ontología computacional basada en la lógica, es decir, haciéndole percibir el mundo como si la sustitución subrepticia fuera cierta. En lugar de preguntarse cómo llegamos a encontrar el mundo cotidiano perceptivamente significativo, la IA de la primera ola partió de representaciones teóricas y reconstrucciones abstractas del mundo cotidiano, y asumió que el mundo existe ya hecho en esos términos.[29] Se trata de un caso de falacia de concreción errónea, de tratar modelos computacionales abstractos —los mapas— como si fueran concretamente reales —el territorio—. En resumen, la IA de la primera oleada utilizó una versión computacional del punto ciego como modelo para construir sistemas inteligentes (sin saber que lo estaba haciendo). Los fracasos de la IA de la primera oleada a la hora de proporcionar un marco explicativo plausible de la mente y de construir algo remotamente parecido a una inteligencia genuina dan fe de los efectos nocivos del punto ciego en la ciencia de la mente.

La IA de aprendizaje automático de la segunda ola escapa a esta forma del punto ciego computacional, pero sucumbe a él de otra forma. La inteligencia se considera ahora como la capacidad de encontrar patrones o correlaciones estadísticas en grandes cantidades de datos de entrada, pero los datos de entrada y los métodos de aprendizaje en sí participan del punto ciego.

Consideremos primero la parte de la tradición del aprendizaje automático que reconoce el punto ciego computacional en su forma de IA basada en la lógica. La investigación sobre redes neuronales biológicas y artificiales, que se remonta a la era cibernética anterior a la IA, ha considerado durante mucho tiempo que la inteligencia requiere ser capaz de darse cuenta de la relevancia de la rica e intrincada red de relaciones que entreteje la experiencia y el mundo antes de que se conceptualicen en el pensamiento y el lenguaje. Por ejemplo, la teoría de la resonancia adaptativa, creada por Stephen Grossberg y Gail Carpenter en los años ochenta, que se ha desarrollado continuamente en las últimas décadas, utiliza el aprendizaje no supervisado, en el que el sistema tiene que generar sus propias categorías a partir de datos de entrada sin ejemplos previos, para modelar la capacidad del cerebro de generar significado perceptivo en un entorno dinámico y no estacionario (cuyas propiedades estadísticas cambian con el tiempo).[30] Este planteamiento abre una ventana a una visión alternativa de los tipos de cosas que existen que son relevantes para la cognición —una ontología cognitiva alternativa— a la ontología computacional basada en la lógica de la IA de la primera ola.[31] El mundo no se compone de estados, objetos, propiedades y acontecimientos bien definidos. Llegamos a este tipo de divisiones a través de la abstracción intelectual; pueblan nuestros modelos especializados en el taller científico, no el mundo en general. En palabras de Smith, son «un *logro* de la inteligencia, no una premisa sobre la que corre la inteligencia».[32] Sustituir uno de los logros de alto nivel de la inteligencia por su constitución subyacente es un caso de sustitución subrepticia. La ontología cognitiva alternativa es que el mundo consiste en elementos y relaciones ricamente diferenciados y entrelazados, que analizamos según nuestras sensibilidades perceptivas, y proyectos prácticos y teóricos. La inteligencia y la realización de la relevancia surgen de un trasfondo inconsciente de creación de sensaciones preconceptuales, apoyadas por nuestros cuerpos culturalmente configurados y socialmente situados. Es precisamente esta perspectiva la que sirve de puente entre la teoría de las redes neuronales y la ciencia cognitiva enactiva (como veremos en la siguiente sección).

Sin embargo, la segunda ola de IA perdió de vista esta perspectiva. Por ejemplo, las redes de aprendizaje profundo actuales se basan en métodos de aprendizaje supervisado, en los que los humanos etiquetan los datos de entrenamiento por adelantado (etiquetan los datos con nombres de categorías) y suministran al sistema con un modelo de pares de entrada-salida para que pueda aprender a asignar las nuevas entradas a las salidas correctas, o en el aprendizaje autosupervisado, en el que la red se entrena para predecir una parte oculta de la secuencia de entrada. El sistema no solo se basa en conocimientos humanos ya codificados, sino que también acaba codificando prejuicios humanos históricamente sedimentados. Por ejemplo, los prejuicios raciales y sexistas en los datos de aprendizaje automático, sobre todo en los conjuntos de datos lingüísticos y de imágenes, y las clasificaciones y predicciones racistas y sexistas resultantes, están bien documentados.[33] El científico cognitivo Abeba Birhane escribe: «Cuando los sistemas de ML [machine-learning = aprendizaje automático] "recogen" patrones y agrupaciones, esto a menudo equivale a identificar normas, convenciones y estereotipos histórica y socialmente arraigados».[34]

Los llamados sistemas de reconocimiento facial son un buen ejemplo. Estos sistemas tienden a ser más precisos en imágenes de rostros masculinos blancos, que en imágenes de rostros femeninos, o no blancos. Han clasificado rostros asiáticos como «parpadeantes», y pasado por alto rostros de piel oscura o, en un caso notorio, etiquetaron un selfi de dos afroamericanos como «Gorilas».[35]

A pesar de su nombre, los sistemas de reconocimiento facial no «reconocen» rostros propiamente dichos. Como escribe Smith, «los sistemas ML aprenden mapeos entre (i) imágenes de caras y (ii) nombres, u otra información asociada a las personas de las que son caras. Los humanos solemos conocer los referentes de los nombres, reconocemos que la imagen es una foto de la persona a la que nombran, etc., por lo que podemos utilizar los sistemas para "reconocer" de quién son las imágenes».[36] Del mismo modo, los grandes modelos lingüísticos (LLM = Large Language Models), que consisten en complejos modelos estadísticos de cómo se correlacionan las palabras y las frases en sus datos de entrenamiento, no tienen una comprensión conceptual del mundo exterior basada en la experiencia del mundo real.[37] Al igual que AlphaGo no sabe que sus estructuras de datos pertenecen a un juego del mundo, y ChatGPT (un chatbot de IA basado en LLM) no sabe cómo funciona el mundo, los sistemas de reconocimiento facial no saben que sus estructuras de datos pertenecen a imágenes de caras, y mucho menos a personas reales que existen en el mundo.

Además de clasificar las entradas en nuestras categorías sesgadas y cargadas, como las categorías exclusivas, discretas y binarias de género u orientación sexual, los sistemas de aprendizaje automático también encontrarán y aprenderán asociaciones estadísticas que son irrelevantes para la tarea en cuestión si existen en los datos de entrenamiento.[38] En el contexto humano, se trata de un fallo en la realización de la relevancia.

Estas limitaciones de la IA de segunda generación indican un punto general crucial. No existen conjuntos de datos neutrales y «sin valor».[39] Como escribe la experta en IA Kate Crawford, «cada conjunto de datos utilizado para entrenar sistemas de aprendizaje automático, ya sea en el contexto del aprendizaje automático supervisado o no supervisado, tanto si se considera técnicamente sesgado como si no, contiene una visión del mundo. Crear un conjunto de entrenamiento es tomar un mundo casi infinitamente complejo y variado, y fijarlo en taxonomías compuestas de clasificaciones discretas de puntos de datos individuales, un proceso que requiere elecciones inherentemente políticas, culturales y sociales».[40]

Hemos estado argumentando que el punto ciego de la visión de la IA sobre la mente es la experiencia y la comprensión del significado. En este caso, la sustitución subrepticia adopta la forma de sustituir la inteligencia encarnada genuina por la computación, la falacia de la concreción equivocada adopta la forma de tratar los modelos computacionales abstractos como si fueran concretamente reales, la bifurcación de la naturaleza adopta la forma de pensar que la intuición humana (o la experiencia de la realización del significado, o la relevancia) es un epifenómeno subjetivo de los cálculos cerebrales objetivos, y la amnesia de la experiencia adopta la forma de olvidar que la experiencia y los sesgos humanos están profundamente sedimentados en los modelos de IA.

Pero el punto ciego computacional va más allá. La IA, o el aprendizaje automático, tienen la imagen, tanto en la cultura popular como en la ciencia, de ser una ciencia de «inteligencia pura» y un dominio totalmente técnico que trasciende la naturaleza. Esta imagen contradice la dependencia fundamental de la IA de la naturaleza física y del conocimiento humano colectivo organizado socialmente. Como escribe Crawford, «la inteligencia artificial es a la vez encarnada y material, hecha de recursos naturales, combustible, trabajo humano, infraestructuras, logística, historias y clasificaciones».[41] La IA es fundamentalmente una «industria extractiva», que «depende de la explotación de recursos energéticos y minerales del planeta, mano de obra barata y datos a escala».[42] Por el lado del hardware, la IA requiere la extracción de minerales de tierras raras, como el litio para las baterías, y por lo tanto exige petróleo y carbón para alimentar enormes minas; por el lado del software, la IA exige enormes cantidades de consumo de energía productora de carbono para ejecutar programas de visión por ordenador, reconocimiento de imágenes y procesamiento de lenguaje de alto rendimiento. Además, como decíamos antes, y como señala Crawford, «los sistemas de IA no son autónomos, racionales, ni capaces de discernir nada sin un entrenamiento exhaustivo e intensivo con grandes conjuntos de datos o reglas y recompensas predefinidas».[43] Por estas razones, la IA o el aprendizaje automático no trascienden en modo alguno la naturaleza ni constituyen una ciencia y tecnología de «inteligencia pura» extrahumana. La incapacidad de ver estos hechos con claridad y la retórica que los contradice son efectos a gran escala del punto ciego computacional.

Más allá del punto ciego computacional

Ahora podemos volver a la ambigua relación entre la ciencia cognitiva y el punto ciego, introducida al principio de este capítulo. La ciencia cognitiva se encuentra en una encrucijada. Puede seguir un camino que revele y nos ayude a ir más allá del punto ciego, o puede seguir un camino que refuerce el punto ciego. Consideraremos cada opción por separado.

Por un lado, la investigación sobre redes neuronales, especialmente cuando se basa en la ciencia cognitiva activa, sugiere que ser un sistema cognitivo es dar sentido a un mundo inmensamente intrincado, estadísticamente no estacionario y múltiple, en lugar de representar (reflejar internamente) un mundo claro, estacionario y predeterminado.[44] Para la ciencia cognitiva activa, el cuerpo vivo es el nodo crítico de la cognición, y el atributo clave del cuerpo es la autoindividuación. El cuerpo vivo, a través de la habilitación mutua de sus partes, se distingue de su entorno inmediato y, de este modo, moldea su entorno para convertirlo en un mundo relevante. La cognición es creación de sensaciones, por utilizar el eslogan enactivo. Los científicos cognitivos Ezequiel Di Paolo, Elena Clare Cuffari y Hanne De Jaegher escriben: «La cognición no consiste en transponer un mundo de significado predefinido al interior de un agente. Se trata de que los agentes se muevan dentro del mundo y lo cambien, individual o colectivamente, de maneras que sean significativas según las formas de vida que llevan a cabo».[45] Desde esta perspectiva, la importancia dc la investigación sobre redes neuronales no supervisadas es que iluminan cómo funciona la cognición como creación de sensaciones en agentes autónomos móviles y adaptables en un mundo no estacionario e inexplorado (en contraste con un mundo estacionario y controlado). En términos de Grossberg, iluminan la «inteligencia adaptativa autónoma».[46]

Esta perspectiva puede ayudar a descubrir el punto ciego al llamar la atención sobre el hecho de que nuestros conceptos, clasificaciones y categorías no son estructuras prefabricadas que reflejen o se encuentren en un mundo preestablecido al margen de nuestra experiencia. Por el contrario, son creadas por nuestros modos de percepción y acción, y por nuestras prácticas sociales. Rastrear cómo ocurre esto a través del cerebro y el resto del cuerpo es una tarea central de la ciencia cognitiva activa. Así pues, la ciencia cognitiva activa nos ayuda a superar el punto ciego, sobre todo en su forma computacional.

Por otro lado, cuando nos alejamos de esta perspectiva, como suele ocurrir en la IA y el aprendizaje automático, volvemos a caer en el punto ciego computacional, confundiendo, como ya se ha señalado, el mapa con el territorio. Por ejemplo, nos deslizamos hacia la idea de que los conjuntos de datos utilizados para entrenar sistemas de aprendizaje automático reflejan el mundo tal y como es realmente por sí mismo a un nivel preconcebido, y que el sistema está aprendiendo a categorizar y reconocer características de ese mundo. Olvidamos que los conjuntos de datos y el entrenamiento del sistema ya incorporan modos humanos de conceptualización, junto con sus sesgos, y dependen de una enorme infraestructura humana de producción de conocimiento. Perdemos de vista el hecho de que, en palabras de Crawford, «la razón computacional y el trabajo corporal están profundamente interrelacionados: los sistemas de IA reflejan y producen relaciones sociales y comprensiones del mundo».[47] Por último, olvidamos que los sistemas de IA no saben nada sobre el mundo como tal, sino que detectan correlaciones estadísticas en la información que les proporcionamos sin comprender lo que hay detrás de esas correlaciones.

Hay mucho en juego. Brian Cantwell Smith señala los peligros de lo que llamamos el punto ciego computacional: «(i) que confiemos en los sistemas de cálculo en situaciones que requieren un juicio genuino; y (ii) que, al impresionarnos indebidamente por las proezas de cálculo, cambiemos nuestras expectativas sobre la actividad mental humana en una dirección de cálculo».[48] Al igual que Smith, creemos en cambio que «(i) debemos aprender a utilizar los sistemas de IA para asumir las tareas de cálculo en las que destacan, y no para otras tareas más allá de su capacidad; y (ii) debemos fortalecer, en lugar de debilitar, nuestro compromiso con el juicio, el desapasionamiento, la ética y el mundo».[49] Esto requiere reconocer y liberarnos del punto ciego computacional.

La ciencia cognitiva es a la vez singularmente susceptible y singularmente sensible al punto ciego. El camino que siga depende de nosotros.

8. Consciencia

Empieza donde estás

Empecemos con un ejercicio que puedes realizar ahora mismo.[1] Señala con el dedo algo que veas cerca de ti. Observa que lo que señalas tiene forma, color y textura. Ahora señala tu pie y, lentamente, recorre tu cuerpo con el dedo señalador, fijándote en las formas, los colores y las texturas de tu ropa, tus extremidades y tu torso. Por último, gira el dedo para que apunte hacia donde los demás ven tu cara y directamente entre tus dos ojos. Deja a un lado tus ideas preconcebidas y tus creencias sobre cómo son las cosas. En lugar de eso, limítate a observar detenidamente cómo son las cosas visualmente. ¿Qué señala tu dedo?

Probablemente, tu primera inclinación será decir que es tu cara. Pero si nos atenemos estrictamente a cómo nos parecen las cosas visualmente, ¿te parece que está señalando una cara? Ves la punta de tu dedo en el centro de tu campo de visión, pero no ves tu cara. No ves ninguna forma, color o textura en el lugar al que apunta tu dedo. No ves nada en absoluto. Parece que no hay nada visual en ese lugar.

Pero eso tampoco es del todo correcto. La ausencia visual que señala tu dedo parece distinta de la que hay sobre el horizonte. Esa ausencia está completamente fuera de tu campo visual, pero tu dedo parece apuntar hacia donde se origina tu campo visual. Lo que se señala, aunque no lo veas, parece presente, a diferencia de lo que hay más allá del horizonte, que parece completamente ausente.

Describir esa sensación de presencia resulta complicado. Podrías tener la tentación de decir que lo que se siente presente eres simplemente tú, el que está mirando el dedo. Sin embargo, no te ves en ese lugar. No apareces allí con ninguna característica identificativa, a diferencia de cuando señalas tus extremidades o tu torso o tu imagen en un espejo. Aunque visualmente identifiques el dedo que señalas como tuyo, no hay nada que puedas identificar visualmente en el lugar al que apunta tu dedo. El tú que se siente presente allí no es un tú visto; más bien, eres tú como vidente o, más sencillamente, tú como viendo. Incluso la palabra *tú* puede decir demasiado, porque la sensación de presencia parece ser simplemente una sensación de ser consciente a través de la visión. Atribuirle un pronombre personal requiere un paso más de reflexión, que implica el concepto de un yo personal. Es mejor decir simplemente que el dedo señala el origen aparente, o el punto de origen, de la visión o la consciencia visual tal y como se experimenta desde el interior.

Puede que digas: «Esa fuente puntual es solo mi ojo (o un punto entre ellos)». Pero, estrictamente hablando, no es así como se ven las cosas visualmente. Como escribe Ludwig Wittgenstein: «En realidad *no* se ve el ojo. Y nada en el campo visual te permite inferir que es visto por un ojo».[2]

Visualmente, te ves a ti mismo sin cabeza: hay un hueco o una abertura en lugar de una cabeza. Y, sin embargo, este hueco no es una mera vacante o vacío. Más bien, la consciencia está ahí, por lo que es un «espacio-consciente».[3] Ese espacio no está vacío; está lleno de tu campo visual y de todo lo que hay en él.

Tal vez digas: «Puede que visualmente me parezca que no tengo cabeza, pero sé que tengo cabeza, porque puedo tocarla con la otra mano [la que no tiene el dedo apuntando]. Y sé que mi cabeza contiene un cerebro, que es realmente el origen o punto fuente de mi consciencia».

Pero ahora has pasado de la visión al tacto. Así que, si quieres seguir con el espíritu del ejercicio, tienes que observar cómo se ven las cosas solo a través del tacto. Atendiendo estrictamente a cómo se ven las cosas táctilmente, ¿está tu cabeza más en el origen de tu consciencia que tu brazo o tu mano, que también puedes tocar? Por el contrario, cuando se toca la cabeza, el origen o punto-fuente de la consciencia se desplaza a la mano. Por supuesto, una mano puede tocar a la otra, pero las dos manos nunca se tocan simultáneamente, sino que alternan sus papeles espontáneamente.[4] Igual que el ojo no se ve a sí mismo en su campo visual, la mano no se toca a sí misma en su campo táctil. En cuanto a tu cerebro, no aparece en ninguna parte directamente en tu experiencia, ni siquiera como una ausencia con una presencia sentida peculiar, como el origen aparente del campo visual. Si nada en el campo visual te permite inferir que es visto por un ojo, ciertamente nada en el campo visual te permite inferir que es visto por un cerebro.

El ejercicio de señalar con el dedo, que proviene del escritor inglés Douglas Harding, pretende inducir una inversión de la atención.[5] Normalmente, la flecha de la atención apunta hacia el mundo, que incluye nuestro cuerpo. Nuestra atención suele estar invertida en el mundo, en los diversos objetos de la consciencia, y salta de una cosa a otra. Hace falta un esfuerzo especial para dirigir la atención hacia la consciencia. El ejercicio de señalar con el dedo es un truco para hacerlo. Pone de relieve la consciencia y la hace sobresalir. El ejercicio es una ayuda para darse cuenta de que hay una diferencia experiencial entre prestar atención a uno u otro objeto de consciencia, incluso a tu cuerpo, que también experimentas subjetivamcnte, y prestar atención a la consciencia. La consciencia, entendida como el darse cuenta, y sus objetos es nuestro tema en este capítulo.

Transparencia

Dado que el tema de la consciencia está envuelto en controversia, tenemos que hacer frente a una objeción a nuestra forma de delinear la consciencia. Algunos filósofos han negado que la consciencia pueda distinguirse experiencialmente de los objetos de la consciencia.[6] Dicen que la consciencia es transparente, es decir, que se puede ver a través de ella sus objetos, como a través del cristal de una ventana transparente.[7] Por ejemplo, cuando ves una puesta de sol, afirman que solo eres consciente de los colores del cielo, que son cualidades perceptibles del objeto, pero no de ninguna cualidad de tu visión o consciencia visual. Además, si intentas prestar atención a tu consciencia visual, todo lo que puedes encontrar son cualidades de lo que ves, pero no cualidades de tu visión. O cuando escuchas una melodía, solo puedes prestar atención a las notas, pero no a ninguna cualidad de tu escucha. En general, según este punto de vista, la consciencia y la atención no contribuyen a la sensación o apariencia de la experiencia, aparte de los objetos y propiedades que presentan.

Creemos que este punto de vista es erróneo.[8] Cuando ves tu dedo apuntando hacia donde otros ven tu cara, eres consciente del dedo, pero también eres consciente de ver. Por supuesto, si estás prestando atención al dedo, entonces tu consciencia de ver no es explícita. Es implícita o tácita. Pero puedes dirigir mentalmente tu atención a la consciencia visual, como ilustra el ejercicio de señalar con el dedo. Cuando lo haces, la sensación de ser consciente se intensifica, independientemente del objeto.

En un sueño lúcido se produce una intensificación similar de la consciencia. Cuando te das cuenta de que estás soñando, te vuelves consciente de tu estado onírico como tal, y puedes dirigir tu atención precisamente a la consciencia onírica, independientemente de lo que estés soñando.[9] El ejercicio de señalar con el dedo induce una lucidez análoga en la percepción, de modo que puedes dirigir tu atención a la consciencia perceptiva como tal, independientemente de lo que estés percibiendo. Desde esta perspectiva de «atestiguar», hay una clara diferencia entre las cualidades experienciales de la consciencia, como la estabilidad, la tranquilidad y el estado de alerta, y las cualidades experienciales del objeto, como el color.[10]

Las tradiciones meditativas asiáticas son relevantes en este sentido. En ciertos estilos de meditación budista de atención plena, inicialmente se aprende a fijar la atención en un objeto de la experiencia, como la respiración, mientras se vigila que no haya distracciones.[11] La vigilancia requiere ser consciente de las características de la experiencia en curso que no pertenecen al objeto, sino a las cualidades de la consciencia, como su estabilidad, grado de alerta y tono afectivo (si es agradable, desagradable o neutro). En términos psicológicos, esta vigilancia requiere una especie de metaconsciencia, una consciencia de la consciencia. Para estos estilos de práctica, el cultivo de la metaconsciencia no implica un giro explícito hacia el interior, o la introspección, porque eso significaría convertir la consciencia en el objeto. En lugar de eso, después de haber alcanzado cierto grado de estabilidad atencional, se deja caer la atención sobre el ancla (el objeto experiencial) mientras se permanece en un estado de «mera no distracción». Esta actitud aumenta la prominencia de las cualidades no objetales de la consciencia (cualidades de la consciencia que no están ligadas al objeto) para que puedan ser percibidas sin centrarse en la consciencia como objeto. Eres capaz de espiar la consciencia con el rabillo del ojo, por así decirlo, sin centrarte explícitamente en ella. Puedes mantener un tipo de metaconsciencia no-objetivante, «el espía de la atención plena», que no presenta la consciencia como un objeto.

Esta perspectiva se relaciona fácilmente con el ejercicio de señalar con el dedo, sobre todo porque el propio Harding escribía desde una perspectiva meditativa similar.[12] El dedo sirve de anclaje inicial de la atención. Pero debido a la peculiar forma en que apunta, produce una inversión de la atención de sí mismo a la consciencia. Lo que impide convertir la consciencia en un objeto es la experiencia de estar «sin cabeza», el encuentro con el «espacio consciente» que no es un objeto y que está lleno del mundo visual. La consciencia no aparece separada de los objetos de la consciencia, pero se distingue claramente de ellos. Con el tiempo, tras sensibilizarte a la consciencia en contraste a sus objetos, ya no necesitas confiar en el accesorio de señalar con el dedo. En lugar de eso, puedes «simplemente sentarte», tomando prestadas las palabras del filósofo Zen Dōgen, en un estado de consciencia abierta.[13]

La *epoché*

Hagamos ahora el ejercicio de señalar con el dedo a la inversa. Comenzando desde el origen de tu campo visual, miras hacia abajo y ves tu torso, brazos y piernas, extendiéndose desde el aparente punto de origen de la consciencia a través de la visión. Ahora tu cuerpo, y de hecho todo lo demás que ves, parece estar contenido en la consciencia. Como escribe Robert Sharf, «la topografía de este espacio se asemeja a la torsión de una banda de Möbius, que es simultáneamente unilateral y bilateral, es decir, que es imposible determinar dónde acaba el sujeto y dónde empieza el objeto».[14] Al mismo tiempo, la consciencia está intrínsecamente abierta a lo que hay más allá de ella, al mundo fuera de su alcance, por lo que la consciencia exhibe tanto cierre (como una banda de Möbius o una botella de Klein) como trascendencia (apunta intrínsecamente más allá de sí misma y amplía constantemente su alcance).[15]

Cuando miramos las cosas de este modo, estamos llevando a cabo una versión de lo que los fenomenólogos, siguiendo a Husserl, llaman la *epoché*, un término que procede del escepticismo griego antiguo y que significa suspensión del juicio o retención del asentimiento.[16] Normalmente creemos que los objetos existen «ahí fuera», independientemente de nosotros. Los fenomenólogos llaman a esta perspectiva la «actitud natural». El primer paso para adoptar una actitud propiamente fenomenológica hacia la experiencia o la consciencia es abstenerse de la actitud natural. No se trata de negar la actitud natural, sino de adoptar una forma diferente de ver las cosas. El fenomenólogo pone entre paréntesis el planteamiento cotidiano de que el mundo existe fuera de la consciencia para examinar el mundo estrictamente tal y como se revela a la consciencia. El objetivo es investigar las cosas exactamente como son en correlación con la forma en que las aprehendemos conscientemente. La *epoché* es el acto mental de suspender nuestra confianza en la actitud natural que da por sentado que los objetos «simplemente están ahí», para poder dirigir la atención exactamente a cómo se muestran las cosas dentro de la mente consciente. Este tipo de atención se centra en la estructura correlacional de la consciencia y sus objetos (consciencia y objetos de la consciencia). Así, la *epoché* requiere esencialmente el mismo tipo de metaconsciencia (consciencia de la consciencia) que aparece en el ejercicio de señalar con el dedo y en ciertos tipos de meditación.

En la actitud natural damos por sentado que la realidad simplemente está ahí. Sin embargo, desde un punto de vista fenomenológico, la realidad es aquello que se nos revela como real, ya sea en la percepción cotidiana, o en la investigación científica. La idea no es que la realidad no existiría si no fuera por la consciencia, o que la realidad está hecha de consciencia. La idea es que no tenemos ningún asidero sobre lo que significa la realidad aparte de nuestra capacidad de aprehender algo como real, y tal aprehensión implica esencialmente el funcionamiento de la consciencia. La *epoché* es un «ejercicio espiritual» y filosófico para acceder a la consciencia como condición de posibilidad para la inteligibilidad de la realidad, para que la idea misma de realidad tenga sentido.[17]

La primacía de la consciencia

La *epoché* pone en primer plano lo que llamaremos la primacía de la consciencia.[18] No hay forma de salir de la consciencia y compararla con otra cosa. Todo lo que investigamos, incluida la consciencia y su relación con el cerebro, reside en el horizonte de la consciencia.

La metáfora del horizonte es significativa. La línea del horizonte es un límite más allá del cual no podemos ir, porque va retrocediendo a medida que nos acercamos a ella. Es una línea aparente y viaja con nosotros. En cierto sentido, el horizonte está «ahí fuera»: es el punto más lejano que el ojo puede ver antes de que la superficie de la Tierra se curve bajo nuestra vista. En otro sentido, el horizonte está «aquí»: es una estructura de percepción y no existe aparte de la mente.

La metáfora del horizonte revela una forma de pensar la consciencia que llamaremos concepción horizonal.[19] La consciencia es el horizonte de la revelación del mundo: el mundo aparece y se nos hace presente desde el horizonte de la consciencia. La consciencia es el horizonte de cualquier cosa que podamos percibir, pensar e investigar, incluso cuando hacemos ciencia. Podemos observar, imaginar e investigar cosas solo dentro del horizonte de la consciencia, y cualquier cosa que determinemos como real o factual obtiene esta determinación desde dentro del horizonte de la consciencia.

La mayoría de los científicos y filósofos no ven la consciencia de esta manera. En su lugar, la consciencia se considera un fenómeno más del mundo. Por supuesto, los teóricos discrepan sobre la naturaleza de este fenómeno. Algunos sostienen que la consciencia es producida por el cerebro, o es idéntica a un estado del cerebro; otros sostienen que es algo no físico, irreductible a la naturaleza física. Algunos dicen que es una especie de ilusión cognitiva, mientras que otros sostienen que es uno de los ingredientes fundamentales de la realidad que una descripción puramente física no puede captar. Sin embargo, a pesar de estas diferencias, la idea común es que la consciencia es un fenómeno del mundo y que puede distinguirse de otros fenómenos.

La concepción horizonal es diferente. En lugar de ser solo un fenómeno en el mundo, la consciencia se entiende también como una condición previa de la revelación del mundo. La consciencia es el horizonte dentro del cual está presente cualquier fenómeno del que podamos hablar, o que podamos señalar. Esto incluye todo lo que podamos indicar sobre determinados estados de consciencia en relación con el cerebro. La consciencia como fenómeno en el mundo siempre aparece dentro de la consciencia como horizonte.

Al mismo tiempo, la consciencia horizontal no es nada en sí misma o por sí misma, porque no es otra cosa que la revelación o manifestación del mundo. La revelación y la manifestación implican un destinatario, aquel a quien algo se revela o manifiesta. Por eso, los fenomenólogos suelen describir la consciencia como el «dativo de la manifestación» (manifestar es manifestarse *a*). La consciencia es el destinatario de la manifestación de la presencia, incluidas todas las formas en que las ausencias, como lo que hay sobre el horizonte, se insinúan dentro de la presencia. Utilizando términos filosóficos budistas, podemos decir que la consciencia horizontal está «vacía» de «ser propio», porque ha «surgido dependientemente» con la manifestación del mundo.

Ahora podemos decir más claramente lo que entendemos por primacía de la consciencia.[20] La consciencia horizontal no es algo que tengamos, del mismo modo que tenemos una sensación de dolor o una impresión visual de un color. Es algo que vivimos. Es un modo de ser, o una forma de existencia. Por tanto, tiene *primacía existencial*. La consciencia también tiene *primacía cognitiva*. Como ilustra nuestra parábola de la temperatura, y como hemos argumentado a lo largo de este libro, la experiencia consciente es tanto el punto de partida como la fuente última de validación para adquirir conocimiento, en particular conocimiento científico. Por último, la consciencia tiene *primacía trascendental*. Algo es trascendental si es una condición a priori de posibilidad del conocimiento (una condición no proporcionada por la experiencia, sino presupuesta por ella). La consciencia no es un objeto más de conocimiento, sino también, y más fundamentalmente, aquello por lo que cualquier objeto es cognoscible. Por esta razón, la consciencia es irreductible a cualquier objeto o dominio de objetos: cualquier explicación de la consciencia en términos de un objeto específico, como el cerebro, o incluso una totalidad de objetos, ya presupone la consciencia como aquello por lo que los objetos son individuados e inteligibles. Como decíamos al principio de esta sección, no hay forma de salir de la consciencia y explicarla exhaustivamente en términos de otra cosa.

Algunos pensadores, antiguos y modernos, han llegado a deducir de este tipo de pensamientos que el universo, la naturaleza o la realidad *son* esencialmente consciencia, o están hechos de algún modo de consciencia. Pero esto no se deduce lógicamente. Este pensamiento adicional da un salto especulativo más allá de lo que podemos saber o establecer sobre la base de las consideraciones anteriores acerca de la consciencia como experiencia interior y como condición previa irreductible del conocimiento científico. Además, como veremos a continuación, este salto especulativo choca con lo que llamaremos la primacía de la corporeidad, la cual es tan innegable como la primacía de la consciencia.

La primacía de la corporeidad

Antes hemos dicho que tu cerebro no aparece en ninguna parte directamente en tu experiencia. Ahora podemos darle la vuelta a este punto. Es innegable que los estados de consciencia dependen estrechamente del cerebro, pero esta dependencia es inescrutable desde el horizonte de la consciencia en primera persona. Estar despierto y percibir cosas a tu alrededor, estar dormido y soñar, sentarse «en consciencia abierta» y simple no distracción: estos modos de consciencia dependen del cerebro, pero experimentarlos desde dentro no revela nada de esta dependencia. En términos más generales, la consciencia horizontal no revela directamente desde dentro todo aquello de lo que depende.

Por supuesto, algunas tradiciones filosóficas y espirituales lo niegan. Afirman que es evidente que la naturaleza interna de la consciencia, a veces llamada «consciencia pura», no depende de nada más que de sí misma y, por tanto, constituye la base fundamental del ser. Pero si se piensa que esta metafísica se desprende de la experiencia de la consciencia pura, la inferencia no es válida. Por muy básica y autosubsistente que pueda parecer la consciencia desde dentro, no se deduce que realmente sea así. Cómo aparece algo no revela necesariamente cómo es, incluso en el caso de la consciencia. Esto no significa que no haya experiencias genuinas de «consciencia pura», estados en los que la consciencia se experimenta como si tuviera una cualidad fenoménica invariable distinta de sus objetos variables. Pero sí significa que tales experiencias, por sí mismas o tomadas en sus propios términos, no revelan sus orígenes o fuentes, o todo aquello de lo que dependen.

Podemos llevar este punto más lejos. La consciencia, en el sentido de tu consciencia inmediata, debe tener fuentes fuera de sí misma. Cualquier cosa que puedas pensar, incluidos «este dedo apunta a un espacio consciente», o «esto es un sueño», tiene sentido gracias a conceptos que posees y sabes cómo usar, y cuyos significados no se originan en ti. Cualquier cosa que hagas, incluso «simplemente sentarte» y «no pensar» en la meditación, tiene sentido y es posible solo con un trasfondo de prácticas sociales y culturales que van mucho más allá de ti, que te preceden y que te sobrevivirán. Incluso la metaconsciencia, la capacidad de atender y controlar mentalmente tu consciencia, tiene su origen en el desarrollo, en haber interiorizado una perspectiva externa de ti mismo cuando eras un bebé que interactuaba con los demás. Por último, cualquier intento de negar que tu consciencia inmediata tiene fuentes externas es incoherente, porque esta negación no puede pensarse ni afirmarse salvo a través de los recursos conceptuales y lingüísticos que te proporcionan tu herencia social y tu evolución cultural y biológica. Aunque fueras el último superviviente de una plaga universal, tu mente y tu capacidad de metaconsciencia serían inherentemente sociales.

Estos puntos describen lo que llamaremos la primacía de la corporeidad. No hay forma de salir de la corporeidad, de nuestros cuerpos vivos e inherentemente sociales y enculturados. Como escribe Merleau-Ponty: «El cuerpo es el vehículo del ser en el mundo».[21] El cuerpo es el medio de la revelación del mundo a través de la consciencia.

Un extraño bucle

Ahora nos enfrentamos a un extraño bucle.[22] La consciencia horizontal subsume el mundo, incluido nuestro cuerpo experimentado desde dentro, mientras que la corporeidad subsume la consciencia, incluida la consciencia en tu intimidad inmediata. La primacía de la consciencia y la primacía de la corporeidad se envuelven mutuamente. Debemos examinar este extraño bucle que desaparece de la vista en el punto ciego.

De hecho, ya hemos encontrado este extraño bucle en nuestra discusión sobre el tiempo y la cosmología, y en nuestra discusión sobre la vida: nuestra experiencia del tiempo depende del flujo del tiempo cósmico que medimos a través de nuestra experiencia del tiempo, y solo la vida puede conocer la vida. Como el ouroboros, la serpiente que se traga su propia cola, estamos en el universo y el universo está en nosotros. Este es el extraño bucle.

Merleau-Ponty pone el dedo en la llaga cuando escribe en *Fenomenología de la percepción*: «El mundo es inseparable del sujeto, pero de un sujeto que no es más que un proyecto del mundo; y el sujeto es inseparable del mundo, pero de un mundo que él mismo proyecta».[23] Esta afirmación pretende despejar el camino entre dos extremos. Uno es la idea de que solo existe un mundo para o en la consciencia (idealismo). El otro es la idea de que el mundo existe ya hecho, y viene preclasificado en clases o categorías aparte de la experiencia (realismo). En lugar de estos dos extremos, Merleau-Ponty propone que cada uno de los dos términos, el objeto consciente y el mundo, hace que el otro sea lo que es y, por tanto, forman inseparablemente un todo mayor. En términos filosóficos, su relación es dialéctica.

El mundo del que habla Merleau-Ponty es el mundo de la vida, el mundo que somos capaces de percibir, investigar y actuar. El sujeto proyecta el mundo porque hace surgir el mundo como espacio de sentido y relevancia. Pero el sujeto solo puede proyectar el mundo porque es inherente a un cuerpo ya orientado y comprometido con un mundo que lo supera. El sujeto corporal no solo está en el mundo, sino que también es del mundo. El sujeto corporal es un proyecto del mundo, una forma en que el mundo se autoorganiza localmente y se autoindividúa para constituir un ser vivo.[24]

Tal vez quieras decir que el universo —todo el cosmos o toda la naturaleza— subsume el mundo de la vida, de modo que el extraño bucle solo nos afecta a nosotros y a nuestro mundo de la vida, no a nosotros y al universo en su conjunto. Pero poner en cuarentena el extraño bucle de esta manera no funcionará. Es cierto que nuestro mundo vital es una parte minúscula de un cosmos inmensamente vasto. El cosmos contiene nuestro mundo vital. Pero también es cierto que el mundo de la vida contiene al universo. Lo que queremos decir es que el universo siempre se nos revela desde dentro del mundo de la vida. El mundo de la vida establece el horizonte dentro del cual todo es observable, mensurable y pensable. Así pues, el mundo de la vida y el universo están atrapados en un extraño bucle.

Merleau-Ponty tiene *in mente* este extraño bucle cuando escribe:

> ¿Qué significa exactamente decir que el mundo existía antes de la consciencia humana? Podría significar que la Tierra surgió de una nebulosa primitiva en la que no se habían reunido las condiciones para la vida. Pero cada una de estas palabras, al igual que cada ecuación en física, presupone *nuestra* experiencia precientífica del mundo, y esta referencia al mundo *vivido* contribuye a constituir el significado válido de la afirmación. Nada me llevará nunca a comprender lo que puede ser una nebulosa que nadie ha podido ver. La nebulosa de Laplace no está detrás de nosotros, en nuestro origen, sino delante de nosotros, en el mundo cultural.[25]

Merleau-Ponty no niega que haya un sentido perfectamente legítimo en el que podamos decir que el mundo existía antes de la consciencia humana. De hecho, se refiere a la «significación válida» de esta afirmación. Su argumento se sitúa a otro nivel, el del significado. Los significados de los términos de los enunciados científicos, incluidas las ecuaciones matemáticas, dependen del mundo de la vida, como ilustran nuestra parábola de la temperatura y nuestra discusión sobre la dependencia del tiempo del reloj del tiempo vivido. Además, el universo no viene prefabricado y preclasificado en clases de entidades, como las nebulosas, independientemente de los científicos investigadores que encuentran útil conceptualizar y categorizar las cosas de esa manera, dadas sus capacidades perceptivas, herramientas observacionales y propósitos explicativos en el mundo de la vida y el taller científico. La idea misma de nebulosa, un cuerpo diferenciado de nubes interestelares, refleja nuestra manera humana y científica de clasificar perceptiva y conceptualmente los fenómenos astronómicos. Esto es lo que Merleau-Ponty quiere decir cuando afirma que no puede comprender lo que podría ser una nebulosa que no pudiera ser vista por nadie. Nada lleva intrínsecamente en sí la identidad «nebulosa». Esa identidad depende de un sistema conceptual que informa (y es informado por) la observación. Sin embargo, la última frase de Merleau-Ponty es exagerada. Dado el sistema conceptual de la astrofísica y la teoría general de la relatividad, la nebulosa de Laplace *está* detrás de nosotros en el tiempo cósmico. Pero no *solo* está detrás de nosotros. También está delante de nosotros en el mundo cultural, porque la idea misma de nebulosa es una categoría humana. El universo contiene el mundo de la vida, pero el mundo de la vida contiene el universo. Este es el extraño bucle.

Ahora podemos apreciar que el mundo de la vida tiene el mismo tipo de primacía que la primacía de la consciencia y la primacía de la corporeidad. Mejor aún, la primacía del mundo de la vida subsume la primacía de la consciencia y la primacía de la corporeidad. No podemos salir del mundo de la vida, porque lo llevamos con nosotros dondequiera que vayamos. Todo lo que sabemos sobre el universo lo sabemos desde dentro del mundo de la vida. Al mismo tiempo, abrimos constantemente nuevas perspectivas con nuevos horizontes del mundo de la vida, sobre todo en la ciencia (pero también en el arte, la religión y la filosofía). Por tanto, siempre tiene que haber algo que trascienda el mundo de la vida, que esté más allá de él, y que proporcione una fuente de posibilidades siempre nuevas de revelación y manifestación desde su interior. Podemos llamar a esa fuente «naturaleza».[26] El mundo de la vida está intrínsecamente abierto a esta fuente que lo trasciende. El mundo de la vida es a la vez cerrado (cualquier acción en su interior da lugar a otra acción en su interior) y trascendente (está intrínsecamente abierto a lo que hay más allá de él). El mundo de la vida y el universo se envuelven mutuamente.

El punto ciego oculta este extraño bucle para que lo olvidemos. Caemos en el hechizo de pensar que es posible comprender la consciencia desde un punto de vista puramente exterior, fuera del extraño bucle en el que nos sitúa la consciencia. En otras palabras, pensamos que podemos comprender la consciencia en el marco del reduccionismo, el fisicalismo y el objetivismo o, en su defecto, postulando un dualismo de naturaleza física frente a una consciencia irreductible que podríamos captar de algún modo fuera del extraño bucle. Ahora estamos listos para ver por qué estas formas de pensar no funcionan y por qué las razones de su fracaso son más profundas que lo que los filósofos llaman el problema difícil de la consciencia.

El problema difícil es un artefacto del punto ciego

Se dice que el problema difícil de la consciencia es el problema de explicar cómo un sistema físico, como el cerebro, da lugar a la experiencia consciente.[27] La expresión «da lugar a» es vaga, porque parte del problema consiste en averiguar exactamente cuál se supone que es la relación explicativa entre un sistema físico y la experiencia consciente. Aunque «da lugar a» sugiere una relación causal, quizá la relación sea de identidad (ser consciente es idéntico a cierto tipo de estado físico) o de realización (ser consciente se realiza en cierto tipo de estado físico). En cualquier caso, el problema, en términos generales, es explicar cómo y por qué se genera la experiencia consciente en un sistema físico, tal y como se describe en los términos objetivos de la ciencia, ya sea esa descripción en términos de procesos electroquímicos en neuronas y sinapsis, procesos computacionales o informacionales en redes neuronales, o efectos cuánticos en sistemas biológicos o materia en general.

El difícil problema actual de la consciencia es un artefacto del punto ciego. El problema es parte integrante del problema mente-cuerpo que surgió con la ciencia moderna. Ya en 1866, Thomas Henry Huxley, el biólogo inglés del siglo XIX conocido como «el bulldog de Darwin», escribió: «Pero no sabemos qué es la consciencia; y cómo es que algo tan notable como un estado de consciencia se produce como resultado de la irritación del tejido nervioso, es tan inexplicable como la aparición de Djinn (el genio) cuando Aladino frotó su lámpara en el cuento, o como cualquier otro hecho último de la naturaleza».[28] Unas décadas más tarde, William James, en sus *Principios de psicología* (1890), citó palabras en el mismo sentido del discurso presidencial del físico irlandés John Tyndall en 1868 ante la Sección Física de la Asociación Británica para el Avance de la Ciencia: «El paso de la física del cerebro a los hechos correspondientes de la consciencia es impensable. Suponiendo que un pensamiento definido y una acción molecular definida en el cerebro se produzcan simultáneamente, no poseemos el órgano intelectual, ni aparentemente ningún rudimento del órgano, que nos permita pasar, mediante un proceso de repetición, de uno a otro».[29] ¿Por qué los procesos cerebrales deberían desembocar en una experiencia consciente? Este es el difícil problema de la consciencia, también conocido como laguna explicativa.[30]

El problema se remonta al auge de la ciencia moderna en el siglo XVII, en particular a la bifurcación de la naturaleza, la división de la naturaleza en realidad física externa, concebida como estructura y dinámica matematizables, y apariencias subjetivas, concebidas como cualidades fenoménicas alojadas en el interior de la mente. La primera versión moderna de la bifurcación era la división entre «cualidades primarias» (tamaño, forma, solidez, movimiento y número), que se creía que pertenecían a entidades materiales en sí mismas, y «cualidades secundarias» (color, sabor, olor, sonido, calor y frío), que se creía que solo existían en la mente y que eran causadas por las cualidades primarias que incidían en los órganos de los sentidos y daban lugar a impresiones mentales. Esta división creó inmediatamente una brecha explicativa entre los dos tipos de propiedades. Así, John Locke, en su monumental obra de 1689 *An Essay Concerning Human Understanding*, planteó el problema que Huxley replantearía aproximadamente doscientos años después. En palabras de Locke, «estamos tan lejos de saber qué figura, tamaño o movimiento de las partes producen un color amarillo, un sabor dulce o un sonido agudo, que no podemos de ninguna manera imaginar cómo cualquier *tamaño, figura o movimiento* de cualquier partícula puede producir en nosotros la idea de *cualquier color, sabor o sonido*; no hay conexión concebible entre uno y otro».[31]

Gottfried Wilhelm Leibniz (entre cuyos muchos logros figuran la creación del cálculo al mismo tiempo que Newton, la invención de las calculadoras mecánicas, la documentación y el perfeccionamiento del sistema numérico binario, y probablemente el primer filósofo europeo que escribió con seriedad y simpatía sobre la filosofía china) planteó un problema similar en su *Monadología*, publicada en 1714: «Si imaginamos que existe una máquina cuya estructura le hace pensar, sentir y tener percepciones, podríamos concebirla ampliada, guardando las mismas proporciones, de modo que pudiéramos entrar en ella, como se entra en un molino. Suponiendo que, al inspeccionar su interior, solo encontráramos partes que se empujan unas a otras, y nunca nada que explique una percepción».[32] «Percepción» era el término general de Leibniz para los estados mentales. Sostenía que cuando inspeccionamos un sistema mecánico, lo que es más fácil de hacer cuando lo imaginamos ampliado de modo que podamos examinar su interior, no encontraremos nada que explique la presencia de estados mentales (sensaciones, percepciones y pensamientos).

Aunque el argumento del molino de Leibniz no se refería específicamente a la consciencia, sino a los estados mentales en general, es fácil imaginar una versión temporal de su argumento aplicada al cerebro y a la consciencia. Gracias a la neurofisiología celular y molecular, y a las tecnologías de neuroimagen, ahora podemos entrar en el cerebro y ver su estructura y dinámica internas. Ahora disponemos de muchos «conectomas», mapas completos o diagramas de cableado de las conexiones neuronales del cerebro. ¿Hay algo en estos modelos del cerebro que explique la presencia de la consciencia? Supongamos que pudiéramos obtener imágenes de la actividad física de las redes neuronales que componen el cerebro a cualquier escala espacial y temporal que eligiéramos. Aunque pudiéramos establecer correlaciones precisas entre tu actividad cerebral y tus experiencias, estas correlaciones no bastarían para explicar tus experiencias, ni el hecho de que ocurran, ni tus cualidades particulares. La actividad física y computacional de las redes neuronales se encuentra al otro lado de una línea divisoria conceptual y explicativa de la experiencia directa de un cielo azul, un ensueño estival o una sentada tranquila en meditación. Este abismo es la brecha explicativa.

A pesar de los asombrosos e incesantes avances de la física, la biología y la neurociencia, desde la bifurcación de la naturaleza que comenzó con el surgimiento de la ciencia moderna, no se ha producido ningún progreso fundamental en la ciencia para salvar el abismo entre la consciencia y los modelos físicos. Aunque los modelos físicos y biológicos son cada vez más sofisticados y se basan en cantidades crecientes de datos, el abismo persiste. El problema que Huxley y Tyndall señalaron en el siglo XIX es el mismo que los filósofos Thomas Nagel y David Chalmers identificaron en el siglo XX y que persiste en la actualidad.[33] De hecho, es difícil ver cómo cualquier avance en la comprensión de los procesos físicos, descritos en términos completamente objetivos a cualquier escala o nivel, nos permitirá salvar este abismo. Esta situación debería llevarnos a sospechar que el difícil problema de la consciencia está incorporado en la metafísica del punto ciego, y no es resoluble en sus términos.

Como hemos visto a lo largo de este libro, la metafísica del punto ciego surge cuando confundimos un método con la estructura intrínseca de la realidad. Ideamos un método explicativo poderoso que se abstrae de la consciencia, olvidando que el método sigue dependiendo fundamentalmente de la consciencia. Como ilustran nuestra parábola de la temperatura y nuestra discusión sobre el tiempo, empezamos sustituyendo fenómenos concretos y tangibles por construcciones matemáticas abstractas e idealizadas (la sustitución subrepticia). Como estos constructos son tan útiles, nos olvidamos de que son abstracciones y los tomamos por la realidad concreta (la falacia de la concreción equivocada). A medida que ascendemos en la espiral de las abstracciones, llegamos a considerar lo que en realidad son residuos muy destilados de la experiencia como si fueran entidades esencialmente no experienciales que constituyen el tejido objetivo de la realidad (la cosificación de las invariantes estructurales). Por último, la experiencia consciente, fuente y piedra de toque del método, desaparece por completo, oculta en el punto ciego (la amnesia de la experiencia). El resultado es una imagen de la realidad dibujada en términos fisiológicos, reduccionistas y objetivistas, de la que la consciencia ha sido excluida por construcción.

Si ahora nos damos la vuelta e intentamos recuperar la consciencia dentro de la cosmovisión del punto ciego, utilizando el mismo método con el que la excluimos al principio, nos enfrentamos a una situación imposible y sin sentido. Afirmar que la consciencia puede explicarse de forma reductiva mediante sus residuos estructurales abstractos en la física o la neurociencia cognitiva invierte todo el procedimiento de generación de conocimiento científico, el cual parte de la experiencia directa y está siempre en deuda con ella. En principio, este movimiento es absurdo porque intenta sustituir la subjetividad que excluye al principio, por una abstracción en términos completamente objetivos.[34] Falla al no reconocer la ineliminable primacía de la consciencia en el conocimiento.

Solo hay unas pocas opciones para tratar la consciencia dentro de los confines de la cosmovisión del punto ciego del mundo. En última instancia, todas son insatisfactorias, porque nunca se enfrentan a la necesidad de reconocer la primacía de la consciencia y el extraño bucle en el que nos encontramos. La primera opción es cambiar de tema centrándose en un problema diferente, como qué aspectos de la experiencia consciente van de la mano de qué aspectos de la actividad cerebral. La segunda opción es atrincherar la bifurcación de la naturaleza en un dualismo metafísico de realidad física y propiedades mentales irreductibles. Dependiendo de lo extendidas que se consideren estas propiedades mentales, la posición resultante es el dualismo naturalista, que postula principios vinculantes adicionales entre los procesos físicos y las propiedades mentales irreductibles para explicar cómo surge la experiencia consciente del cerebro, o el panpsiquismo, que considera la consciencia como una característica fundamental del mundo físico.[35] La tercera opción es afirmar que la consciencia es una ilusión, postura conocida como ilusionismo. Sin embargo, independientemente del enfoque que elijamos, nos mantenemos dentro del ámbito del punto ciego, haciendo más de la misma «ciencia normal», inyectando un «ingrediente extra», dualista o panpsiquista, en una visión del mundo que, por lo demás, permanece inalterada y preservada del punto ciego, o negándonos a aceptar la consciencia, excepto como una especie de ilusión cognitiva, un movimiento que exacerba el punto ciego.[36] En el resto de este capítulo, examinaremos más detenidamente estas opciones y explicaremos por qué necesitamos un enfoque radicalmente diferente más allá del punto ciego.

Apostar por el cerebro

El enfoque estándar de la neurociencia de la consciencia es ignorar el difícil problema de cómo se genera la consciencia en el mundo físico, para centrarse, en cambio, en mapear las propiedades experienciales de la consciencia en las propiedades funcionales del cerebro.[37] El término *correlatos neuronales de la consciencia* se refiere a este tipo de mapeo.[38] Por ejemplo, se sabe que las propiedades de estar despierto y percibir conscientemente detalles visuales están estrechamente relacionadas con patrones coordinados de actividad neuronal a gran escala en áreas corticales muy extendidas.[39] Redes cerebrales a gran escala similares están activas cuando soñamos, pero no durante el sueño profundo.[40]

Sin embargo, la topografía cerebral de estas redes sigue siendo objeto de debate. ¿Las áreas cerebrales más relacionadas con la percepción consciente son las sensoriales, situadas en la parte posterior de la cabeza, o las cognitivas, situadas en la parte anterior?[41] El debate también se centra en si la consciencia perceptiva es esencialmente un fenómeno sensorial o cognitivo que incluye la atención y la memoria. La cuestión se ha cristalizado en un debate entre los paradigmas de «sin informe» y de «informe».[42] La forma tradicional de investigar los correlatos neuronales de la consciencia es utilizar informes verbales sobre la percepción como estándar para determinar el contenido de la consciencia. Pero los informes verbales confunden los contenidos de la percepción con los procesos cognitivos de la atención y la memoria que se requieren para hacer contenidos notificables (hay que prestar atención a algo y retenerlo en la memoria para notificarlo). Los paradigmas sin informes intentan eliminar estas confusiones utilizando primero los informes para encontrar indicadores neurofisiológicos y conductuales de la consciencia (como medidas electrofisiológicas y de imágenes cerebrales, junto con movimientos oculares y dilatación de la pupila), que posteriormente pueden utilizarse en ausencia de informes. Sin embargo, cada una de las partes en este debate ha podido aportar pruebas empíricas de su postura (de que la percepción consciente está esencialmente ligada a la atención y la memoria, o no depende de ellas). Como resultado, no existe un correlato neural de la consciencia único y generalmente aceptado, y sigue habiendo un desacuerdo aparentemente irresoluble sobre qué es la consciencia (si es fundamentalmente una capacidad cognitiva o sensorial).

Otra propiedad experiencial de la consciencia es el sentido del yo, la sensación de ser un sujeto de experiencia y un agente de acción. El sentido del yo no es una sola cosa. Incluye muchos elementos diferentes, como el yo corporal, el yo mental experimentado en la memoria y la anticipación, el yo como una historia personal (el yo narrativo) y el yo social. Cada uno de estos aspectos puede analizarse a su vez en distintas facetas. Por ejemplo, el yo corporal incluye los sentimientos de propiedad («este cuerpo es mío»), agencia («soy yo quien hace este movimiento»), autoubicación («estoy en mi cuerpo») y percepción egocéntrica («veo el mundo a través de mis propios ojos»). El sentido del yo es una construcción, hecha a partir de la integración de distintos tipos de experiencias de uno mismo. Sus características e integración también pueden mapearse en diversos sistemas del cerebro y el resto del cuerpo.[43]

El mapeo que va de las propiedades de la consciencia a las propiedades del cerebro ha producido modelos y hallazgos experimentales fructíferos. Es una estrategia de investigación importante en la neurociencia de la consciencia. El problema ocurre cuando se dice que este enfoque acabará por hacer desaparecer el problema difícil o la laguna explicativa.[44] Esto es un error. Establecer conexiones detalladas entre la experiencia y el cerebro es una cosa. Otra cosa es explicar qué hace posible esas correspondencias, y cómo y por qué se mantienen. Como señala Michel Bitbol, pensar que la resolución de estos problemas de mapeo resolverá (o disolverá) finalmente el problema difícil de la consciencia es como pensar que se puede llegar al horizonte caminando lo suficiente.[45] Por muy detallados que sean los mapeos entre la experiencia y el cerebro, no bastan para explicar el origen físico o la generación de la consciencia. La experiencia consciente es un dato de la relación cartográfica; no se explica por ella. Dar cuenta de la cartografía que corresponde a la experiencia requiere una explicación diferente.

La investigación sobre los correlatos neuronales de la consciencia se enfrenta a problemas adicionales cuando se adopta como estrategia para abordar el problema difícil o la brecha explicativa. A menos que conozcamos la exacta naturaleza y estructura de la consciencia, no podremos determinar las condiciones en las que se produce. ¿Podría existir algún tipo de consciencia en organismos sin cerebro ni sistema nervioso?[46] En la actualidad no tenemos forma de responder definitivamente a esta pregunta. Aunque sabemos que el cerebro es necesario para las capacidades cognitivas que están estrechamente asociadas a la consciencia en nosotros, no sabemos si estas capacidades cognitivas son esenciales para la consciencia o si son innecesarias. La investigación sobre los correlatos neuronales de la consciencia no ha podido zanjar esta cuestión, como hemos visto. Pensemos en la sensibilidad, la capacidad de sentir. ¿Requiere capacidades cognitivas como la atención selectiva y la memoria a corto plazo, o está separada de ellas? ¿Existe una forma mínima o básica de sensibilidad, una sensación de estar vivo, que pertenece a todos los organismos? ¿O la sensibilidad surge en algún momento de la evolución? No hay consenso sobre estas cuestiones en la ciencia de la consciencia. Incluso si muchos neurocientíficos afirmaran que la consciencia está restringida a los animales con cerebro, esta postura es, en el mejor de los casos, una suposición o hipótesis de trabajo, no un hecho establecido.[47]

Si ya supiéramos qué propiedades experienciales y cognitivas son necesarias para la consciencia, y supiéramos que son exclusivas del cerebro, entonces mapearlas en el cerebro nos ayudaría a centrarnos en el origen físico de la consciencia, aunque siguiéramos sin entender cómo un sistema físico como el cerebro podría generar consciencia. Pero no sabemos estas cosas y surge una circularidad desafiante cuando intentamos averiguarlas.[48] Para determinar el alcance de la consciencia en el mundo natural, necesitamos una teoría validada de la consciencia, pero, para llegar a esa teoría, tenemos que basarnos en suposiciones sobre lo extendida que está la consciencia en la naturaleza. Tener una teoría validada de la consciencia requiere determinar qué propiedades experienciales y cognitivas son esenciales para la consciencia, pero determinar esto depende de suposiciones sobre qué tipos de órganos son conscientes. No podemos ignorar estos retos si intentamos responder a la pregunta de cómo surge la consciencia en la naturaleza.

Algunos teóricos establecen una analogía entre la neurociencia de la consciencia y la biología de la vida.[49] Así como la vida no es una sola cosa, sino que incluye metabolismo, crecimiento, automantenimiento, reproducción, evolución, etc., de manera semejante, la consciencia no es una sola cosa. Y del mismo modo que se avanzó en la comprensión de la vida explicando las diferentes propiedades de la vida, se avanzará en la comprensión de la consciencia trazando un mapa de sus diferentes formas y aspectos en el cerebro.

Pero esta analogía solo llega hasta cierto punto. No es que el problema de la vida se haya resuelto mediante el tipo de comprensión mecanicista que tienen *in mente* los defensores de la estrategia de mapeo del cerebro y la consciencia. Por el contrario, apenas se ha comenzado a dar cuenta de los organismos como agentes autodeterminados con espacios de fase impredecibles (véase el capítulo 6). Además, la impresión de que la biología ha resuelto completamente el problema de la vida se debe en parte a que hemos eliminado el problema de la consciencia del problema de la vida. Pero esto no es más que echar balones fuera. Ser consciente forma parte de los procesos de regulación de la vida en los organismos conscientes.[50] Necesitamos explicar cómo se produjo la aparición de organismos conscientes, incluido si la sensibilidad es coetánea a la vida o un acontecimiento evolutivo posterior, y si la aparición de la consciencia fue accidental o inevitable desde un punto de vista evolutivo. Así que los problemas de la vida y la consciencia se entrelazan. Además, una vez que tratamos de separar el problema de la consciencia del problema de la vida, la desanalogía entre ambos se hace patente. La consciencia es subjetiva y experiencial, mientras que la vida biológica se interpreta como totalmente objetiva. La desanalogía no consiste solo en que tengamos que recoger datos sobre estados experienciales subjetivos en el caso de la consciencia, pero no en el caso de la vida. También es que los fenómenos se conceptualizan de formas diferentes. En otras palabras, utilizamos marcos conceptuales diferentes para entenderlos: el marco de la estructura, función y dinámica objetivas, por un lado, y el marco de la experiencia subjetiva, por otro. Sí, podemos trazar un mapa entre estos dos marcos. Pero esto sigue dejando sin tocar las cuestiones sobre qué hace posible el mapeo y cómo explicar la generación de consciencia en el mundo natural.

El dilema de la predicción

El «procesamiento predictivo», una teoría actualmente popular sobre el funcionamiento del cerebro como sistema cognitivo, se ha propuesto como una forma de responder a estas preguntas y explicar cómo genera el cerebro la experiencia perceptiva.[51] Según esta teoría, el cerebro hace constantemente predicciones sobre las señales sensoriales que recibe, basándose en hipótesis sobre las causas ocultas e inobservables de las señales «ahí fuera» en el mundo. El cerebro trabaja para minimizar las diferencias entre sus predicciones y las señales sensoriales entrantes. Las señales sensoriales sirven como errores de predicción que el cerebro utiliza para actualizar y revisar sus hipótesis y predicciones, que aplica a la siguiente ronda de señales. Se cree que este ciclo de predicción, actualización de hipótesis y nueva predicción funciona de acuerdo con los principios de la teoría bayesiana de la probabilidad (analizada en nuestro tratamiento del QBismo en el capítulo 4), por lo que este punto de vista también se describe como la hipótesis del «cerebro bayesiano». En resumen, según esta teoría, la percepción es el resultado de la realización y revisión de predicciones por parte del cerebro ante señales sensoriales entrantes tratadas como señales de error, y lo que percibimos es el contenido de las predicciones del cerebro a medida que trabaja para minimizar los errores de predicción sensorial.[52]

El procesamiento predictivo se desarrolló como una teoría sobre cómo funciona el cerebro en la percepción, no como una teoría sobre la consciencia. Pero la idea de que lo que percibimos, el contenido de nuestra experiencia perceptiva, es el contenido del modelo predictivo interno de nuestro cerebro, pretende establecer un vínculo con la experiencia consciente. Según este punto de vista, no percibimos el mundo directamente, sino que experimentamos el contenido del modelo cerebral del mundo exterior. El neurocientífico Anil Seth describe esta idea diciendo que la experiencia perceptiva es una «alucinación controlada», una frase que se remonta al investigador británico del siglo XX Max Clowes, y posiblemente al físico y médico alemán del siglo XIX Hermann von Helmholtz.[53] (En 1994, el neurocientífico Rodolfo Llínas también describió la percepción como un sueño controlado: soñar con restricciones sensomotoras en tiempo real).[54] La idea básica es que la alucinación se produce cuando las predicciones o expectativas del cerebro dominan la percepción sin estar limitadas por las señales sensoriales. La percepción se produce cuando las predicciones del cerebro están fuertemente limitadas por las señales sensoriales, de modo que el cerebro revisa constantemente sus predicciones a la luz de estas. La idea de que la percepción es una alucinación controlada (y la alucinación, una percepción sin restricciones) se ha propuesto como una forma de ampliar el procesamiento predictivo, de una teoría sobre el funcionamiento del cerebro a una teoría sobre cómo el funcionamiento del cerebro explica la experiencia perceptiva.

Pero decir que la percepción consciente es la alucinación controlada por el cerebro no explica realmente la consciencia. Aunque la teoría del procesamiento predictivo revisa los términos del lado cerebral del mapeo experiencia-cerebro, no explica cómo el cerebro, entendido en términos de procesamiento predictivo, es suficiente para la experiencia en primera persona de ser consciente. Es cierto que la teoría requiere algo más que determinar qué patrones de actividad cerebral corresponde con qué experiencias conscientes. También tenemos que determinar qué aspectos del procesamiento predictivo del cerebro van con qué experiencias conscientes. Además, podemos comprender mejor el mapeo experiencia-cerebro manipulando el procesamiento predictivo del cerebro y alterando así la experiencia. También podemos manipular la experiencia subjetiva para ver cómo cambia el procesamiento predictivo. Pero ¿por qué debería un sistema de procesamiento predictivo incorporar un punto de vista experiencial? ¿Por qué debería ser consciente? ¿Qué tiene el procesamiento predictivo que basta para que haya consciencia? La teoría no responde a estas preguntas.

Seamos claros. No se trata de si la teoría del proceso predictivo proporciona modelos útiles de la función cerebral. Está claro que sí. Aun así, afirmar que el cerebro no es más que un sistema de procesamiento predictivo es exagerado, dado el estado actual de las pruebas y los retos metodológicos para probar los modelos.[55] El concepto de «cerebro bayesiano» también está inflado. Como señala el neurocientífico Luiz Pessoa, nadie llama al cerebro «cerebro newtoniano» porque podamos utilizar ecuaciones diferenciales para modelizarlo, así que el hecho de que podamos utilizar la teoría bayesiana de la probabilidad para modelizar aspectos de la función cerebral no convierte al cerebro en un «cerebro bayesiano».[56] El mapa no es el territorio, y las matemáticas tampoco.[57] Tampoco se trata de si la teoría del procesamiento predictivo es útil para identificar y refinar nuestra comprensión de los correlatos neuronales de la consciencia.[58] La cuestión es si la teoría explica la consciencia explicando cómo genera el cerebro la experiencia. ¿Resuelve la teoría el «problema de generación» de la consciencia, es decir, el problema de cómo un sistema físico puede producir experiencia consciente?[59] La respuesta es no.

Nos sentimos obligados a insistir en este punto, porque algunos neurocientíficos afirman lo contrario. Pasan de decir que la teoría del procesamiento predictivo es útil para refinar el mapeo experiencia-cerebro, a afirmar que proporciona un modelo mecanicista de lo que son las experiencias conscientes, y cómo se generan en el mundo natural. Por ejemplo, se nos dice que nuestra percepción consciente del mundo es «nada más y nada menos que la mejor conjetura de nuestro cerebro sobre las causas ocultas de sus entradas sensoriales incoloras, informes e insonoras», y que «la experiencia específica de ser tú mismo (o un yo) no es más que la mejor conjetura del cerebro sobre las causas de las señales sensoriales relacionadas con uno mismo».[60] Estas afirmaciones de «nada más» van mucho más allá de cualquier cosa que la teoría del procesamiento predictivo establezca científicamente. No son afirmaciones científicas, sino metafísicas. Van en contra de la brecha explicativa entre los modelos de procesamiento predictivo del cerebro y la experiencia consciente de la persona. Ejemplifican el punto ciego.

Decir que la experiencia perceptiva es la mejor suposición del cerebro sobre el oculto mundo exterior crea problemas insolubles que tipifican el punto ciego. Estamos atrapados prediciendo dentro de nuestras cabezas. La función de nuestros sentidos no es revelar el mundo, incluido nuestro cuerpo, sino indicar errores en lo que suponemos basándonos en nuestros modelos craneales. La predicción es esencialmente solipsista: la experiencia inmediata nos proporciona solo nuestras predicciones internas, privadas, que actualizamos únicamente registrando nuestros errores sobre un mundo exterior siempre oculto. Se trata de una versión cognitivo-neurocientífica de la bifurcación de la naturaleza.

No hay nada científicamente obligatorio en esta imagen de la percepción. Al contrario, otras teorías científicas de la percepción la rechazan. La psicología ecológica de James J. Gibson y sus seguidores entiende la percepción como una actividad de todo el animal, no como un episodio dentro de su cabeza.[61] El contenido de la percepción es la disposición del entorno y lo que esa disposición ofrece al animal, no un modelo en el cerebro. Los procesos cerebrales facilitan la percepción, pero la percepción no es un proceso cerebral. La percepción es una forma en la que el animal, dadas sus capacidades sensoriales y motoras, se relaciona con el mundo. La ciencia cognitiva enactiva comparte este punto de vista.[62] Tanto la psicología ecológica como la ciencia cognitiva enactiva se esfuerzan por crear una ciencia de la percepción que no bifurque la naturaleza.

La teoría del procesamiento predictivo distorsiona la experiencia perceptiva. No percibimos predicciones ni señales de error, aunque nuestro cerebro haga uso de ellas. Percibimos el mundo. ¿Cómo pueden equivaler las conjeturas del cerebro, y la actualización de sus conjeturas, a la sensación concreta de presencia compartida que experimentamos en la percepción? (De hecho, el cerebro no hace realmente conjeturas ni predicciones; esa es nuestra forma de hablar, basada en cómo modelamos el cerebro en contextos particulares y bajo supuestos particulares). Una cosa es investigar cómo los procesos cerebrales que modelamos en términos predictivos pueden permitir nuestra experiencia perceptiva del mundo. Otra cosa es declarar que el contenido de nuestra experiencia perceptiva es lo mismo que el contenido de un modelo predictivo en el cerebro. La equivalencia no está justificada. Sustituye subrepticiamente el contenido de la experiencia perceptiva por un modelo del contenido de los procesos cerebrales. También adolece de la falacia de la concreción mal situada. Toma un modelo abstracto e idealizado del cerebro en tercera persona como el fenómeno concreto de la experiencia perceptiva del mundo en primera persona. Por último, confunde los niveles de descripción. Al igual que no percibimos imágenes retinianas, tampoco percibimos predicciones y señales de error. Sigue existiendo una discrepancia fundamental entre los modelos de procesamiento predictivo y la experiencia perceptiva.[63]

Pero las cosas se ponen peor. La teoría del procesamiento predictivo se autodestruye cuando la aplicamos al conocimiento perceptivo, en particular a nuestro conocimiento perceptivo del cerebro. Si la percepción es «nada más» que la mejor suposición de nuestro cerebro sobre las causas ocultas de sus entradas sensoriales, entonces esto debe aplicarse igualmente a nuestra percepción del cerebro. El cerebro físico, que se suponía objetivo y fuera del modelo, y la fuente de la consciencia, ahora resulta ser un contenido dentro del modelo predictivo. De ello se deduce que no estamos estudiando realmente el cerebro físico cuando hacemos neurociencia, al menos no directamente. Estamos estudiando nuestras «conjeturas» sobre algo oculto e inobservable que llamamos «el cerebro» desde dentro del modelo. Este punto se generaliza. Todo lo que percibimos no es más que una «suposición» hecha desde dentro del modelo. El modelo engloba todo lo que percibimos más allá de él. El modelo se traga su propia base física.[64] Esa base exterior se convierte en una hipótesis más dentro del modelo.

Podrías intentar resistirte a esta conclusión diciendo que todo modelo necesita un sistema físico que lo genere, por lo que debe haber un cerebro físico fuera del modelo, o al menos una realidad física exterior. Pero, estrictamente hablando, esto no se deduce lógicamente. Por lo que sabemos, el mundo exterior al modelo podría ser totalmente mental, como piensan los idealistas filosóficos, o matemáticos, como sostienen los platónicos. Si no hay forma de saber qué hay fuera del modelo, tampoco hay forma de establecer qué es la realidad exterior y qué conceptos se aplican a ella.

Nuestra intención al hacer este argumento no es sumergirnos en cuestiones metafísicas profundas sobre la relación entre las apariencias y las cosas-como-son-en-sí-mismas (para usar los términos de Kant). En lugar de ello, se trata de señalar que la teoría del procesamiento predictivo, cuando se presenta como una explicación fisicalista de la generación de la consciencia, se debilita a sí misma, porque no está vinculada a la noción del cerebro físico fuera del modelo en el que se basa. El hecho de no ver esto —que la teoría postula una fuente física de la consciencia que transgrede la teoría y que la teoría no puede explicar— es otro caso de punto ciego.

La teoría del procesamiento predictivo —extrapolada como teoría de la experiencia perceptiva, o de la consciencia en general— se socava a sí misma de otra manera. La teoría hace imposible dar cuenta de la ciencia y, por tanto, de la propia teoría. La ciencia depende del conocimiento perceptivo compartido en el taller científico y en el mundo de la vida. Pero la teoría del procesamiento predictivo reduce el conocimiento perceptivo compartido a que cada persona —o mejor dicho, cada cerebro— coordine su propio modelo privado con otros modelos privados. Desde la perspectiva de un modelo determinado, la existencia de cualquier otro modelo es solo una conjetura. Cada perceptor se basa únicamente en señales de error privadas para orientarse en el mundo. No hay forma creíble de explicar el conocimiento científico basándose en este marco solipsista.

La raíz de estos problemas irresolubles es pensar que somos nuestro cerebro, y que la percepción tiene lugar dentro de él. Esto es como decir que un pájaro es sus alas y que volar tiene lugar dentro de ellas.[65] Un pájaro necesita alas para volar, pero el vuelo no está dentro de las alas. Volar es una relación entre todo el animal y su entorno. Necesitamos cerebros para percibir, pero percibir no está dentro de nuestros cerebros. Percibir es una relación entre nosotros y el mundo. Una vez que eliminamos la distinción entre nosotros y nuestro cerebro, creamos una falsa imagen de nosotros mismos atrapados dentro de nuestras cabezas, como en una habitación sin ventanas, teniendo que adivinar lo que ocurre fuera y trabajando solo con las discrepancias entre lo que adivinamos y los sonidos que oímos procedentes del otro lado de la pared.[66] Pero no estamos dentro de nuestras cabezas.[67] No somos reductibles a nuestro cerebro. El cerebro es un órgano de percepción, no el perceptor. El perceptor es la persona o el animal en su totalidad, orientado hacia su mundo.

¿Información integrada al rescate?

Otra teoría que pretende responder a la pregunta de cómo un sistema físico puede generar consciencia es la teoría de la información integrada de la consciencia (TII).[68] Los teóricos de la TII creen que deberíamos partir de la fenomenología, es decir, de un examen de cómo aparece la consciencia experiencialmente. En lugar de intentar inferir la consciencia a partir de los sistemas físicos, deberíamos partir de la experiencia consciente y determinar qué tipo de propiedades deben tener los sistemas físicos para ser conscientes. Sin embargo, a diferencia de los fenomenólogos que exploran pacientemente las formas en que experimentamos la consciencia, los teóricos de la TII saltan de inmediato a tratar de identificar las propiedades experienciales esenciales de la consciencia, las que creen que son indudables y verdaderas de toda experiencia consciente concebible.

Se identifican cinco propiedades esenciales que sirven como «axiomas» de la teoría: (1) existencia intrínseca (cada experiencia existe desde su propia perspectiva intrínseca o no relacional); (2) composición (cada experiencia se compone de múltiples distinciones fenoménicas); (3) información (cada experiencia es informativa en el sentido de que difiere de otras experiencias posibles); (4) integración (cada experiencia está unificada); y (5) exclusión (cada experiencia tiene un contenido definido). Estos axiomas se traducen en «postulados» sobre las propiedades esenciales del sustrato físico de la consciencia.

En las TII, por «físico» se entiende, en abstracto, el poder de causa-efecto: cómo las partes de un sistema se influyen mutuamente, o cómo un sistema responde a todas las perturbaciones posibles de su estado. Esta noción de poder de causa-efecto se utiliza para traducir los axiomas fenomenológicos en postulados físicos. Por ejemplo, el axioma de que cada experiencia existe desde su propia perspectiva intrínseca se traduce en el postulado de que el sustrato físico de la experiencia debe existir con su propio poder intrínseco de causa-efecto, independiente de factores extrínsecos.

La «información integrada», también conocida como Phi o Φ, se define en este nivel causal de elementos interactuantes. Giulio Tononi, inventor de la teoría, describe la información integrada como «la cantidad de información generada por un complejo de elementos, por encima y más allá de la información generada por sus partes», teniendo en cuenta sus interacciones causales y dinámicas.[69] A grandes rasgos, la información integrada es la información que va más allá de la disponible en la suma de las partes del sistema y que no puede localizarse en las partes del sistema.

La tesis central del TII es que «la consciencia es información integrada».[70] Se dice que el nivel o cantidad de consciencia presente en un sistema físico corresponde a la cantidad de información integrada (Φ) generada por los elementos del sistema. Se dice que el carácter cualitativo específico de toda experiencia consciente es idéntico a una estructura causa-efecto irreducible e intrínseca (que existe por sí misma independientemente de otras cosas). Esto se describe como una «forma» en el espacio de las relaciones informativas (posibles relaciones causa-efecto) entre los elementos del sistema. Por último, en relación con el cerebro, la TII especifica cómo las redes neuronales funcionales correlacionadas con estados conscientes en los estados de vigilia o sueño tienen una gran cantidad de información integrada (Φ) en comparación con los estados cerebrales cuando la consciencia está atenuada o ausente en el sueño profundo o bajo anestesia.[71] La teoría también pretende especificar cómo determinados tipos de estructuras causales del cerebro, entendidas en términos de información integrada, reflejan (se corresponden uno a uno) las propiedades esenciales de la consciencia (tal y como se dan en los axiomas de la teoría).

La TII constituye un interesante caso de estudio del punto ciego. Algunos aspectos de la teoría apuntan más allá del punto ciego, mientras que otros lo refuerzan.

Por un lado, el concepto y las medidas de información integrada han abierto nuevas perspectivas sobre los sistemas complejos más allá del reduccionismo clásico. Por ejemplo, los teóricos de la TII han demostrado que las medidas de información integrada de la causalidad del sistema a macronivel pueden sustituir a las explicaciones de los sistemas complejos en términos de causalidad a micronivel de los elementos del sistema.[72] En otras palabras, las medidas de información integrada del sistema en su conjunto pueden tener mayor poder explicativo que las explicaciones a en cuanto a las interacciones causales de las partes. Los conceptos y medidas de información integrada también se han utilizado para mostrar cómo delimitar la frontera entre una unidad integrada y su entorno, y para iluminar aspectos de la organización biológica.[73]

Por otra parte, la tesis central de la TII, según la cual la información integrada *es* la consciencia, confunde el mapa con el territorio. Es un caso sorprendente de sustitución subrepticia —sustituir información integrada por experiencia— y de la falacia de la concreción equivocada —tratar la información integrada, que es una abstracción de nuestro conocimiento de las interdependencias causales, como si fuera concretamente real—.

Una cosa es decir que la información integrada puede estar estrechamente asociada con aspectos de la consciencia y que podemos usar medidas de información integrada como medidas de la complejidad de las redes neuronales asociadas con estos aspectos de la consciencia. Otra cosa es decir que la consciencia es idéntica a la información integrada. Los teóricos de la TII creen que esta identidad se deriva de su afirmación de que existe un isomorfismo (una correspondencia estructural de uno a uno) entre los componentes de la estructura causa-efecto de un sistema físico y las cualidades abstractas de la experiencia especificadas en los axiomas de la TII. Pero incluso si hubiera un isomorfismo, en lugar de una mera analogía o semejanza formal, como es el caso, la afirmación de identidad no se seguiría lógicamente. Un isomorfismo es una relación que solo es válida para objetos abstractos que se distinguen únicamente por su estructura, y el isomorfismo no implica necesariamente igualdad o identidad. La experiencia consciente es un fenómeno concreto y no un objeto abstracto. La estructura abstracta de la consciencia no agota lo que es la consciencia.

La TII ve correctamente que tenemos que empezar con la fenomenología cuando investigamos la consciencia. Pero inmediatamente compromete esta visión con una sustitución subrepticia. Al principio, la teoría sustituye los fenómenos reales de la consciencia por una estructura axiomática-deductiva, que se basa necesariamente en la abstracción y la idealización. Esta sustitución ignora los hallazgos básicos de la fenomenología. Como Husserl —quien, recuérdese, era matemático— comprendió hace mucho tiempo, los fenómenos reales de la consciencia son fluidos e indeterminados (un punto también señalado por James y Merleau- Ponty), y no tienden hacia ningún límite ideal, a diferencia de las entidades de la física matemática.[74] Bergson comprendió este hecho crucial incluso antes: recordemos la necesaria fluidez e inexactitud de la experiencia de la duración en comparación con el tiempo del reloj. Cualquiera que se tome en serio la fenomenología y conozca su historia cuestionaría inmediatamente la idoneidad de intentar explicar la consciencia utilizando una estructura axiomático-deductiva. Después de todo, la explicación científica difícilmente tiene que ser axiomática y deductiva: la biología no explica la vida en términos de un marco axiomático-deductivo. Comenzar con la fenomenología significa prestar la debida atención a los fenómenos reales de la consciencia en su fluidez e indeterminación, en lugar de asumir desde el principio que todos ellos pueden ser generados a partir de propiedades axiomáticas.

Si nos centramos en los axiomas y postulados específicos de la TII, que supuestamente sustentan la identificación de la consciencia con la información integrada, nos encontramos con que están repletos de problemas. Como ha demostrado el filósofo Tim Bayne, los axiomas, a pesar de presentarse como evidentes, son controvertidos o están insuficientemente especificados.[75] Veamos algunos ejemplos.

El axioma 1 (existencia intrínseca) afirma que cada experiencia existe desde su propia perspectiva intrínseca o no relacional. Este axioma depende de la problemática noción de propiedad intrínseca (una propiedad que algo tiene por sí mismo sin depender de nada más). El axioma equivale a una fuerte afirmación metafísica: que cualquier experiencia tiene su propio carácter intrínseco al margen de sus relaciones con cualquier otra cosa, una afirmación que dista mucho de ser evidente y que muchos teóricos rechazarían. Los teóricos de la cognición encarnada y enactiva argumentarían que los estados conscientes y sus contenidos dependen constitutivamente de su historia y sus relaciones con el entorno. Los ilusionistas (de los que hablaremos más adelante) dirían que las experiencias conscientes pueden parecer existir intrínsecamente, pero que se trata de una ilusión cognitiva. Y los filósofos budistas del Madhyamaka (Camino Medio) dirían que la noción misma de que algo existe intrínsecamente es incoherente.[76]

El axioma 2 (composición) afirma que cada experiencia consciente está estructurada, que está compuesta de distinciones fenoménicas que le son propias. Este axioma está subespecificado. Todas las teorías reconocen que la consciencia implica típicamente algún grado o tipo de diferenciación fenoménica, pero discrepan sobre cómo describirla. Por ejemplo, ciertos tipos de estados meditativos pretenden ser conscientes y fenoménicamente desestructurados.[77] ¿Este axioma los excluye? En ese caso, el axioma es discutible, no evidente. ¿O el axioma los permite de alguna manera (quizás contándolos como casos de estructuración mínima)? En ese caso, el axioma no está suficientemente especificado.

El axioma 4 (integración) afirma que cada experiencia consciente está unificada. Este axioma equivale a tomar partido por los holistas en los debates antiguos y contemporáneos entre holistas fenoménicos y atomistas fenoménicos.[78] Los holistas fenoménicos sostienen que la experiencia consciente global en un momento dado es un todo irreductible que no puede reducirse a elementos fenoménicos más simples. Los atomistas fenoménicos sostienen que esta impresión de totalidad es una construcción mental ilusoria y no es real: la experiencia puede analizarse exhaustivamente en átomos fenoménicos elementales. El holismo fenoménico puede ser cierto, pero no es evidente. Además, si la verdad del holismo o del atomismo no es discernible para la introspección, no funcionará hacer axiomático el holismo sobre bases introspectivas. Los otros dos axiomas de la TII también están subespecificados o no son evidentes, pero no necesitamos entrar en detalles.[79] Lo que hay que subrayar es que la identificación de la consciencia con la información integrada se basa en los axiomas de la TII y su traducción en postulados sobre las propiedades del sustrato físico de la consciencia. Pero estos axiomas son poco sólidos, y los postulados no se derivan lógicamente de ellos. Lo que une los postulados a los axiomas es la semejanza o la analogía, no la derivación lógica. Por estas razones, la identificación explicativa central de la TII de la consciencia con la información integrada no está justificada.[80]

La TII adolece de un problema más profundo, que nos lleva al corazón del punto ciego. El problema se refiere a su concepto clave de información. Desde nuestro punto de vista, la información, tal como se define en la teoría de la información, incluida la teoría de la información integrada, depende fundamentalmente del observador y refleja el punto de vista cognitivo de un agente investigador.[81] La información se define en términos de distribuciones de probabilidad, y las distribuciones de probabilidad reflejan la incertidumbre de un observador o agente desde un punto de vista parcial y limitado. En otras palabras, los estados del mundo, o los estados de un sistema físico, no llevan intrínsecamente información por sí mismos; solo llevan información desde determinadas perspectivas observacionales o cognitivas. La información presupone la existencia de un observador, entendido como agente cognitivo racional. Desde esta perspectiva, construir un relato de la consciencia a partir de la información es retrógrado o circular. El concepto mismo de información presupone la consciencia en forma de conocimiento experiencial de un agente cognitivo racional. La información es un residuo estructural de cierto tipo de experiencia: la incertidumbre de un agente respecto a posibles resultados. Olvidar esta verdad sobre la información es un caso de amnesia de la experiencia.

Fisicalismo frente a panpsiquismo

Es hora de dar un paso atrás y considerar ideas metafísicas más amplias sobre la consciencia en relación con el punto ciego. Aunque las teorías científicas de la consciencia que hemos considerado pueden ser consistentes con diferentes marcos metafísicos, normalmente se entiende que trabajan dentro del marco del fisicalismo, aunque algunos panpsiquistas piensan que la TII apoya su posición, mientras que otros critican la TII por la misma razón.[82] Los fisicalistas creen que la consciencia puede explicarse plenamente en términos de entidades y procesos físicos que consideran fundamentalmente no mentales. La vida, la mente y la consciencia, para los fisicalistas, no son nada más que complejas configuraciones de elementos físicos, que en última instancia son reducibles a átomos y partículas elementales. Los panpsiquistas, sin embargo, sostienen que los constituyentes físicos fundamentales del universo son también mentales. Para los panpsiquistas, la mente o la consciencia son tan fundamentales como los quarks y los fotones. Aunque tanto los fisicalistas como los panpsiquistas piensan que la consciencia humana es compleja y deriva de entidades y procesos más simples, los fisicalistas piensan que esas entidades y procesos son fundamentalmente físicos y totalmente no mentales, mientras que los panpsiquistas piensan que son fundamentalmente físicos y fundamentalmente mentales.

Nuestro punto de vista es que el fisicalismo y las versiones actuales del panpsiquismo dan por sentada la concepción del punto ciego de la ciencia y, por tanto, operan en el ámbito de la metafísica del punto ciego. Empezaremos con el fisicalismo y luego echaremos un vistazo al panpsiquismo.

El fisicalismo, como tesis metafísica, es efectivamente inútil. La razón es que «físico» no está bien definido, y los intentos de definirlo hacen que el fisicalismo sea falso, vacío o no naturalista en espíritu, contrariamente a la motivación original del fisicalismo.

Tomemos la afirmación fisicalista clave de que no hay nada más que realidad física o, para decirlo con más precisión, que el universo o el cosmos consiste total y exclusivamente en entidades y procesos físicos. Para decirlo sin rodeos, esta afirmación es falsa o vacía. Por un lado, si definimos «físico» como lo que la física contemporánea nos dice que es físico, entonces el fisicalismo es falso, ya que la física contemporánea será inevitablemente sustituida por otra física con una concepción nueva, refinada o ampliada de lo físico. Por otra parte, si definimos «física» según una física futura, acabada o ideal (una idea que creemos que no tiene sentido),[83] entonces el fisicalismo está vacío, porque no tenemos ni idea de cómo será esa física futura.

El problema de que el fisicalismo sea falso o vacío se conoce como el dilema de Hempel, en honor al filósofo de la ciencia del siglo XX Carl Gustav Hempel.[84] Si el fisicalismo se define a partir de la física actual, entonces es falso, porque la física contemporánea es incompleta. Pero si el fisicalismo se define por referencia a una física futura o ideal, entonces es trivial o vacío, porque nadie puede decir qué contiene una física futura. Tal vez, como han argumentado algunos físicos, una física ideal necesite contener incluso elementos mentales o consciencia.[85] En ese caso, la dicotomía entre lo físico y lo mental, en la que se basa el fisicalismo tradicional, no tendría sentido, asumiendo que «físico» significa cualquier cosa a la que la física deba referirse. La conclusión del dilema es que no tenemos una comprensión clara de lo que significa que algo sea físico y, por tanto, no hay forma de enunciar el fisicalismo como una tesis con sentido.

Ante este dilema, algunos filósofos sostienen que deberíamos definir «físico» de forma que excluya el emergentismo radical o fuerte (que la consciencia es emergente de la realidad física, pero irreductible a ella) y el panpsiquismo (que la mente es fundamental y existe en todas partes, incluso a escala microfísica). Este movimiento daría al fisicalismo un contenido definido, pero a costa de intentar legislar de antemano lo que puede significar «físico», en lugar de dejar que su significado lo determine la física.

Rechazamos este movimiento. Va en contra del espíritu original del fisicalismo, que se supone que es científico y naturalista. Lo que significa «físico» debe determinarlo la física, no una reflexión de sillón. Después de todo, el significado del término «físico» ha cambiado radicalmente desde el siglo XVII. Antes se pensaba que la materia era inerte, impenetrable, rígida y sujeta únicamente a interacciones deterministas y locales. Hoy sabemos que esto es erróneo en prácticamente todos los aspectos: aceptamos la existencia de varias fuerzas fundamentales, partículas que no tienen masa (actualmente, el fotón y los ocho gluones que median la fuerza nuclear fuerte), indeterminación cuántica y relaciones no locales. Es de esperar que en el futuro se produzcan más cambios drásticos en nuestro concepto de la realidad física. Por estas razones, no podemos limitarnos a legislar lo que puede significar el término «físico» para salir del dilema de Hempel.

Un filósofo panpsiquista, Galen Strawson, ha argumentado que el fisicalismo, bien entendido, implica de hecho el panpsiquismo.[86] Si es así, el fisicalismo permite, e incluso exige, que las entidades físicas fundamentales sean también fundamentalmente mentales. Esta línea de pensamiento proporciona una indicación más de que es muy difícil restringir el significado del fisicalismo como tesis metafísica. El fisicalismo se convierte en naturalismo, un compromiso con la inteligibilidad científica de la realidad, en contraste con el sobrenaturalismo, la creencia de que hay fenómenos o entidades que no están sujetas a las leyes de la naturaleza. Podemos aceptar el naturalismo sin injertarle la inútil metafísica del fisicalismo.

La concepción del fisicalismo de Strawson nos lleva al panpsiquismo. Él argumenta a favor del panpsiquismo de la siguiente manera:

1. El monismo es verdadero (la realidad es un todo concreto y no está dividida en diferentes tipos de cosas fundamentales, como las mentes inmateriales y los cuerpos materiales. En nuestros términos, siguiendo a Whitehead, la naturaleza está unificada, no bifurcada).

2. La experiencia es real. (Strawson llama al ilusionismo, la tesis de que la experiencia es una ilusión, «la gran estupidez»).[87]
3. Todos los fenómenos reales son físicos. (El fisicalismo es cierto).
4. Por lo tanto, la experiencia es física.
5. La emergencia de la experiencia a partir de entidades y procesos no experienciales es imposible. (Esto es negar la emergencia radical o fuerte. Si la emergencia radical fuera cierta, la experiencia tendría que depender enteramente de entidades y procesos no experienciales, de modo que la experiencia se remontaría enteramente a ellos, siendo sin embargo novedosa desde un punto de vista puramente físico. Pero no tenemos ningún modelo conceptual o científico para este tipo de emergencia).
6. Por tanto, al menos algunos fenómenos físicos elementales también deben ser experienciales.
7. Si al menos algunos fenómenos físicos elementales son experienciales, es mucho más probable que todos lo sean. (De lo contrario, se produciría una heterogeneidad o bifurcación radical en la naturaleza, contrariamente a lo que aquí se plantea en primer lugar).
8. Por tanto, todos los fenómenos físicos son también fenómenos experienciales, lo que equivale a decir que el panpsiquismo es cierto.

Lo ingenioso de este argumento es que deriva el panpsiquismo afirmando el fisicalismo y la realidad de la experiencia, por un lado, y negando la bifurcación de la naturaleza y la emergencia radical o fuerte para la consciencia, por otro. La realidad física debe ser fundamentalmente experiencial, dado que la naturaleza no está bifurcada, todo es físico, la experiencia es real, y la emergencia de la experiencia a partir de fenómenos no experienciales es imposible (o ininteligible).

Este argumento es ambiguo con respecto al punto ciego. Apunta más allá del punto ciego, pero al final se queda dentro de él.

El argumento apunta más allá del punto ciego al rechazar varios elementos cruciales de la metafísica del punto ciego, a saber, la bifurcación de la naturaleza, el fisicalismo ortodoxo (la realidad física es fundamentalmente no mental) y el epifenomenalismo sobre la experiencia. El argumento propone una concepción indivisa de la naturaleza en la que la experiencia es irreductible. Esto abre la puerta al reconocimiento de la primacía de la consciencia, la primacía de la corporeidad y el extraño bucle entre la consciencia y el mundo.

No obstante, el argumento sigue siendo rehén del punto ciego. El razonamiento da por sentada la concepción objetivista de la física (que la física nos da acceso a la realidad al margen de la experiencia humana), en lugar de reconocer que la experiencia está ineludiblemente presente en toda la física (las invariantes estructurales de la física son residuos de la experiencia) y, por tanto, que la imagen fisicalista de la naturaleza utilizada para plantear el difícil problema de la consciencia, para el que se supone que el panpsiquismo es una solución, es defectuosa desde el principio. Como resultado, el argumento panpsiquista acaba inyectando la experiencia como un ingrediente extra en una concepción objetivista de la realidad física que, por lo demás, no cambia. El resultado es objetivar la experiencia, convertirla en un objeto en el mundo físico. Esto es paradójico, porque la experiencia es precisamente lo que no es un objeto. La experiencia es el horizonte dentro del cual cualquier objeto o conjunto de objetos es especificable. El argumento panpsiquista inserta la experiencia en la naturaleza sin reconocer que la experiencia es una condición de posibilidad para la inteligibilidad de la naturaleza. La experiencia escapa a la objetivación, pero el argumento panpsiquista trata la experiencia como si fuera un tipo especial de objeto. Esto es síntoma del punto ciego.

La objetivación de la experiencia es evidente en otra línea de argumentación panpsiquista conocida como el argumento de la «naturaleza intrínseca».[88] Es el siguiente:

1. La física solo nos revela las propiedades estructurales y relacionales de los fenómenos físicos. (Por ejemplo, la física nos dice qué es un electrón solo en términos de lo que hace, o cómo está dispuesto a comportarse en relación con otras entidades; no nos dice cuál es la naturaleza intrínseca de un electrón, qué es un electrón en sí mismo).
2. Las propiedades relacionales están determinadas por propiedades intrínsecas. (Las relaciones dependen de que haya propiedades que tengan por sí mismas las cosas que están en relaciones).
3. Ciertas configuraciones de fenómenos físicos (como el cerebro) generan o constituyen experiencias.
4. Así pues, las propiedades intrínsecas de los fenómenos físicos deben englobar este poder de generar o constituir experiencias.
5. Nuestra propia consciencia interior revela que las propiedades fenoménicas son propiedades intrínsecas de nuestros estados experienciales. (Por ejemplo, podemos saber por introspección que el azul percibido es una propiedad fenoménica intrínseca de la experiencia visual de ver un cielo azul despejado).
6. Las propiedades fenoménicas son las únicas propiedades intrínsecas que conocemos.
7. Así pues, las propiedades fenoménicas deben ser propiedades intrínsecas de los fenómenos físicos o, al menos, de ciertos sistemas físicos organizados (como el cerebro).

Si añadimos a este argumento la negación de la emergencia radical, y la afirmación de que si las propiedades fenoménicas son intrínsecas, al menos, a algunas propiedades físicas, es probable que sean intrínsecas a todos los fenómenos físicos, entonces llegamos al panpsiquismo.

Este argumento objetiva la experiencia interpretándola como explicable en términos de propiedades fenoménicas especiales que constituyen la naturaleza intrínseca del mundo físico. Pero la experiencia no puede explicarse completamente de este modo. De nuevo, la experiencia es el horizonte dentro del cual cualquier propiedad es especificable. Es la condición previa para la manifestación del mundo, no solo algo dentro del mundo.

El argumento tiene otros dos grandes problemas. Depende de la idea poco clara y problemática de una propiedad intrínseca, y se basa en una concepción errónea de lo que sabemos sobre la experiencia a partir de nuestra propia consciencia interior.

Una propiedad intrínseca se entiende tradicionalmente como una propiedad que tendría una cosa, aunque fuera la única cosa del universo o la única cosa existente. ¿Tiene sentido esta idea? No si se piensa que algo es lo que es solo en virtud de su pertenencia a una red de relaciones. ¿Por qué no decir que las relaciones determinan a sus ocupantes, al modo de la mecánica cuántica relacional (véase el capítulo 4)? ¿O que relaciones y ocupantes son mutuamente interdependientes? Los filósofos budistas del Madhyamaka (Camino Medio), a lo largo de siglos de debate con sus interlocutores filosóficos indios, han dado razones convincentes para rechazar la inteligibilidad y la existencia de propiedades intrínsecas.[89] Sus argumentos han inspirado a filósofos analíticos y físicos cuánticos para mantener la primacía de las relaciones sobre las entidades con propiedades intrínsecas.[90] En cualquier caso, el argumento anterior gira en torno al concepto metafísico de propiedad intrínseca, un concepto al que es muy difícil dar sentido.

Además, es difícil que sepamos por nuestra propia consciencia interior que las cualidades de nuestra experiencia son propiedades intrínsecas de nuestros estados experienciales. ¿Puedes decir solo por introspección que el azul que ves cuando miras al cielo azul claro es una propiedad intrínseca de tu estado experiencial, lo que significa que no está constituido a partir de relaciones que implican a tu cuerpo, entorno e historia personal? Desde luego que no. De hecho, una introspección cuidadosa sugiere precisamente lo contrario. Sugiere que las cualidades que experimentamos están constituidas por relaciones, relaciones que provienen de tener un cuerpo, estar situado en un entorno y tener una historia. El azul del cielo no se presenta como una propiedad mental intrínseca, sino como una propiedad experiencial del mundo que está saturada por todo el contexto visual, la capacidad de respuesta del cuerpo, y las memorias sedimentadas de experiencias pasadas similares. Esta miríada de relaciones es inagotable, ciertamente para la introspección, en su amplitud y profundidad. En términos más generales, la consciencia interior no nos da acceso a la naturaleza completa de nuestros estados experienciales, y todo lo que parece intrínseco es probable que resulte ser relacional.

El problema con las versiones actuales del panpsiquismo es que aceptan la concepción del punto ciego de la ciencia y la imagen fisicalista de la realidad, pero luego espolvorean la consciencia sobre la realidad física por todas partes como polvo de hadas. Aunque esto da a la consciencia una especie de primacía, no es la adecuada para suplantar al punto ciego. La primacía de la consciencia como un tipo especial de bloque de construcción no es la primacía de la consciencia como aquello dentro de lo cual cualquier cosa se nos aparece, incluida cualquier cosa que podamos tomar como bloques de construcción. A menos que reconozcamos el segundo tipo de primacía, la primacía de la consciencia horizontal, incluido cómo envuelve necesariamente la primacía de la encarnación, no seremos capaces de reconocer el extraño bucle que obvia el punto ciego. A fin de cuentas, las versiones actuales del panpsiquismo no son más que un parche para abordar el problema de la consciencia dentro de los confines del punto ciego.

Solo una ilusión

Algunos teóricos han sugerido que si la búsqueda de una teoría de la consciencia nos lleva hasta el panpsiquismo, entonces deberíamos preguntarnos si la consciencia existe realmente.[91] Esta idea nos lleva al ilusionismo, la última de las principales formas de tratar la consciencia dentro del punto ciego.

Los ilusionistas dicen que la consciencia es una ilusión, que no es lo que parece ser.[92] La ilusión que les preocupa es un tipo de ilusión cognitiva, una impresión errónea que proviene de una forma falsa de pensar. La consciencia parece poseer propiedades intrínsecas, subjetivas y cualitativas, los llamados qualia o propiedades fenoménicas. Los ilusionistas afirman que no existen tales propiedades.

Supongamos que te quemas un dedo en una sartén caliente. Si piensas en términos de qualia —que es una construcción filosófica, no una noción cotidiana—, pensarás que te encuentras con una propiedad fenoménica particular, la propiedad del dolor abrasador. Pensarás que esa propiedad es inherentemente subjetiva, privada y cualitativa y que pertenece intrínsecamente a tu estado de dolor. Los ilusionistas niegan que la experiencia tenga realmente tales propiedades. No niegan la experiencia del dolor; niegan que existan qualia del dolor. Niegan que la experiencia del dolor consista en conocer inmediatamente propiedades intrínsecas que son inherentemente subjetivas, privadas y cualitativas. En su lugar, sostienen que la experiencia del dolor consiste en encontrarse en un determinado estado físico e informacional generado por el cerebro. La introspección representa ese estado cerebral de forma simplificada, del mismo modo que el icono de una carpeta en la pantalla de un ordenador representa la ubicación y el contenido de los datos de forma simplificada. La introspección representa el estado cerebral subyacente como si tuviera propiedades cualitativas únicas, pero en realidad no las tiene. El estado cerebral consiste enteramente en propiedades físicas, informativas y funcionales, que son descriptibles sin mencionar nada inherentemente cualitativo o fenoménico. La impresión de subjetividad y privacidad proviene de que el cerebro se autocontrola y se autorrepresenta y, por tanto, tiene un tipo de acceso único (aunque limitado) a sus propios estados.

Para el ilusionista, la consciencia no es un medio especial de propiedades fenoménicas. Es un tipo de proceso cognitivo e informativo complejo. Ser consciente es utilizar la información de forma flexible, pensando en ella, prestándole atención, recordándola, informándola, etcétera. Puede parecer que la consciencia está poblada de propiedades fenoménicas, pero es una ilusión. La ilusión proviene de aplicar un concepto erróneo, el concepto de qualia o propiedades fenoménicas, a cómo la introspección simplifica y tergiversa los estados cerebrales subyacentes a la experiencia.

Sus oponentes suelen burlarse del ilusionismo porque parece negar algo innegable: la consciencia en el sentido de experiencia directa o consciencia con carácter fenoménico.[93] Puede que sea así, pero el ilusionismo contiene una idea importante. La idea es que los qualia son una construcción teórica, no algo que pueda leerse a partir de la experiencia, y que esa estructura está plagada de problemas. Los «qualia» no solo se refieren a cómo se ven o se sienten las cosas, o a cómo parecen en general cuando las experimentamos, aunque los filósofos suelen utilizar la palabra de esa forma anodina. *Qualia* es un término técnico que se refiere a las supuestas propiedades intrínsecas, cualitativas o fenoménicas que se cree que determinan cómo se ven las cosas cuando las experimentamos. Los qualia, así entendidos, son postulados teóricos, no datos. Requieren que pensemos que la experiencia tiene características cualitativas cuya identidad y naturaleza no dependen de las relaciones en las que aparecen, en particular las relaciones entre el cuerpo y el entorno y las relaciones de las experiencias entre sí.

Los ilusionistas no son los únicos que niegan la existencia de los qualia. Los fenomenólogos también. Piensan que el concepto de qualia distorsiona la experiencia vivida. Como escribe Merleau-Ponty: «El *qualia* puro solo nos sería dado si el mundo fuera un espectáculo y el propio cuerpo un mecanismo con el que una mente imparcial pudiera familiarizarse. La sensación, sin embargo, inviste a la cualidad de un valor vivo, la capta primero en su significación para nosotros, para esta masa pesada que es nuestro cuerpo, y como resultado la sensación incluye siempre una referencia al cuerpo».[94] Por «*quale* puro» Merleau-Ponty entiende una «sensación bruta», una propiedad fenoménica que tiene una naturaleza intrínseca, cualitativa, aparte de las relaciones corporales y ambientales en las que figura y sin referencia a nada más allá de sí misma. Esta idea refleja la bifurcación de la naturaleza, su división en propiedades físicas (cualidades primarias) y cualidades mentales (cualidades secundarias), o en términos de Merleau-Ponty, el cuerpo como mecanismo, que responde a estímulos físicos, y una mente imparcial, que los registra como qualia. Merleau-Ponty rechaza esta imagen. La sustituye por una concepción de las cualidades sensoriales como constituidas por las relaciones significativas del cuerpo vivo con el entorno («este rojo no sería literalmente el mismo si no fuera el "rojo lanoso" de una alfombra»[95]) y con las tendencias afectivas y motivacionales del cuerpo vivo (este rojo no sería literalmente el mismo si no fuera el rojo apetitoso de una fresa).

Sin embargo, hay una gran diferencia entre fenomenología e ilusionismo. Los fenomenólogos (sobre todo los que siguen a Merleau-Ponty) reconocen la primacía de la consciencia, la primacía de la corporeidad y el bucle extraño, mientras que los ilusionistas piensan que la consciencia es una ilusión que puede explicarse en términos físicos totalmente objetivos. La diferencia es el día y la noche.

El problema del ilusionismo no es su negación de los qualia. El problema es que confunde el concepto erróneo de qualia con la experiencia directa. Confunde el hecho incontrovertible de la experiencia directa con una teoría intelectual que distorsiona la experiencia directa. Una cosa es rechazar el concepto de qualia como una ficción teórica. Otra cosa es afirmar que la experiencia directa es una ilusión creada por el cerebro. Esa afirmación se contradice a sí misma, porque no tenemos conocimiento del cerebro aparte de nuestra experiencia directa con él. Si eliminamos la experiencia directa, no tenemos conocimiento de nada.

Los ilusionistas suelen ser fisicalistas.[96] Suponen que solo existe la realidad física, que la ciencia proporciona acceso a la realidad objetiva fuera de la experiencia y que la realidad física es fundamentalmente no experiencial. Es imposible explicar la experiencia en este marco. La razón no es la resistencia de los qualia a la explicación fisicalista. La razón es que la experiencia directa es una condición previa y un ingrediente esencial de la ciencia. Los ilusionistas creen que pueden explicar la experiencia exhaustivamente en términos de procesamiento de la información y modelos funcionalistas del cerebro. Eso es imposible. Estos modelos son residuos estructurales de la experiencia. Presuponen la experiencia como condición necesaria de su propia posibilidad e inteligibilidad. Pensar que se puede explicar exhaustivamente la experiencia directa sin quedarse en sus residuos estructurales no tiene sentido. El ilusionismo fisicalista sigue atrincherado en el punto ciego.

Una ciencia de la consciencia en la que la experiencia realmente importa

Hace tres décadas, cuando David Chalmers acuñó por primera vez el término «el difícil problema de la consciencia» y llamó la atención sobre su importancia, unos cuantos científicos hicieron la audaz sugerencia de que la insolubilidad de ese problema dentro de lo que llamamos el punto ciego significa que necesitamos replantear la ciencia para investigar la consciencia.[97] En dos artículos independientes, publicados en el mismo número de *Journal of Consciousness Studies* en 1996, el astrofísico Piet Hut y el psicólogo cognitivo Roger Shepard, así como el neurocientífico Francisco Varela, abogaron por una importante revisión de la ciencia de la consciencia basada en el reconocimiento de la primacía de la experiencia.[98] Señalaron que inevitablemente utilizamos la consciencia para estudiar la consciencia. Por lo tanto, a menos que nos recuperemos de la amnesia de la experiencia y restablezcamos la primacía de la experiencia en nuestra concepción de la ciencia, nunca podremos situar la ciencia de la consciencia sobre una base adecuada. El problema surge cuando suprimimos la primacía de la consciencia y tratamos de asimilar la consciencia a sus residuos estructurales. Pero reconocer simplemente la necesidad ineludible de utilizar la consciencia para estudiarla es solo un primer paso. También necesitamos mejores métodos para utilizar la consciencia de este modo. Esta idea de una transformación metodológica del problema de la consciencia en un nuevo programa de investigación científica es el núcleo de lo que estos científicos propusieron. Terminamos este capítulo revisando sus ideas para una ciencia de la consciencia en la que la experiencia realmente importe.

La propuesta de Hut y Shepard consta de dos pasos, que ellos denominan dar la vuelta al difícil problema de la consciencia y volver a darle la vuelta. El primer paso consiste en darle la vuelta al problema de la consciencia partiendo de la experiencia directa, en vez del mundo físico, que se postula como independiente de la experiencia. Este paso sirve para corregir el sesgo objetivista que opera en el punto ciego. Invierte nuestra perspectiva de tercera a primera persona. El segundo paso consiste en girar el dial de la experiencia de la primera persona a la segunda. La experiencia es inherentemente intersubjetiva y compartible. Si no fuera así, la ciencia sería imposible.

El primer paso, dar la vuelta al problema, significa preguntarse cómo surge de la experiencia lo que entendemos como objetos físicos, en lugar de preguntarse cómo surgen las experiencias de los objetos físicos (como el cerebro). Por ejemplo, en lugar de preguntarnos cómo explicar el tiempo de la experiencia, en particular el flujo del ahora de la duración, basándonos en el tiempo físico, en el que no hay flujo del ahora, nos preguntamos cómo explicar el tiempo físico como una abstracción del tiempo de la experiencia (véanse los capítulos 3 y 5). (Este fue, en realidad, el proyecto de Husserl en sus conferencias de 1905 sobre la consciencia del tiempo y parte del proyecto de Whitehead en *El concepto de naturaleza*).[99] Esta inversión del orden de prioridad explicativa, desde un mundo físico objetivo que se da por supuesto, a la experiencia como base de cualquier representación científica del mundo, señala la adopción de una postura fenomenológica en la que reconocemos la primacía de la experiencia vivida.

El segundo paso, darle la vuelta al difícil problema, significa darse cuenta de que la experiencia yo-y-tú ya impregna la experiencia del yo. La capacidad de reflexionar sobre la propia experiencia proviene de haber interiorizado perspectivas externas sobre uno mismo a medida que se desarrollaba mentalmente en la infancia y la niñez. En el lenguaje de la ciencia cognitiva, este tipo de metacognición (reflexión sobre la propia experiencia) es un caso especial de cognición social (cognición sobre uno mismo y los demás). Además, para poder decir algo sobre la propia experiencia hay que tener un lenguaje que se comparta con los demás. Por tanto, la perspectiva en primera persona del singular, que surge inicialmente cuando damos la vuelta al problema difícil de la consciencia, no puede ser absolutamente privilegiada. En lugar de eso, tenemos que dar la vuelta a la perspectiva experiencial para hacer explícita su estructura yo-tú.

Dar estos dos pasos, que, en nuestros términos, consisten en reconocer la primacía de la consciencia y la primacía de la corporeidad, cambia nuestra forma de pensar sobre el problema de la consciencia. El problema para la neurociencia ya no puede plantearse como el modo en que el cerebro genera la consciencia. En su lugar, el problema es cómo el cerebro como objeto perceptivo dentro de la consciencia se relaciona con el cerebro como parte de las condiciones corporales de la consciencia, incluida la experiencia perceptiva del cerebro como objeto científico. El problema es relacionar la primacía de la consciencia con la primacía de la corporeidad sin privilegiar la una sobre la otra, ni colapsar la una sobre la otra. La situación es intrínsecamente reflexiva y autorreferencial: en lugar de considerar simplemente la experiencia como algo que surge del cerebro, también tenemos que considerar el cerebro como algo que surge dentro de la experiencia. Estamos en un extraño bucle.

La presencia del extraño bucle en la neurociencia se hace explícita en el caso del *neurofeedback* en tiempo real. En este caso, el participante en el experimento tiene acceso a señales en línea en tiempo real de su propio cerebro. Supongamos que su tarea consiste en prestar atención a su respiración mientras recibe una imagen de su propia actividad cerebral correspondiente a su grado de atención o distracción (un experimento que se ha llevado a cabo realmente).[100] Como escriben Hut y Shepard, «en última instancia, nos encontramos con este curioso círculo: parte de la "iluminación" en la imagen cerebral que experimento puede representar la propia actividad neuronal que corresponde a que yo experimente la imagen cerebral de esa misma activación. Esto puede conducir a paradojas gödelianas».[101]

Varela propuso un programa de investigación neurocientífica, denominado «neurofenomenología», basado en el trenzado de relatos de la consciencia en primera persona con relatos del cerebro en tercera persona dentro del ámbito experiencial del yo y el tú. Concretamente, esto significa establecer «restricciones mutuas» entre los dos tipos de relatos. La fenomenología y la neurociencia se convierten en socios iguales en una investigación que procede de la creación de nuevas experiencias en un nuevo tipo de taller científico, el laboratorio neurofenomenológico. Los métodos experienciales en primera persona para refinar la atención y la consciencia (como la meditación), junto con los métodos cualitativos en segunda persona para entrevistar a los individuos sobre la fina textura de su experiencia, se utilizan para producir nuevas experiencias, que sirven como piedras de toque para el avance de la fenomenología. Esta nueva fenomenología guía las investigaciones del cerebro, mientras que las investigaciones del cerebro se utilizan para motivar y refinar la fenomenología en un bucle que se ilustra mutuamente.

La neurofenomenología se basa en la idea de que una investigación profunda de la consciencia requiere trabajar con individuos que sean hábiles en el tipo de metaconsciencia de la experiencia que hemos descrito al principio de este capítulo. Puesto que el entrenamiento de estas habilidades se enfatiza en la meditación de las tradiciones asiáticas, la neurofenomenología se inspira en estas tradiciones para ampliar y enriquecer la fenomenología. La hipótesis de trabajo es que las personas capaces de generar y mantener una «metaconsciencia consciente» pueden elaborar informes cualitativa y temporalmente precisos sobre su experiencia momento a momento, y estos informes pueden utilizarse para revelar patrones de actividad en el cerebro y el resto del cuerpo que de otro modo pasarían desapercibidos.[102] Este enfoque también implica el uso de métodos cualitativos precisos para entrevistar a las personas sobre las características concretas de su experiencia tácita.[103] Los informes fenomenológicos elaborados de esta forma tan cuidadosa pueden ayudar a identificar y atribuir significado a patrones neurofisiológicos que antes pasaban desapercibidos, como las interacciones cerebro-corazón. Esto es lo que Varela entiende por «limitaciones mutuas» entre fenomenología y neurociencia.

La neurofenomenología ha dado lugar a una amplia gama de fructíferas investigaciones en la neurociencia de la consciencia, y es un área de investigación en crecimiento.[104] Llamamos la atención sobre ella aquí, porque representa probablemente el esfuerzo más fuerte hasta ahora para imaginar una neurociencia de la consciencia más allá del punto ciego.[105]

Parte IV.
El planeta

9. La Tierra

El punto ciego a escala planetaria

En el primer cuarto del siglo XXI, se han puesto de manifiesto dos hechos básicos sobre el proyecto global de civilización de la humanidad, de diez mil años de antigüedad. El primero es que el calentamiento global, impulsado por la actividad industrial de las naciones más ricas, está cambiando el clima de la Tierra de tal forma que pondrá a prueba ese proyecto. La segunda es que la escala global de destrucción del hábitat asociada a la actividad industrial puede provocar pandemias globales que también plantean graves amenazas a ese proyecto. Así pues, los sistemas naturales y tecnológicos de los que dependen casi ocho mil millones de personas para vivir no podrán seguir funcionando en un futuro indefinido.

Ambas constataciones —los riesgos del cambio climático y de pandemias globales— se han producido en el contexto de una nueva comprensión de la Tierra. A partir de principios del siglo XX se fue construyendo, lenta y laboriosamente, una nueva visión científica del planeta. Esa visión veía la Tierra como algo más que una simple roca esférica que albergaba una delgada e insignificante capa de vida en sus bordes exteriores. En su lugar, un conjunto de nuevas herramientas conceptuales creó una perspectiva que veía el planeta en términos de un conjunto de sistemas fuertemente acoplados. Uno de estos sistemas era la totalidad de la vida (la biosfera), que, en esta nueva perspectiva, surgió como un actor esencial en la evolución planetaria. La Tierra ya no era el escenario inerte de fondo que permitía que se desarrollara el drama de la vida; la vida misma retroalimentaba los ciclos geológicos y atmosféricos, generando un estado dinámico siempre cambiante, mutuamente contingente y de compleja interacción. En resumen, los cambios planetarios conducen a cambios en la vida, y los cambios en la vida conducen a cambios planetarios, en una amplificación de la autonomía y la agencia de los sistemas vivos a escalas planetarias.

La nueva comprensión de la Tierra es importante para nuestros esfuerzos por mirar más allá del punto ciego. Durante los últimos doscientos años, hemos construido toda una cultura global basada en tratar a la Tierra según las restricciones del punto ciego. Las consecuencias de esta construcción se han hecho dolorosamente evidentes a medida que la humanidad empuja a la Tierra hacia un nuevo estado planetario, y una época con forma humana llamada Antropoceno. El cambio climático y las pandemias globales son sus manifestaciones más evidentes. El Antropoceno significa una nueva versión del planeta que probablemente será mucho menos acogedora para nuestro proyecto de civilización. En el peor de los casos, los cambios que vemos que empiezan a producirse pueden llevar al colapso de ese proyecto.

El Antropoceno es una manifestación masiva del punto ciego. Es el resultado de una versión particular y muy reciente del proyecto civilizatorio humano: el proyecto científico moderno originalmente europeo, y ahora transnacional, de objetivar el mundo mediante el materialismo científico.

Irónicamente, el Antropoceno es también el punto de partida de una nueva perspectiva científica de la Tierra que puede ayudarnos a superar el punto ciego. Los científicos entienden ahora que el planeta debe considerarse como un todo integrado, un conjunto de sistemas acoplados que constituyen la atmósfera, la hidrosfera (océanos), la criosfera (hielo), la litosfera (roca) y la biosfera. La inclusión de la biosfera representa una transición crítica en el pensamiento científico. La vida se entiende como un actor clave en toda la historia evolutiva de la Tierra.

La constelación de nuevas disciplinas científicas que constituyen la base de la comprensión actual de la Tierra y la biosfera son significativas en relación con el punto ciego. Teoría de redes, cibernética, teoría de sistemas dinámicos, teoría del caos: tomados por separado, cada uno de estos campos cuestiona distintos aspectos de los supuestos metafísicos del punto ciego sobre la vida, el mundo y la experiencia. Tomados en conjunto, en lo que se denomina teoría de los sistemas complejos, representan la aparición de una nueva forma de ver cómo funciona la ciencia, qué describe y, lo que es más importante, cómo se relaciona con la experiencia humana. Con la crisis del cambio climático y la sostenibilidad del proyecto de civilización *in mente*, describiremos la emergencia de esta nueva concepción de la Tierra (y de todos los planetas), y las nuevas ciencias de las que depende esa visión.

Al describir las ciencias responsables de esta visión de la Tierra y su biosfera, debemos recordar que el punto ciego siempre ha sido algo más que ciencia. Porque la ciencia siempre ha sido algo más que la búsqueda de la realidad y la verdad. Desde Francis Bacon, el desarrollo de los métodos de investigación que hoy llamamos ciencia siempre tuvo como objetivo tanto el control de la naturaleza como la revelación de la realidad y la verdad.[1] Para Bacon, este control pretendía mejorar la condición humana reduciendo las enfermedades, el hambre y nuestra fragilidad ante los caprichos de tormentas, inundaciones y terremotos. Por supuesto, Bacon tenía razón en esto. El espectacular éxito de la ciencia permitió controlar mejor que nunca los acontecimientos y procesos naturales. Pero el desarrollo de las capacidades científicas y tecnológicas surgió conjuntamente (a través del taller científico), y con ellas vino una ampliación igualmente profunda de las capacidades productivas humanas. La era de la ciencia y la era de la industria nacieron juntas, y cada una dependía de la otra.

El crecimiento y el éxito continuos de la ciencia durante los siglos XIX y XX, independientemente de que se produjera bajo una bandera capitalista, socialista o comunista, estaban inextricablemente ligados al aumento de las capacidades de extracción, transformación y consumo de recursos a escala industrial. Se cosechó energía y se generó entropía a escalas que pronto alterarían la función de los sistemas terrestres acoplados. Los sistemas económicos, sociales y culturales que surgieron durante este periodo no estaban separados de la ciencia y la tecnología de las que dependían. Lo contrario también es cierto: la aparición de las instituciones, capacidades y perspectivas de la ciencia no estaban separadas de la cultura emergente que la apoyaba y le daba amplio poder y alcance.

Como resultado, los supuestos básicos del punto ciego se afianzaron en los sistemas económicos y sociales que llegaron a dominar el periodo de rápida industrialización, a veces llamado la «Gran Aceleración». Dado que esos sistemas deben estar implicados en la continua incapacidad para responder a la crisis del cambio climático, también exploramos brevemente el trenzado de ciencia, industria, economía y cultura durante el auge del punto ciego como metafísica dominante de la ciencia. Además, intentamos esbozar cómo la emergente visión unificadora de la Tierra y la vida como un sistema complejo acoplado puede ayudar a encontrar nuevas formas de reimaginar la relación del proyecto humano de civilización con el resto del planeta.

El planeta vivo: de la geología a la biosfera, pasando por Gaia

A finales del siglo XIX, las disciplinas científicas y sus fronteras, tal como las conocemos hoy, estaban bien establecidas. En cualquier universidad, la vida se estudiaba en el departamento de biología; química, en el departamento de química; y la materia en movimiento, en el departamento de física. Si tenías preguntas sobre la Tierra, te dirigían al departamento de geología. Pero para uno de los jóvenes geólogos más brillantes de la época, Vladimir Vernadsky, las rígidas fronteras disciplinarias que separaban su ciencia de las demás no tenían mucho sentido.

Vernadsky inició su labor científica en el estudio químico de los minerales. Viajando por Europa a finales del siglo XIX, le interesaba aplicar los métodos más modernos de la física al estudio de las rocas, con la esperanza de aportar herramientas de precisión a las cuestiones sobre la historia del planeta. Sin embargo, Vernadsky siempre fue más que un especialista. Aunque comenzó su carrera estudiando minerales, su atención siempre se centró en el todo que emerge de las historias más limitadas que los científicos desentrañan al investigar las partes.

Este interés por la integración de distintas disciplinas llevó a Vernadsky a crear un nuevo campo denominado geoquímica. Este campo desvelaba la historia de la Tierra examinando la composición microscópica de sus componentes físicos. Pero Vernadsky también se dio cuenta de que no solo los componentes físicos y químicos de la Tierra formaban un todo dinámico. Al darse cuenta de que la biología también debía formar parte de la historia del planeta a un nivel fundamental, creó una segunda novedad, un campo llamado biogeoquímica.

La amplia perspectiva de Vernadsky se refería tanto a la evolución de la vida como a la de las rocas. Aunque cada especie estaba determinada por su nicho local, también lo estaba por la actividad de la vida en su conjunto en el planeta. Los efectos evolutivos fueron en ambos sentidos. La Tierra también fue moldeada por la totalidad de la vida. Como dijo Vernadsky: «Un organismo está implicado en el medio al que no solo está adaptado, sino que también está adaptado a él».[2] La historia de la vida en un planeta está profundamente imbricada con la historia de la vida en ese planeta.

Esta atención a los puntos de vista microscópico y macroscópico llevó a Vernadsky a su aportación más importante al lenguaje de la vida en el contexto de su anfitrión planetario. A partir de sus conversaciones con el geólogo suizo Eduard Suess, Vernadsky propuso que el estudio de la Tierra no estaría completo sin comprender el papel central de la vida como fuerza planetaria. En su opinión, la Tierra no puede entenderse realmente sin comprender la dinámica de su biosfera. La incorporación del término «biosfera» al léxico de las ciencias de la Tierra supuso el reconocimiento de que la vida es una fuerza planetaria tan importante como los volcanes y las mareas. La vida es un agente que da forma a la compleja historia de miles de millones de años del mundo. Vernadsky escribió en 1926:

> Activada por la radiación, la materia de la biosfera recoge y redistribuye la energía solar y la convierte, en última instancia, en energía libre capaz de realizar trabajos en la Tierra. Esta poderosa fuerza cósmica confiere un nuevo carácter al planeta. Las radiaciones que se vierten sobre la Tierra hacen que la biosfera adquiera propiedades desconocidas para las superficies planetarias sin vida, y transforman así la faz de la Tierra. Activada por las radiaciones, la materia de la biosfera recoge y redistribuye la energía solar y la convierte, en última instancia, en energía libre capaz de realizar trabajos en la Tierra.[3]

Y, unas páginas más adelante:

> La vida solo existe en la biosfera; los organismos solo se encuentran en las finas capas externas de la corteza terrestre y siempre están separados de la materia inerte circundante por una frontera clara y firme. Los organismos vivos nunca han sido producidos por la materia inerte. En su vida, su muerte y su descomposición, un organismo hace circular sus átomos por la biosfera una y otra vez, pero la materia viva siempre se genera a partir de la vida misma.[4]

Para Vernadsky, la biosfera era una extensa región que se extendía desde debajo de la corteza terrestre (la litosfera) hasta el borde de la atmósfera. Dentro de esta envoltura —que ahora se denomina «región crítica»— la acción de la vida modifica radicalmente los flujos de materia y energía: «La evolución de la materia viva penetra continuamente en toda la biosfera… influyendo también sus cuerpos naturales inertes. Por eso podemos y debemos hablar del proceso evolutivo de la biosfera en su totalidad… La evolución de las especies se convierte en la evolución de la biosfera».[5]

Vernadsky vio que los poderes de la vida para moldear el mundo eran antiguos y continuos. «Ajustándose gradual y lentamente, la vida se apoderó de la biosfera», escribió, y «este proceso aún no ha terminado».[6]

La concepción de Vernadsky de la biosfera como un agente sustancial, con un papel equivalente en la evolución de la Tierra, tardó en ser aceptada. No fue hasta que la idea adquirió una casta más radical cuando se reconoció plenamente su importancia.

A principios de la década de 1960, el científico independiente y polímata James Lovelock fue contratado por una NASA en ciernes para ayudar a diseñar posibles experimentos que pudieran buscar vida en Marte. Reflexionando sobre la diferencia entre buscar «vida tal y como la conocemos» y diseñar técnicas de búsqueda más agnósticas, Lovelock reconoció que una biosfera robusta cambiaría la atmósfera de su planeta anfitrión. Hace dos mil millones de años, fue la vida microbiana de la Tierra la que creó sus altos niveles de oxígeno atmosférico. La presencia de este oxígeno saca a la atmósfera de la Tierra de su equilibrio químico, forzándola a un estado que un mundo muerto (un mundo sin vida) no podría alcanzar. Lo sorprendente para Lovelock era que la vida había conseguido mantener el estado atmosférico (es decir, la concentración de oxígeno) en un nivel aproximadamente estable durante cientos de millones de años. Contemplando las vías químicas a través de las cuales la vida podía mantener este forzamiento, a Lovelock le asaltó la idea de que debían existir mecanismos de retroalimentación entre la vida y el planeta en su conjunto que mantuvieran el estado de desequilibrio de la atmósfera durante largos periodos de tiempo. Al igual que un organismo puede mantener sus condiciones internas, como la salinidad o la temperatura, Lovelock pensó que esas retroalimentaciones unían los componentes vivos y no vivos del planeta de forma que podían mantener unas condiciones de desequilibrio estables. Yendo más lejos, Lovelock imaginó que la vida podría desarrollar retroalimentaciones que mantuvieran el planeta en condiciones favorables para ella.

Lovelock quiso llamar originalmente a esta idea «teoría del sistema terrestre autorregulado».[7] Los términos esenciales son *autorregulación* y *sistema*. Lovelock concebía explícitamente el planeta como un conjunto de sistemas, asociados al aire, el agua, la tierra y la vida, que estaban fuertemente conectados o «acoplados». Estos sistemas no podían tratarse por separado porque cada uno dependía para sus propiedades y comportamientos de los demás. Este acoplamiento implicaba una coevolución en los sistemas del planeta. La biosfera, la atmósfera, la hidrosfera, la criosfera y la litosfera evolucionaron juntas, dando lugar a una regulación global de las propiedades globales, como la temperatura media de la Tierra. Esta autorregulación, según Lovelock, sirvió para mantener las propiedades globales en un dominio favorable a la vida, incluso cuando las condiciones externas, como el Sol que evoluciona lentamente, cambiaron de tal forma que deberían haber hecho que las propiedades globales fueran menos favorables a la vida.

Esta perspectiva sistémica, centrada en la autorregulación y el control, no surgió de la nada. Formaba parte de un interés creciente por la llamada cibernética, el estudio de la comunicación y el control en los sistemas biológicos y artificiales. La cibernética tenía sus raíces en el estudio de los sistemas autorregulados. Enfatizaba la «causalidad circular» o las relaciones causales recursivas entre los procesos de un sistema, en lugar de las relaciones lineales de causa-efecto.[8] Por ejemplo, los procesos bioquímicos que componen una célula se producen a sí mismos de forma recursiva a lo largo del tiempo, de modo que los procesos y los productos se determinan mutuamente (véase el capítulo 6). Como veremos, este tipo de pensamiento sistémico llegaría a representar un enfoque novedoso del mundo y de la ciencia.

Por supuesto, la nueva idea de Lovelock no fue llamada «teoría del sistema terrestre autorregulado». En su lugar, la llamó «hipótesis Gaia», y más tarde «teoría Gaia».[9] Gaia era la diosa griega de la Tierra, y el nombre más evocador se lo sugirió a Lovelock su vecino, el novelista William Golding, autor de *El señor de las moscas*.

Sin embargo, la teoría Gaia estaba incompleta sin una concepción más clara de dónde se originaban las retroalimentaciones necesarias para la autorregulación. Esto lo aportó Lynn Margulis, la brillante e iconoclasta bióloga que se unió a Lovelock como cocreadora de la teoría Gaia completa. Margulis, cuyo trabajo se centraba en los fundamentos microbianos de la biosfera, se había hecho famosa por establecer el papel fundamental de la cooperación, y no simplemente de la competencia, en la evolución de la vida. Había acumulado pruebas abrumadoras de que la cooperación, en forma de simbiosis, había impulsado la formación de las importantísimas células eucariotas a partir de compañeras procariotas más simples.[10] Las células eucariotas, con sus núcleos y orgánulos como las mitocondrias, son la base de todas las formas celulares complejas de vida en la Tierra (plantas, animales y hongos).

Las vastas redes de vida microbiana y su evolución constituyeron la base biosférica de la versión ampliada de Lovelock y Margulis de la teoría Gaia. Los bucles recurrentes entre las poblaciones microbianas y el entorno geofísico/geoquímico componían los mecanismos de autorregulación mediante los cuales se proponía que el sistema acoplado completo se autorregulara. Un ejemplo propuesto por Lovelock y sus colaboradores es la producción de dimetilsulfuro (DMS) por el fitoplancton.[11] El DMS es una sustancia química asociada a la formación de nubes, y el fitoplancton son microbios fotosintetizadores nacidos en el océano. La lógica de la retroalimentación comienza con un pequeño aumento (una perturbación) de la energía solar que incide sobre la superficie del planeta y que, por sí sola, calentaría el planeta. Pero más luz solar también provocará un aumento de la población de fitoplancton, ya que se alimenta de los fotones solares. Esto conduce a la emisión de más DMS. Pero como el DMS favorece la formación de nubes, el resultado final será un planeta más nuboso que reflejará más luz solar hacia el espacio. De este modo, se completa el bucle de retroalimentación y la temperatura planetaria vuelve a descender. Obsérvese que lo que acabamos de describir es una retroalimentación negativa entre la vida microbiana y el entorno geofísico/geoquímico. Una perturbación ascendente del sistema se desamplifica, devolviendo el sistema a su estado original, es decir, se forma un bucle de retroalimentación autorregulado. Las visiones sistémicas también incluyen la posibilidad de retroalimentaciones positivas que amplifican las perturbaciones. Además, yendo más allá de la idea clásica de retroalimentación de la ingeniería, la teoría de sistemas desarrolló modelos de redes autónomas, como la célula autopoiética, que producen sus propios procesos operativos y restricciones (como se explica en el capítulo 6). Para Margulis, la autopoiesis se convirtió en el concepto crucial para conceptualizar cómo Gaia (los sistemas acoplados de la Tierra) podía producirse y regularse a sí misma.[12]

Una densa red evolutiva de bucles recursivos, basada en la actividad microbiana, representaba la visión más completa de la teoría Gaia de Lovelock y Margulis, que pasarían décadas articulando y perfeccionando. La teoría fue controvertida cuando se propuso por primera vez. Algunos científicos pensaban que introducía un principio teleológico en la evolución. Pero esta crítica surgió por no tener en cuenta la lógica cibernética de la teoría, según la cual el mantenimiento de los sistemas acoplados de la Tierra en condiciones propicias para la vida se produce a través de bucles causales recursivos y no del empeño por realizar un objetivo. Otros argumentaron que no había forma de que un sistema autorregulado a escala planetaria surgiera a través de la selección natural. Pero esta crítica también estaba mal dirigida porque la hipótesis Gaia original, y la posterior teoría Gaia, solo requerían la aparición legal dc propiedades globales a través de densas redes de causalidad recursiva en un sistema complejo individual, no la selección natural actuando sobre una población reproductiva.[13] Sigue habiendo importantes interrogantes sobre la evolución y la eficacia de las retroalimentaciones biosféricas para producir una homeostasis planetaria completa.[14] No obstante, trabajos recientes han apuntado a mecanismos evolutivos que pueden seleccionar las retroalimentaciones negativas a escala global que podrían mantener dicho sistema.[15]

Lo que nos importa, sin embargo, no es si Lovelock y Margulis estaban formalmente en lo cierto al plantear que la vida en la Tierra podría establecer una autorregulación completa de las condiciones globales. Si esa forma completa de autorregulación planetaria autónoma es, o puede ser, alcanzada, sigue siendo una cuestión abierta. En cambio, queremos centrarnos en las alternativas emergentes a las narrativas del punto ciego de la ciencia encarnadas por Vernadsky, Lovelock y Margulis. Este enfoque está especialmente justificado dado lo que ocurrió después con la idea gaiana de Lovelock y Margulis, y el papel que desempeñó en el reconocimiento del Antropoceno y la crisis existencial del cambio climático.

Ciencia de los sistemas terrestres, cambio climático y antropoceno

La teoría Gaia, que hace hincapié en el fuerte acoplamiento entre la vida como sistema (la biosfera) y los demás sistemas abióticos de la Tierra, representó un paso crucial en la aparición de lo que hoy se denomina ciencia de los sistemas terrestres (CST: ESS en sus siglas en inglés). Definida como «un esfuerzo transdisciplinario destinado a comprender la estructura y el funcionamiento de la Tierra como un sistema complejo y adaptativo», la CST es hoy la base para entender la evolución de la Tierra, así como la evolución de los planetas en general.[16] Un repaso a la historia de la CST, dirigido por el científico Will Steffen, lo explica así:

> Durante decenas de miles de años, las culturas indígenas de todo el mundo han reconocido los ciclos y sistemas del medio ambiente, y que los seres humanos son parte integrante de ellos. Sin embargo, hasta principios del siglo XX no se aplicó a la Tierra el pensamiento sistémico contemporáneo, dando lugar a la Ciencia de los Sistemas Terrestres (CST). Partiendo del reconocimiento de que la vida ejerce una fuerte influencia en el entorno químico y físico de la Tierra, la CST se originó en un contexto de Guerra Fría, con el auge de las ciencias medioambientales y de sistemas complejos.[17]

Al trazar la historia de la CST, Steffen y sus colaboradores citan tanto los trabajos de Vernadsky sobre la biosfera en 1926, como los documentos que detallan la teoría Gaia en la década de 1970, como publicaciones cruciales que sentaron las bases de la CST.

El siguiente hito que citan fue la publicación del primer diagrama de Bretherton por el meteorólogo Francis P. Bretherton en 1986. Desde una perspectiva sistémica, un diagrama de Bretherton representa la dinámica de la Tierra como una serie de recuadros (que representan distintos sistemas y subsistemas) unidos por flechas que detallan sus acoplamientos. Con el aspecto de un circuito electrónico, un diagrama de Bretherton parece una compleja maraña de causas y efectos. Esa aparente complejidad, sin embargo, capta la esencia de lo que se estaba reconociendo sobre la Tierra: debe ser tratada como un todo que emerge de lo que solo parecen ser componentes separados (cada uno tratado por sus disciplinas académicas separadas). Pronto proliferaron los diagramas de Bretherton para distintos aspectos del comportamiento de la Tierra, a medida que los investigadores intentaban bucear en la dinámica de los diversos subcomponentes y subsistemas de la CST (como la evolución glaciar, los ciclos de CO_2 y las corrientes oceánicas).

La CST, con su énfasis en el pensamiento sistémico y la emergencia, representa un enfoque de la ciencia distinto al del reduccionismo del punto ciego. Aunque el trabajo de los investigadores de la CST utiliza a veces la reducción como método (que considera los sistemas en función de sus componentes) no es reduccionista en su visión de los sistemas. Reconoce que el nivel de sistema emergente es lo más importante para comprender el comportamiento. De ahí que ninguna disciplina existente pueda servir de guía para comprender el planeta. La Tierra, como «planeta vivo» con una biosfera como uno de sus sistemas centrales, no es competencia de los departamentos de geología, biología, química y física por separado o incluso sumados. Se necesita algo totalmente nuevo. La ciencia de los sistemas terrestres no es solo una tarea interdisciplinar, sino transdisciplinar. El trabajo interdisciplinar significa que investigadores de distintas disciplinas cruzan fronteras para trabajar juntos. Pero en los estudios transdisciplinares esas fronteras se desvanecen, ya que se construyen perspectivas y enfoques totalmente nuevos.

Cabe destacar que la financiación inicial por parte del ejército de la ciencia relacionada con el clima en los años cincuenta y sesenta dio a este campo naciente el impulso necesario para empezar a construir una visión global de la dinámica climática mundial. Camp Century, una base militar de propulsión nuclear establecida en lo alto de la capa de hielo de Groenlandia, fue un potente ejemplo de estos proyectos. Fue allí donde comenzaron las primeras operaciones de perforación de núcleos de hielo profundos. Al extraer agua antigua de casi un kilómetro y medio por debajo de la superficie de la capa de hielo, se recuperó la historia climática del planeta de los últimos doce mil años. Los núcleos de hielo ofrecieron una visión detallada del final de la última glaciación y del cambio climático sorprendentemente rápido que la acompañó. El incipiente reconocimiento de que las condiciones climáticas globales de la Tierra podían cambiar drásticamente en escalas de tiempo de siglos o incluso decenios acabaría afectando a este campo emergente.

Estos esfuerzos dieron sus primeros frutos en la comprensión de que la actividad humana colectiva tenía la capacidad de afectar a la dinámica planetaria. El reconocimiento de que el calentamiento global podía deberse al uso de combustibles fósiles se remonta a 1908, cuando el físico y químico sueco Svante Arrhenius predijo un aumento de la temperatura media del planeta debido al consumo de carbón.[18] Hasta la década de 1950, sin embargo, seguían existiendo dudas sin resolver sobre la posibilidad de tal calentamiento. En concreto, algunos investigadores creían que el océano tenía capacidad para absorber y almacenar cualquier CO_2 adicional que añadiéramos a la atmósfera. Además, no existían mediciones de alta calidad del dióxido de carbono atmosférico que pudieran utilizarse para rastrear las aportaciones atmosféricas globales debidas a la actividad humana. Pero en 1956, el geoquímico y oceanógrafo Charles David Keeling estableció un «observatorio» de CO_2 en la cima del volcán Mona Kea. Mona Kea es lo suficientemente alto como para permitir que las muestras tomadas allí representen una medida real de las concentraciones atmosféricas medias mundiales. Al cabo de pocos años, los datos de Keeling ponían de manifiesto el aumento constante de CO_2 debido a la quema de combustibles fósiles. Además, los colaboradores de Keeling, Rodger Revelle y Hans Suess, pronto demostraron que, aunque los océanos habían proporcionado un almacenamiento significativo de CO_2, era poco probable que siguieran actuando como sumidero en el futuro a medida que aumentaran los niveles de dióxido de carbono. Su histórico artículo de 1957 sobre la absorción de CO_2 por los océanos incluía el famoso reconocimiento de que «los seres humanos están llevando a cabo un experimento geofísico a gran escala de un tipo que no podría haber ocurrido en el pasado, ni reproducirse en el futuro».[19]

El trabajo de Revelle, Keeling y sus colaboradores no permaneció enclaustrado en la academia. A través de las redes de asesoramiento científico del Gobierno, la amenaza potencial del cambio climático llegó hasta el despacho del presidente de Estados Unidos. El 5 de noviembre de 1965, Lyndon Johnson planteó la cuestión del calentamiento global en una sesión conjunta del Congreso en la que afirmó: «Esta generación ha alterado la composición de la atmósfera a escala global... debido a un aumento constante del dióxido de carbono por la quema de combustibles fósiles».[20] Si echamos la vista atrás, resulta sorprendente que los peligros del cambio climático se conocieran en los niveles más altos de la política estadounidense ya en la década de 1960. Por supuesto, esta preocupación no se materializó y nunca llegó a la consciencia de la opinión pública en aquella época.

Sin embargo, la preocupación de los científicos por el impacto humano sobre el clima aumentó en los años ochenta. Durante los primeros años de esta década, se inició un intenso esfuerzo para predecir y medir la «señal» del calentamiento global, es decir, el aumento de las temperaturas medias globales por encima del fondo inherentemente ruidoso de las variaciones interanuales. La medición de esta señal y la articulación de las consecuencias más amplias de un clima planetario cambiante estimularon el crecimiento internacional y transdisciplinario de la ciencia de los sistemas terrestres como campo científico. Se crearon numerosas colaboraciones científicas internacionales con el objetivo explícito de articular el alcance y los métodos de la nueva CST. Se trataba de una sopa de letras de programas y organizaciones: el Programa Mundial de Investigación sobre el Clima (PMIC), iniciado en 1980; el Programa Geosfera-Biosfera (IGBP, por sus siglas en inglés), lanzado en 1986; un programa mundial para estudiar la biodiversidad denominado DIVERSITAS, que se puso en marcha en 1991; el Programa Internacional de Dimensiones Humanas (IHDP, por sus siglas en inglés) sobre el cambio medioambiental mundial, creado en 1996; y, lo más importante, el ahora famoso Grupo Intergubernamental de Expertos sobre el Cambio Climático (IPCC, por sus siglas en inglés), creado en 1988.

A finales de los ochenta y principios de los noventa, el calentamiento global empezó a aparecer en las mediciones de la temperatura media mundial. La «señal» se elevaba por encima del ruido. En una comparecencia ante el Congreso en un día abrasador de julio de 1988, el científico del clima James Hansen proclamó que «el cambio climático está aquí». El testimonio de Hansen, que fue noticia en todo el mundo, supuso la introducción del efecto invernadero, el calentamiento global y el cambio climático en la consciencia y el debate público a gran escala.

En las décadas siguientes, el consenso científico de que se estaba produciendo un cambio climático antropogénico no hizo sino reforzarse. El desarrollo global de la CST como esfuerzo científico hizo explícitos los vínculos entre el consumo de combustibles fósiles y la retención de calor adicional a través del efecto invernadero. Pero más que demostrar simplemente que las emisiones de CO_2 procedentes del carbón, la gasolina y el gas natural estaban calentando el planeta, la naturaleza transdisciplinar de la CST reveló la cascada de efectos como consecuencia del calentamiento.

A principios del siglo XXI, la magnitud y la totalidad de los cambios que el ser humano estaba imponiendo en el sistema terrestre empezaron a hacerse patentes. A través de la lente de la CST, los científicos pudieron ver que no solo estábamos cambiando la temperatura del planeta, sino también su estado evolutivo. En 2000, este reconocimiento recibió un nombre cuando los geólogos Paul Crutzen y Eugene Stoermer propusieron que la Tierra estaba entrando en una nueva época geológica que denominaron Antropoceno.[21] La época actual, llamada Holoceno, había comenzado al final de la última glaciación, hace aproximadamente doce mil años. Lo que llamamos el «proyecto de civilización» —es decir, todo lo que siguió a las revoluciones agrícolas neolíticas que se produjeron en las sociedades humanas de todo el planeta— tuvo lugar durante las condiciones relativamente templadas y húmedas del Holoceno. Lo que Crutzen y Stoermer propusieron fue que la escala de la actividad humana había alcanzado un punto en el que ahora dominaba los procesos que establecían el estado de los sistemas planetarios acoplados.

La definición del Antropoceno se limitó en un principio a la estratigrafía y a la cuestión de si se impondría una huella clara de nuestra época en el registro rocoso de la Tierra. Sin embargo, en el contexto de la CST, pronto se amplió a un conjunto de preguntas sobre los límites de la civilización humana y el sistema terrestre. Estas fronteras representaban los límites más allá de los cuales nuestro proyecto de civilización empujaría el comportamiento multisistémico de la Tierra a un estado completamente diferente, que muy probablemente sería perjudicial para ese proyecto. La perspectiva de los límites del CST hizo explícita la magnitud de nuestro impacto en el planeta. Por ejemplo, los seres humanos ahora mueven más elementos clave como el nitrógeno y el fósforo por el planeta que todos los demás procesos naturales juntos.[22] Hemos «colonizado» más del cincuenta por ciento de las tierras abiertas del planeta para nuestros usos. Hemos cambiado los niveles globales de pH de los océanos, haciéndolos más ácidos. Estamos provocando una reducción masiva de la diversidad de la biosfera que probablemente constituirá un sexto acontecimiento de extinción masiva. Por último, y lo más obvio, estamos alterando toda la composición de la atmósfera y las propiedades de transferencia radiactiva a través de nuestras emisiones de gases de efecto invernadero.

Aunque el concepto de Antropoceno se utiliza ahora para enmarcar estos acontecimientos y se ha generalizado fuera de la ciencia, el concepto no está exento de problemas. La idea de que «vivimos en un planeta dominado por los humanos», aunque pretende llamar nuestra atención sobre los efectos generalizados y devastadores de las acciones humanas sobre la biosfera, no deja de ser antropocéntrica, teniendo en cuenta que los microbios dominan realmente el planeta, como Margulis nunca se cansó de recordarnos.[23] Como señala Bruce Clarke, «El concepto aísla y pone en primer plano claramente una especie que había estado esforzándose por poner en su lugar junto a sus atribulados compañeros planetarios».[24] La filósofa Kathleen Dean Moore también ha llamado la atención sobre el sesgo centrado en el ser humano del concepto.[25] Otro problema es que la narrativa del Antropoceno presenta a toda la humanidad como una especie que domina el sistema terrestre, pero el Antropoceno no es el producto de toda la humanidad, sino más bien de determinados grupos de personas, en particular los responsables del colonialismo occidental, una fuerza histórica clave que impulsa el Antropoceno.[26] Kyle Whyte señala: «"Cambio climático antropogénico" o "el Antropoceno", por tanto, no son términos suficientemente precisos para muchos pueblos indígenas, porque suenan como si todos los seres humanos estuvieran implicados y afectados por el colonialismo y la industrialización de la misma manera».[27] Por estas razones, aunque utilizamos el término *Antropoceno*, también llamamos la atención sobre sus deficiencias y sobre cómo codifica aspectos del punto ciego que deseamos superar.

El reconocimiento de la entrada de la Tierra en esta nueva fase con forma humana, problemáticamente denominada Antropoceno, no podría haberse producido sin la construcción de la ciencia de los sistemas terrestres y su emergente perspectiva transdisciplinar. La ciencia de los sistemas terrestres era algo más que un nuevo tipo de ciencia; también representaba un nuevo tipo de necesidad para la ciencia. En lugar del reduccionismo, la CST tenía que adoptar la complejidad como primer principio. Además, como los efectos de la actividad humana en el sistema físico terrestre se habían generalizado, los intentos de predecir las trayectorias futuras del sistema requería abordar el «problema perverso» de los bucles de retroalimentación de percepción, comportamiento y consecuencias.

De este modo, la CST reveló la naturaleza y el alcance de la transformación humana del planeta. Demostró cómo la Tierra funcionaba como un sistema complejo en el pasado. Nos mostró cómo nuestra actividad, incluso desde el comienzo de la era agraria, había transformado el comportamiento de ese sistema complejo. Y lo que es más importante, reveló el abanico de posibles trayectorias que fluyen hacia el futuro desde el presente. Muchas de esas trayectorias conducen a una Tierra en la que será difícil, si no imposible, que prospere nuestro proyecto de civilización. La ciencia de los sistemas terrestres nos mostró el riesgo existencial al que ahora nos enfrentamos y expuso las medidas que debemos tomar para mitigar ese riesgo.

En respuesta, no hicimos nada.

A pesar de lo que la CST reveló a los científicos del mundo, las potencias políticas y económicas mundiales se negaron a tomar medidas significativas. Aunque se firmaron numerosos tratados, sobre todo los Acuerdos de París, ninguna de las principales naciones emisoras redujo su producción de carbono de forma significativa. Durante el tiempo que llevamos escribiendo este libro, cincuenta y cinco años después de que el presidente Johnson advirtiera al Congreso de Estados Unidos sobre el calentamiento global, el mundo ha experimentado múltiples fenómenos meteorológicos extremos: temperaturas de 110 grados Fahrenheit en el noroeste del Pacífico, incendios forestales masivos en California y Australia, huracanes catastróficos en el Atlántico, enormes inundaciones en el norte de Europa, olas de calor abrasador en la India y Pakistán, lluvias extremas en el sur de África, y la lista continúa. Estamos tan inmersos en la crisis climática que ni siquiera las reducciones drásticas de las emisiones de CO_2 evitarán un calentamiento significativo ya integrado en el sistema.

Aunque las razones de esta inacción son múltiples y requieren su propio estudio detallado, la ciencia es una fuerza demasiado poderosa para ignorar cómo las ideas asociadas a ella se afianzaron en la cultura. En *Reason in a Dark Time*, el filósofo Dale Jamieson analiza cómo la política y la economía, así como la filosofía moral, fracasaron a la hora de responder a la crisis climática.[28] El título de Jamieson es revelador porque pone de relieve cómo un determinado ideal de la razón se plasmó en la lógica de nuestros sistemas político y económico. La estructura lógica y el ideal de la razón que encarnan estos sistemas no surgieron de la nada. Por el contrario, fueron la expresión de una teoría del conocimiento que se formuló en los siglos XVII y XVIII junto con lo que llamamos el punto ciego. Podemos encontrar el ideal de razón del punto ciego, que pretendía hablar en nombre de la ciencia, apuntalando la economía política de la emergente Era Industrial. Como argumentaremos a continuación, fue la cultura de esa economía política mecanicista y su versión del punto ciego la que nos condujo al Antropoceno y la que se ha mostrado incapaz de responder a su urgencia.

El punto ciego, la cultura y la economía política

Desde finales del siglo XVII hasta mediados del XIX, pensadores como Adam Smith y David Ricardo desarrollaron las ideas esenciales del capitalismo industrial, como la producción, la demanda, los mercados, la inversión, el riesgo y el beneficio. Al mismo tiempo, las capacidades materiales de la industria crecían exponencialmente, impulsando rápidos cambios en todo el continente europeo y en todo el mundo a través de la colonización europea. En respuesta a las profundas perturbaciones y disparidades que siguieron a estos cambios, se propusieron alternativas al capitalismo, sobre todo en los escritos de Karl Marx y Friedrich Engels. Con el tiempo, estas dos visiones de la economía política, el capitalismo y el socialismo, llegarían a dominar la organización del mundo. Fueron la piedra angular intelectual de un industrialismo intensivo en recursos y energía, implacable en su transformación de la cultura humana y, con el tiempo, de la dinámica planetaria.

La coincidencia del auge del capitalismo (y finalmente del socialismo) con el auge de la ciencia no es casual. La ciencia y sus vástagos tecnológicos liberaron conocimientos que alimentaron directamente el asombroso aumento de las capacidades productivas de la nueva sociedad industrial. La física newtoniana, por ejemplo, permitió a los ingenieros construir las máquinas que hacían funcionar las fábricas, mientras que los avances en química permitieron nuevas generaciones de tintes, fermentadores y fertilizantes. Aunque este solapamiento en el tiempo es obvio, el solapamiento de causas en la relación entre ciencia y capitalismo no ha sido tan claro. Los estudiosos de la historia de la ciencia y el capitalismo a menudo han tendido a verlas como relacionadas pero separadas. Un ejemplo de esta relación procede de W. W. Rostrow, que consideraba que la ciencia ayudaba a explicar el surgimiento del capitalismo moderno. Según los historiadores Lukas Rieppel, Eugenia Lean y William Deringer, Rostrow «identificó "la evolución gradual de la ciencia moderna y la actitud científica moderna" como un factor decisivo para separar las vibrantes economías capitalistas de sus predecesoras y alternativas menos dinámicas».[29] Sin embargo, en estas discusiones históricas clásicas, la ciencia seguía representándose en un espacio separado como una búsqueda del conocimiento puro no corrompida por la búsqueda de beneficios. Si algunas ideas científicas resultaban útiles para las empresas industriales, eso se consideraba un resultado periférico no relacionado con la verdadera preocupación de los científicos. Esta perspectiva se plasmó, en particular, en la famosa descripción de Robert K. Merton de la comunidad científica como una «cuya estructura normativa aísla eficazmente a sus miembros de las exigencias del mercado».[30]

Esta visión de la relativa separación de la ciencia de los dominios de la economía política ha sido erosionada por una nueva generación de académicos. Las historias entrelazadas de la ciencia y las economías políticas industriales, ya sean capitalistas o socialistas, han surgido recientemente como tema de estudio, a partir de preocupaciones anteriores planteadas por estudiosas feministas, en particular Donna Haraway, Sandra Harding y Evelyn Fox Keller, e investigadores de la disciplina de los estudios sobre ciencia y tecnología (Science and Technology Studies [STS, en sus siglas inglesas]).[31] Estos autores tratan de comprender la imbricación de ideas (conocimientos) y materiales en el auge simultáneo de la ciencia y la cultura industrial en rápida globalización. Rieppel, Deringer y Lean, editores del importante volumen de *Osiris* sobre «Ciencia y capitalismo: historias enredadas», lo expresan así: «No solo debemos conceder un lugar central en la historia del capitalismo al pensamiento, el cálculo, la planificación, la previsión, la organización y la teorización, sino que estas actividades aparentemente abstractas e incorpóreas pueden y deben estudiarse como auténticas formas de práctica, con el poder de producir efectos de gran alcance en partes del mundo sorprendentemente distantes».[32] La entrada de la Tierra en el Antropoceno parece justificar esta afirmación.

En esta nueva perspectiva, el capitalismo emergente de los siglos XVII y XVIII se ve como un sistema epistémico que no puede separarse de los que se ensamblan y valorizan en la ciencia. Como dice el historiador Harold Cook, «podemos decir que las economías y las ciencias van juntas como el cuerpo y la mente».[33] Hablando directamente de la revolución científica en Europa, Cooks añade: «Allí donde los mercaderes tenían poder, también lo tenían los tipos de conocimientos materiales conmensurables que más valoraban».[34]

Así pues, comenzamos reconociendo estas historias entrelazadas de la ciencia y la economía política industrial. Dado el estrecho entrelazamiento de la ciencia y el capitalismo industrial temprano, deberíamos esperar que el punto ciego de la primera, con sus perspectivas limitadas sobre la naturaleza, la materia, la vida y el valor de la experiencia, se entreteja en las formas de pensamiento, cálculo, planificación y sistemas de valores de la segunda. Además, sugerimos que estos hilos estrechamente entretejidos del punto ciego en las economías políticas de las sociedades industrializadas son una causa importante de la incapacidad de nuestra sociedad para comprender el auge del Antropoceno, sus amenazas existenciales y sus profundas desigualdades entre el norte y el sur global, así como entre los colonos y los pueblos indígenas.[35]

Reconocemos que esta propuesta de codependencia de la ciencia y el sistema de valores que subyace a la industrialización requeriría un trabajo totalmente aparte para elaborarla utilizando las herramientas académicas de la historia, la economía y la ciencia política. Aquí solo ofrecemos algunos puntos para motivar nuestras afirmaciones. Para ver cómo el punto ciego científico se entretejió en las raíces filosóficas de la economía política industrial, volvemos a nuestra lista de ideas características del punto ciego y buscamos ejemplos de cómo se manifestaron también en la economía política y la cultura de la visión industrial del mundo.

Comenzamos con la cosificación de las entidades matemáticas. Aunque las teorías económicas completamente matematizadas son ahora una herramienta estándar en la toma de decisiones políticas, el uso del cálculo en la política económica y política no fue central en los debates internos de las naciones europeas hasta después de Newton. William Deringer escribe en *Calculated Values: Finance, Politics, and the Quantitative Age*: «En el mundo anglosajón, la noción de que el cálculo numérico merecía especial estima como forma de pensar y conocer, sobre todo en contextos políticos, empezó a arraigar en Gran Bretaña hacia finales del siglo XVIII. Hasta entonces, el pensamiento numérico había ocupado un lugar bastante marginal en los asuntos políticos».[36] Fue durante este periodo cuando surgió un nuevo ideal de razón política. Los debates formulados en marcos numéricos y, en última instancia, matemáticos, entraron en la consciencia política. Antes de esta época, sin embargo, la relación entre la razón y las matemáticas era sobre todo asunto de filósofos, y en el contexto de las aplicaciones matemáticas a los fenómenos naturales, de filósofos naturales. Deringer escribe: «Hasta la mayor parte del siglo XVII, el pensamiento cuantitativo no ocupó un lugar destacado en la práctica política ni en la cultura pública».[37]

Pero a raíz de los éxitos de la ciencia, los argumentos políticos sobre las decisiones económicas empezaron a formularse en un lenguaje cuantitativo y calculador. William Pulteney, miembro del Parlamento y comentarista político, escribió en 1727: «Los *hechos y las cifras* son las pruebas más obstinadas».[38] El propagandista económico (y acusado de pirata) John Crookshanks hizo más explícito el vínculo unos años antes cuando escribió: «La verdad y los números son siempre lo mismo».[39] A mediados del siglo XVIII, se le había concedido una nueva autoridad al razonamiento cuantitativo. Según Deringer, «marcó una transformación decisiva en la *epistemología cívica* colectiva británica».[40] El auge del razonamiento cuantitativo durante este periodo no fue simplemente una cuestión de contabilidad. Dentro de la economía política, fue el comienzo de una matematización tanto de la ontología como de la epistemología. Lo que se sabía, y cómo saberlo, dependía de la capacidad de expresarlo en términos matemáticos, hasta el punto de que las matemáticas pronto adquirirían vida ontológica propia.

De este modo, apareció una visión matemática cuantitativa de la economía política, junto a la visión matemática cuantitativa de la naturaleza que estaba triunfando durante este periodo. El efecto descendente hasta nuestra era es una economía plenamente matemática. Se espera que los profesionales de la teoría económica moderna dominen el cálculo integral y utilicen sus herramientas de razonamiento matemático y modelización. Este uso del razonamiento matemático no tiene por qué ser, en sí mismo, un problema. Sin embargo, cuando se considera que las variables matemáticas de la teoría económica representan «cosas» independientes, en lugar de verlas como abstracciones reductoras de la realidad experimentada, y se olvida el acto transitorio de abstracción reductora, tenemos otro caso de sustitución subrepticia, la falacia de la concreción fuera de lugar y la amnesia de la experiencia. Acabamos disponiendo de una poderosa herramienta, peligrosamente limitada.

Para entender el peligro y su relación con la metafísica del punto ciego, consideremos la llamada economía neoclásica, la versión economista del modelo estándar de la física. Dos componentes esenciales de la economía neoclásica son la idea de actores racionales y la hipótesis de mercados eficientes (HME). Se considera que los individuos se comportan racionalmente en su propio interés económico y que los precios de mercado reflejan plenamente toda la información disponible. La teoría económica neoclásica sostiene que los agentes racionales individuales, cuando se agregan, actúan con información perfecta y asignan eficientemente el capital. De este modo, los mercados pueden fijar precios precisos. El logro de esta asignación eficiente se produce cuando se dan equilibrios entre varias funciones de utilidad (oferta y demanda, por ejemplo). Estos equilibrios se expresan matemáticamente como las intersecciones de las funciones en determinados puntos de precio.

La HME, junto con su supuesto de actores racionales, ha sido muy criticada por considerar el comportamiento humano (y la experiencia) de formas muy abstractas e idealizadas que apenas se parecen a la realidad. Estas críticas son importantes para nuestro argumento porque señalan cómo la economía neoclásica encarna el educcionismo del punto ciego, el objetivismo y la cosificación de los constructos matemáticos. La teoría postula «átomos económicos» muy simplificados, de los que pueden derivarse reglas matemáticas sobre el comportamiento del sistema en su conjunto. Todos los actores racionales son idénticos en el sentido de que sus deseos de optimizar su ganancia económica, y por tanto sus comportamientos, son los mismos. La HME reifica las funciones de utilidad, atribuyéndoles una realidad en los debates económicos que excluye las características del mundo real que no pueden captarse en dichas funciones. Esta concepción es más evidente en el antiguo debate sobre cómo tratar las «externalidades» en la economía neoclásica. La biosfera y sus funciones son las externalidades más importantes para nosotros. La incapacidad de los modelos neoclásicos para reconocer siquiera la existencia de la biosfera puede considerarse como su punto ciego más significativo y es una razón de peso que motiva modelos alternativos, como la economía medioambiental y la economía ecológica.

Cuando se trata de abordar el cambio climático, esta limitación del punto de vista neoclásico se ha vuelto demasiado evidente. El trabajo de William Nordhaus, por el que fue galardonado con el Premio Nobel de Economía en 2018, a menudo se considera la mejor aplicación de la visión neoclásica al cambio climático. Esta aplicación, sin embargo, dejó a Nordhaus aceptando un aumento de 3,5 grados centígrados en las temperaturas globales como óptimo para la economía.[41] Este resultado se basaba en la modelización, desde una perspectiva neoclásica, de cómo responderían los distintos sectores de la economía al aumento de las temperaturas. Sin embargo, hemos empezado a ver cómo los 1,1 grados de calentamiento que ya se han producido han afectado no solo a la economía, sino también al orden social. Estas realidades experimentadas han hecho que los cálculos de Nordhaus parezcan no solo fatalmente erróneos, sino también dickensianos, al suponer que la economía seguirá funcionando sin importar los trastornos sociales que provoque el cambio climático.

Encarnando el materialismo y la bifurcación de la naturaleza del punto ciego, la economía neoclásica y la economía política construida a partir de ella no saben cómo dar valor al mundo excepto como recursos físicos para la producción (una vez más, este es el problema de las externalidades). Este fracaso ha provocado un largo debate entre los defensores de la lucha contra el cambio climático sobre cómo considerar la cuestión del valor de la naturaleza. Reconociendo el poder que ejercen los puntos de vista económicos neoclásicos, algunos sugieren que el problema del cambio climático debe plantearse en términos de los «servicios ecosistémicos» que la biosfera presta a la economía, con la idea de que solo si se fijan correctamente los precios de estos servicios con modelos económicos estándar, la economía política podrá por fin comprender el valor de la biosfera. Aunque esta perspectiva tiene algunos puntos positivos, priva a la economía política de la comprensión de que la economía humana está supeditada a la biosfera, y no al revés.

El fracaso de la economía política que impulsó la gran aceleración de la era industrial es demasiado familiar. Dale Jamieson señala que el problema de nuestra economía cuando se trata del cambio climático «no es que no tenga los números correctos, sino que hay más en juego de lo que revelan los números».[42] Pero los números no pueden revelar entidades que existen fuera de la ontología reduccionista y materialista de nuestra economía. Jamieson nos dice que «la economía por sí sola no puede decirnos qué hacer frente al cambio climático».[43] Pero en una cosmovisión de punto ciego en la que todo se reduce a «nada más que» entidades físicas objetivadas, ya sean partículas fundamentales o actores racionales abstractos, nos quedamos sin una explicación de lo que realmente importa. Jamieson continúa: «No se pueden realizar todos los cálculos [económicos], e incluso si se pudiera, no nos dirían todo lo que necesitamos saber».[44] Si hay aspectos importantes de nuestro mundo —el mundo experimentado— que no encajan en la imagen fisicalista de la realidad, incluida su plasmación en la economía, entonces habrá aspectos de aquello que debemos valorar a los que permaneceremos insensibles. Esta es la razón por la que las economías políticas de la era industrial han llevado a la sociedad a un consumo tan rapaz y han sido totalmente incapaces de responder a los peligros que plantea el consumo, incluso cuando estos peligros nos miran a la cara. Al final, Jamieson afirma: «En el mejor de los casos, la economía es una ciencia y, por tanto, no puede decirnos lo que tenemos que hacer. En el peor de los casos, es una ideología, una perspectiva normativa que se disfraza de informe sobre la naturaleza de las cosas».[45] Nuestra preocupación ha sido llamar la atención sobre el modo en que el punto ciego ha conformado y ha sido conformado por esa ideología.

Ciencia de los sistemas complejos

La capacidad de la ciencia para revelar patrones profundos en el mundo natural y proporcionar los medios para mejorar la condición humana se celebra con razón. Pero la ciencia y las tecnologías que ha generado también han desempeñado un papel fundamental en la creación de la difícil situación del Antropoceno. Esto ocurrió de forma directa al proporcionar los medios para impulsar la extracción y el consumo de recursos a escala industrial.

También ha ocurrido, como acabamos de argumentar, de forma indirecta, a través de la adopción de una cosmovisión cultural, política y económica que se identificó erróneamente con la ciencia, la visión del mundo que llamamos el punto ciego.

Sin embargo, la ciencia no es lo mismo que esta visión del mundo. Puede que la metafísica y la teoría del conocimiento del punto ciego se hayan unido a gran parte de la ciencia en nuestra cultura, pero la ciencia es independiente de ellas. La ciencia se esfuerza por ser una narrativa autocorrectiva construida a partir de un diálogo comunitario, abierto y centrado en la investigación con la experiencia. No puede estar sujeta a las preferencias filosóficas de quienes la practican. A medida que el taller científico proporciona nuevas herramientas para ampliar la experiencia, la ciencia responde abriendo nuevas vías para sus propios relatos. Así, el mapa no solo se amplía, sino que se redibuja con nuevas claves y símbolos para representar aspectos recién descubiertos de la naturaleza.

De este modo, los nuevos avances de la propia ciencia han puesto en tela de juicio el punto ciego como concepción asumida de la ciencia y la realidad. Ya hemos analizado cómo han surgido estos retos en la cosmología, la física cuántica, la biología, la ciencia cognitiva y la neurociencia de la consciencia. Terminamos este capítulo describiendo cómo estos retos continúan con las nuevas herramientas y perspectivas que identificamos como cruciales para el éxito de la ciencia de los sistemas terrestres. Al seguir la historia de ese campo desde Vernadsky hasta Lovelock y Margulis, hemos observado el papel clave del pensamiento sistémico. Sin embargo, el auge de esta forma no reduccionista de conceptualizar el mundo no se limitó al estudio de la Tierra. Por el contrario, representó un profundo cambio en la naturaleza de la investigación científica que continúa hasta nuestros días y que se engloba bajo el amplio título de «teoría de los sistemas complejos».

«La ciencia de los sistemas complejos no es un vástago de la física, la biología o las ciencias sociales, sino una mezcla única de las tres».[46] Así comienza un libro de texto sobre teoría de sistemas complejos de Stefan Thurner, Rudolf Hanel y Peter Klimek. Al esbozar las principales características del campo y cómo fomenta perspectivas que difieren de las del punto ciego, el primer punto que destacar es su carácter transdisciplinar. La teoría de los sistemas complejos nace de una diversidad de perspectivas sobre una diversidad de temas que antes eludían a la ciencia.

Los sistemas complejos pueden describirse como redes multicapa en coevolución. Al desentrañar esta descripción se verá en qué difieren las perspectivas plasmadas en la teoría de los sistemas complejos de las de la física clásica (de la que nació la metafísica del punto ciego).

Empecemos por la coevolución. En los modelos de la física clásica, la evolución de la materia y la energía se controla mediante ecuaciones diferenciales. Para resolver estas ecuaciones se requieren condiciones de contorno. Para especificar las condiciones de contorno es necesario separar el sistema (por ejemplo, la colección de partículas) de su entorno. Las propiedades del entorno se mantienen fijas y se utilizan para especificar las condiciones de contorno necesarias. A continuación, se introducen en las ecuaciones diferenciales que, si pueden resolverse, determinan la evolución del sistema. Aunque sea posible especificar de antemano la dependencia temporal de las condiciones de contorno, el sistema y el entorno no pueden evolucionar juntos. Esto significa que normalmente no es posible permitir interacciones por las que el sistema y el entorno determinen mutua y simultáneamente los estados futuros del otro. En otras palabras, el enfoque clásico de la física (de nuevo, el enfoque del que tomó su forma el punto ciego) no permite la coevolución.

Así pues, la evolución biológica, en el sentido darwiniano en el que organismo y entorno coevolucionan y, por tanto, generan novedad, queda fuera del dominio de la física clásica, como hemos argumentado antes. La vida se basa en la física, pero va más allá de ella. En física, «complejidad» suele significar sistemas formados por muchas partículas. Es el ámbito de la mecánica estadística. Sin embargo, para tratar la mayoría de los problemas en ese ámbito es necesario que los sistemas de partículas tengan la propiedad conocida como ergodicidad. Con tiempo suficiente (o muchas copias idénticas del sistema), se alcanzarán todos los estados posibles del sistema. En términos del marco del espacio de fases discutido en capítulos anteriores, ergodicidad significa que todos los puntos en el espacio de fases multidimensional dentro del cual el sistema «vive» serán explorados por el sistema. Este supuesto ergódico es la forma en que la mecánica estadística asigna probabilidades a las distintas trayectorias evolutivas. Pero la evolución en el sentido biológico (y cultural) no es ergódica, como sostiene Stuart Kauffman desde hace tiempo.[47] Por el contrario, cada paso evolutivo depende de toda la historia del sistema y su entorno, así como de las restringidas posibilidades disponibles condicionadas por el presente. Kauffman llama a este aspecto de la evolución «lo posible adyacente».[48] El posible adyacente es «el subconjunto de todos los mundos posibles que son alcanzables en el siguiente paso y [que] depende fuertemente del estado del mundo».[49] En los sistemas sometidos a procesos evolutivos, el espacio de fases no puede especificarse de antemano. La trayectoria del sistema depende del camino (su estado actual depende del camino que tomó para llegar allí) y depende de lo adyacente posible (adónde puede ir está condicionado por el lugar donde está). No existe una visión desde la perspectiva del ojo de Dios preexistente que determine todo lo posible. La vida no tiene un espacio de fases preestablecido.

Como resultado, ahora tenemos una forma de considerar la naturaleza como fundamentalmente creativa. La naturaleza permite, de hecho genera, la aparición de novedades, ya que la coevolución de sistemas y entornos abre continuamente nuevos futuros en lo adyacente posible. Whitehead ya había discernido esta concepción cuando escribió: «La naturaleza nunca está completa. Siempre va más allá de sí misma. Este es el avance creativo de la naturaleza».[50]

Las redes son la siguiente característica clave de los sistemas complejos. Una red está formada por nodos y enlaces entre ellos. Una representación familiar de una red es el mapa de un sistema de metro en el que cada estación representa un nodo y las líneas de tren que circulan entre esas estaciones representan los enlaces. Sin embargo, las redes de los sistemas complejos son mucho más dinámicas que los subterráneos. Los enlaces entre los nodos pueden romperse y volver a formarse en plazos cortos comparados con la vida útil del sistema. La fuerza, la dirección y la naturaleza de los vínculos también pueden cambiar con el tiempo. Las redes sociales son un buen ejemplo de este tipo de comportamiento. Las relaciones sociales entre amigos y grupos de amigos cambian constantemente, fortaleciéndose o debilitándose con el tiempo. Gran parte del mundo puede describirse desde el punto de vista de las redes, como las interacciones proteína-proteína en las células, la actividad distribuida a gran escala en el cerebro, las redes tróficas en un ecosistema, las relaciones económicas entre empresas y las relaciones políticas entre Estados nación.

La perspectiva de red no es reduccionista. Prescinde del reduccionismo, la idea de que las cosas pequeñas y sus propiedades son más fundamentales que las cosas grandes que constituyen. También rechaza la microrreducción, la idea de que la mejor manera de entender un sistema complejo es descomponerlo en sus elementos y explicar las propiedades del todo en función de las propiedades de las partes. Los nodos de un sistema complejo no se consideran átomos cuyas propiedades especificadas a priori determinan la arquitectura de la red. Por el contrario, la arquitectura y el comportamiento de la red son propiedades emergentes que surgen de la actividad colectiva de todo el sistema, su entorno y su historia coevolutiva. Conocer únicamente las propiedades de los nodos antes de que comience la dinámica no proporcionará la trayectoria evolutiva de la red. Una de las razones es que las interacciones entre los nodos pueden evolucionar con la red. Por el contrario, la prescripción de Newton para la fuerza o la gravedad entre un conjunto de estrellas no evoluciona con el tiempo. Pero en una red de organismos en un ecosistema, la naturaleza y la fuerza de la interacción cambiarán dependiendo de cómo haya evolucionado la red hasta su estado actual, así como de la configuración de ese estado.

Igualmente importante es el hecho de que la mayoría de los sistemas complejos implican múltiples capas de redes. Por ejemplo, al estudiar las respuestas al cambio climático, los investigadores deben incluir la red biogeofísica que comprende el sistema terrestre, los sistemas energéticos que alimentan la civilización humana, las redes de transporte que abastecen a esos sistemas energéticos, las redes económicas que financian los sistemas de transporte y las redes sociales y políticas que responden a los cambios en las redes biogeofísicas. Así, cada nodo de cada capa de la red puede aparecer de nuevo en otras capas de la red, con conexiones dentro de las capas y entre ellas. Dado que los aspectos clave de la dinámica total solo surgen de las interacciones a gran escala, a menudo es imposible «ver» el comportamiento posible en las redes multicapa solo a partir de una consideración de las propiedades de los nodos. A menudo es imposible incluso especificar las propiedades de los nodos hasta que aparecen dentro de estas redes, ya que las interacciones de la red permiten que los nodos adopten determinadas propiedades. Así, los elementos y patrones locales y globales se determinan mutuamente, como vimos al hablar de la vida.

También destacan las herramientas utilizadas para explorar sistemas complejos. Aquí vuelve a aparecer el papel clave del taller científico. Las redes complejas deben explorarse casi siempre mediante simulaciones informáticas, más que por medios analíticos. Mientras que la gravedad opera siempre en interacción entre masas, determinados nodos de una red proteína-proteína solo se «encenderán» si las condiciones globales de la red han evolucionado para permitirles hacerlo. No hay forma de calcular analíticamente soluciones exactas para este tipo de dinámica. En su lugar, el comportamiento debe simularse computacionalmente. Por eso, la herramienta fundamental de la teoría de sistemas complejos es el ordenador.

Antes de los ordenadores digitales, las matemáticas que podían aplicarse a los modelos de sistemas estaban compuestas, en su mayor parte, por ecuaciones diferenciales lineales. Los sistemas lineales son aquellos en los que existe una proporción directa entre los cambios en las entradas y los cambios en la salida. Sin embargo, la mayoría de los sistemas que estudia la ciencia no son lineales. De hecho, se dice que el físico matemático Stanislaw Ulam comentó: «Utilizar un término como ciencia no lineal es como referirse a la mayor parte de la zoología como el estudio de animales que no son elefantes».[51] En general, las ecuaciones no lineales no pueden resolverse de manera analítica (es decir, planteando el problema de una forma bien definida y hallando una solución única), salvo en casos especiales. Sin embargo, con la llegada de los ordenadores digitales, los sistemas no lineales pudieron explorarse mediante simulación (es decir, utilizando métodos paso a paso para explorar el comportamiento aproximado del modelo matemático de un sistema en un ordenador). Gracias a este enfoque, problemas como los de la mecánica de fluidos, que habían permanecido intratables durante siglos, se abrieron por fin a la investigación científica. Cabe destacar que las simulaciones de la dinámica de fluidos fueron esenciales para comprender el clima de la Tierra gracias a la aparición de los modelos de circulación general en la década de 1980.

Los sistemas complejos compuestos por redes multicapa son intrínsecamente no lineales. La naturaleza de sus interacciones es tal que, en muchos casos, ni siquiera es posible escribir conjuntos iniciales de ecuaciones diferenciales para representarlos. Por estas razones, la ciencia de los sistemas complejos se basa en simulaciones por ordenador. Así, solo con la llegada de herramientas baratas y fácilmente accesibles para las simulaciones, pudo madurar la riqueza de los sistemas complejos como ciencia transdisciplinar. Hoy en día, los métodos de los sistemas complejos se utilizan en una gran variedad de entornos, desde la comprensión de la evolución geofísica de los planetas hasta los orígenes de la vida, el comportamiento de las células, el funcionamiento del cerebro, la dinámica de los sistemas sociales y el comportamiento de los mercados bursátiles.

Hemos terminado este capítulo con un breve esbozo de la ciencia de los sistemas complejos, sobre todo en el contexto de la ciencia de los sistemas terrestres, no porque pensemos que pueda llevarnos por sí sola más allá del punto ciego, ni mucho menos conducirnos a una versión mejor de la sociedad humana frente a los retos medioambientales y sociales a los que nos enfrentamos. Al igual que ocurre con la ciencia clásica, las tecnologías que surgen de la ciencia de sistemas complejos pueden desplegarse de forma que causen un gran daño. El impacto de las redes sociales en las normas democráticas es un claro ejemplo. También sería ingenuo e insensato pensar que la ciencia de los sistemas complejos no está exenta de puntos ciegos. Más bien, la hemos iluminado porque desafía el reduccionismo incorporado en el punto ciego. Al adoptar, desde el principio, una perspectiva no reduccionista que se centra en la centralidad de las relaciones enredadas y en bucle y en sus propiedades emergentes en los sistemas complejos, incluyéndonos a nosotros mismos como inextricables de los bucles enredados que estudiamos, la ciencia de los sistemas complejos ofrece un atisbo de lo que podría ser una visión científica del mundo más allá del punto ciego. Creemos que es una señal esperanzadora.

Epílogo

Empezamos este libro señalando una paradoja. La ciencia nos dice que los seres humanos somos periféricos en el esquema cósmico de las cosas, pero también que somos centrales en la realidad que descubrimos. Somos una diminuta presencia contingente en un vasto universo, y, sin embargo, nuestra experiencia es omnipresente en el conocimiento científico. Hemos visto muchos ejemplos en las páginas anteriores.

En lugar de intentar evitar esta paradoja, podemos y debemos abrazarla. Somos los autores de la narrativa científica, y somos personajes dentro de ella. Como autores, creamos la ciencia. Como personajes de la narrativa, somos una parte minúscula del inmenso cosmos. Así es como debemos retratarnos a nosotros mismos a partir de lo que hemos descubierto en cosmología y biología. Sin embargo, no debemos olvidar que estos diminutos personajes —nosotros mismos— somos también los autores de la narración. La hemos escrito utilizando las herramientas que creamos como comunidad de aprendices en el taller científico colectivo. Así es el extraño bucle del conocimiento científico.

Hemos argumentado que debemos volver a inscribirnos en la narrativa científica como sus creadores. La ciencia se basa en nuestra experiencia del mundo. No hay forma de sacarnos a nosotros mismos de la historia y contarla desde la perspectiva de Dios. Olvidar este hecho significa sucumbir al punto ciego, y eso significa perder nuestro camino tanto en la ciencia como en todas las formas críticas en que la ciencia da forma a la sociedad.

Nuestro objetivo ha sido llamar la atención sobre el punto ciego. Lo hemos hecho delineando sus ideas centrales y trazando su presencia a través de los campos científicos que informan nuestra visión del mundo. Hemos descrito cómo la constelación de ideas superpuestas que llamamos el punto ciego surgió en el transcurso de muchos siglos y fue configurando cada vez más la forma de entender el quehacer científico. Pero, como hemos argumentado, el proyecto científico y la visión del mundo del punto ciego no son la misma cosa, y el avance del conocimiento científico en los siglos XX y XXI exige que dejemos atrás el punto ciego.

Sin embargo, ¿qué significa dejar atrás el punto ciego? Aunque hemos señalado muchas ideas científicas que van más allá del punto ciego, no hemos intentado formular una perspectiva científica o filosófica global que lo sustituya. Esta elección es deliberada. La ciencia es un proyecto colectivo. Es la danza enredada de la construcción teórica colaborativa y la experimentación lo que, en última instancia, hace avanzar a la ciencia, no la reflexión crítica sobre el propio estudio. Nuestra esperanza es que, al incorporar el punto ciego a nuestra visión colectiva, seremos más capaces de encontrar nuevos caminos para superarlo, de modo que nuestra civilización científica pueda sobrevivir y florecer en este milenio. Para terminar, nos gustaría sugerir cómo podrían ser ahora las mejores prácticas para los investigadores y el público en general, ya que juntos nos esforzamos por explorar dónde y cómo pueden surgir nuevas perspectivas eficaces para nuestro futuro.

El primer paso para ir más allá del punto ciego es tomar consciencia histórica y filosófica de cómo la construcción teórica actual de la ciencia arrastra el peso de sus perspectivas pasadas. A medida que las comunidades de investigación progresan, a menudo se enfrentan a coyunturas en las que se toman decisiones entre varios marcos explicativos. La división entre puntos de vista ortodoxos y heterodoxos se basará a menudo en suposiciones que permanecen sin examinar. A veces, estos supuestos son puramente científicos y metodológicos. Otras veces, sin embargo, se basan en compromisos filosóficos que no han salido a la superficie. Estos compromisos, que yacen sumergidos, se transmiten de profesor a estudiante a través de generaciones hasta que simplemente se convierten en la ortodoxia de un campo, «lo que todo el mundo sabe». Al sacar a la luz esta historia, estos compromisos filosóficos apenas articulados pueden verse como tales. Entonces pueden debatirse como un conjunto de ideas que afectan a la práctica científica sin ser siempre parte necesaria de ella. Al final, la comunidad puede optar por mantener esos compromisos o empezar a explorar alternativas.

Hemos dedicado la mayor parte de este libro a tratar de llevar a cabo la primera parte del proyecto esbozado más arriba —excavar y exponer la historia y la filosofía subyacente para comprender cómo la metafísica del punto ciego llegó a impregnar gran parte del trasfondo en el que se desarrolla la práctica científica moderna—. Lo hemos hecho con la esperanza de que esto abra puertas a la segunda parte del proceso de mejores prácticas: explorar alternativas. Así, a lo largo del camino, hemos examinado diversas ideas y tendencias de la ciencia moderna que parecen representar posibles puertas de entrada a perspectivas pos punto ciego: la teoría de redes, la teoría de sistemas complejos, el QBismo, la mecánica cuántica relacional, la autonomía biológica, la cognición encarnada, la acción y la neurofenomenología. Desde luego, no pretendemos que representen una alternativa filosófica y metodológica coherente al punto ciego. Una alternativa de este tipo aún está a la espera de ser elaborada. Ese esfuerzo, diríamos, es, o debería ser, parte del proyecto principal para la ciencia y la filosofía de la ciencia del siglo XXI. Sin embargo, en lo que respecta a las mejores prácticas actuales, hay algunas recomendaciones generales que merece la pena esbozar.

Recordemos que hemos explicado cuatro patologías asociadas al punto ciego: (1) la sustitución subrepticia, (2) la falacia de la concreción fuera de lugar, (3) la cosificación de invariantes estructurales y (4) la amnesia de la experiencia. Así pues, cuando los investigadores se enfrentan a elecciones dentro de sus propios ámbitos o intentan evaluar diversas perspectivas teóricas y métodos, la prescripción más sencilla es: «No repitas esos errores». Sé consciente de las perspectivas y procedimientos que apoyan o refuerzan estas patologías y busca alternativas que no conduzcan a ellas. Estas alternativas no confundirán construcciones teóricas abstractas con experiencias vividas concretas. No olvidarán que la espiral ascendente de la abstracción siempre tiene sus raíces en la primacía e irreductibilidad de la experiencia. También reconocerán el proceso por el que se aíslan y extraen aspectos de la experiencia encarnada para transformarlos en las invariantes estructurales sobre las que se construyen las abstracciones. En pocas palabras, buscar alternativas que puedan reconocer y abrazar los extraños bucles de la experiencia y la ciencia, en lugar de favorecer enfoques que los ignoran o intentan obviarlos.

Nótese que esto no significa rechazar las abstracciones. Las estructuras teóricas, a menudo representadas en el lenguaje de las matemáticas, son una de las herramientas más potentes de la ciencia. Como sostenía Whitehead, las abstracciones no son el problema. El problema es no comprender su naturaleza y sustituir subrepticiamente lo concreto por ellas. Así pues, dentro de sus propios ámbitos, los investigadores deben preguntarse si una interpretación o lectura de las abstracciones interpreta erróneamente la experiencia humana y el mundo de la vida. ¿O la interpretación que se examina comprende, o al menos reconoce, que las abstracciones surgen del mundo de la vida y del taller científico colectivo y dependen de ellos para su significado?

La aplicación de estas buenas prácticas es más urgente cuanto más cerca se encuentre el tema científico de la vanguardia de la investigación y la política social. En un estudio de laboratorio sobre la conductividad eléctrica de los minerales, por ejemplo, las cuestiones sobre las implicaciones de los distintos compromisos filosóficos pueden no ser tan relevantes (aunque incluso en este caso pueden surgir preguntas). Pero en ámbitos en los que esos compromisos pueden configurar programas de investigación enteros, como la cosmología, los fundamentos de la mecánica cuántica y el estudio científico de la consciencia, o pueden tener enormes consecuencias sociales, como la IA, interrogarse sobre los compromisos filosóficos subyacentes a la investigación se convierte en un imperativo.

Hasta ahora, en esta breve exploración de las mejores prácticas, nos hemos centrado en el trabajo dentro de la ciencia y la filosofía de la ciencia. De igual importancia es considerar las mejores prácticas en la forma en que la ciencia se representa ante la sociedad en general. Aquí el punto ciego tiene un gran impacto. Hay muchas formas de vender al público los compromisos filosóficos del punto ciego como «lo que dice la ciencia». Puede adoptar la forma de documentales científicos que dicen a la gente que no son más que su supuesta programación genética (los genes no son programas, y requieren la existencia de organismos enteros integrados en sus ecosistemas para expresarse). Puede tratarse de artículos científicos sin aliento que afirman que las generaciones futuras se cargarán a sí mismas en ordenadores (tu yo, o tu persona, no es una estructura de datos computacional). Pueden ser conferencias públicas o artículos de opinión que afirmen que la física ha respondido a la pregunta de por qué hay algo en lugar de nada (este no es el tipo de pregunta que la ciencia puede responder). Tales historias expresan una forma de triunfalismo científico basado en el punto ciego. Quienes argumentan desde esta perspectiva pueden afirmar que es la única forma de salvaguardar la ciencia de las fuerzas que se le oponen. Aunque estamos de acuerdo en que salvaguardar la ciencia es esencial, especialmente en nuestra era de negación desenfrenada de la ciencia y desinformación intencionada, redoblar los compromisos con el punto ciego no sirve a este fin y puede resultar contraproducente.

De hecho, el triunfalismo científico basado en el punto ciego no es una exageración inofensiva, sino una extralimitación perjudicial. Alimenta el estereotipo del científico como alguien frío, carente de emociones y «no como nosotros» (tal y como expresaba una encuesta reciente). Cuando las ideas de los puntos ciegos se presentan al público como hechos que solo los ingenuos y los incultos cuestionarían, es probable que se exacerbe la oposición a la ciencia en los debates de política pública (por ejemplo, sobre la mitigación del cambio climático o la vacunación). Además, como hemos argumentado, la representación de la naturaleza o el medio ambiente como un recurso esencial está ligada a la elevación de las medidas cuantitativas objetivas como algo más fundamental que la experiencia humana que se encuentra en su origen. La larga historia de inacción ante el cambio climático puede atribuirse en parte a la incapacidad de cambiar esta mentalidad, según la cual la Tierra se convierte en un conjunto de «servicios ecosistémicos» que pueden monetizarse como valor aportado a la tecnosfera.

Por lo tanto, las mejores prácticas en el ámbito de la ciencia y la sociedad incluyen ser conscientes de cómo se cuenta la historia de la ciencia al público. No cabe duda de que esa historia trata de la profunda capacidad de la imaginación humana y de nuestra habilidad para prevalecer sobre la ignorancia y los prejuicios. Pero si la historia se cuenta como algo que trasciende lo humano, entonces se convierte en una narrativa esencialmente religiosa sobre la búsqueda de un conocimiento perfecto más allá de nuestra finitud. En lugar de decir que la ciencia es un medio para elevarse por encima del gran y extraño misterio de ser humano en el vasto mundo, una historia mejor es que la ciencia nos adentra en ese misterio, revelándonos nuevas formas de experimentarlo, deleitarnos con él y, sobre todo, valorarlo. Al dejar atrás el punto ciego, podemos comprender adecuadamente la importancia crucial de la objetividad como medio para el conocimiento público sin transformarla en una ontología dudosa. Y, lo que es más importante, podemos apreciar lo notable que es la actividad humana de la ciencia y lo necesaria que es la lucha por su integridad, sin convertirla en un apoderado de creencias filosóficas centenarias que ya no son relevantes respecto a dónde estamos y hacia dónde tenemos que ir.

Agradecimientos

Este libro nació de conversaciones entre nosotros tres que comenzaron cuando Marcelo Geiser invitó a Adam Frank y Evan Thompson a ser investigadores visitantes en el Institute for Cross-Disciplinary Engagement (ICE) del Dartmouth College en 2017. Un taller posterior, «El punto ciego: experiencia, ciencia y búsqueda de la verdad», tuvo lugar en el ICE en 2019. Damos las gracias al Dartmouth College y a la Fundación Templeton por apoyar el ICE y hacer posibles estas reuniones. También agradecemos a los participantes del taller —Michel Bitbol, Chris Fuchs, Jenann Ismael, Peter Lewis, Michela Massimi, Robert Sharf, Mark Sprevak y Peter Tse— su amable y útil compromiso crítico con nuestras ideas.

Otro campo de pruebas útil y estimulante fue la conferencia «Buddhism, Physics, and Philosophy Redux», celebrada en 2022 en el Centro de Estudios Budistas de la Universidad de California, Berkeley, y organizada por Robert Sharf. Los participantes en la conferencia —Michel Bitbol, Craig Callender, John Dunne, Chris Fuchs, Jay Garfield, Jenann Ismael, Huw Price, Carlo Rovelli, Robert Sharf, Francesca Vidotto y Jessica Wilson— ofrecieron muchas respuestas críticas útiles a nuestras ideas.

Varias personas leyeron partes del manuscrito en distintas fases de la redacción y nos dieron consejos útiles: Michel Bitbol, Robert Crease, Jay Garfield, Alyssa Ney, Robert Sharf y Rebecca Todd. Dos revisores anónimos de MIT Press ofrecieron útiles sugerencias de mejora. También damos las gracias a los estudiantes graduados en Filosofía de la Universidad de Columbia Británica que leyeron y respondieron al manuscrito: Tyeson Davies Barton, Laura Bickel, Albert Cotguno, Elena Holmgren, Alexandra Jewell, Emily Lawson, Jelena Markovic, Anthony Nguyen, Matthew Perry, Ying Yao, Ceren Yildiz, Yuki Ueda, Davide Zappulli y Angela Zhao.

Una primera versión de la idea central del libro se publicó como artículo en línea en *Aeon* (2019). Damos las gracias a nuestra editora, Sally Davies, por ayudarnos a mejorar la redacción y por su dedicación al artículo.

Nuestro agradecimiento final va dirigido a nuestros agentes literarios y editor. Howard Yoon, de la agencia Ross Yoon, representó el libro y le encontró un excelente hogar en las manos del editor Philip Laughlin, de MIT Press. También agradecemos a Michael Carlisle (agente de Marcelo Gleiser) y Anna Ghosh (agente de Evan Thompson) por su ayuda y apoyo.

Notas

Una introducción al punto ciego

1. Véase Jonardon Ganeri, «Well-Ordered Science and Indian Epistemic Cultures», *Isis* 104 (2013): 348-359.
2. Maurice Merleau-Ponty, *Phenomenology of Perception*, trad. D. Landes (Londres: Routledge Press, 2013), 84. Edición castellana: Maurice Merleau-Ponty, *Fenomenología de la percepción*, trad. J. Cabanes (Barcelona: Ediciones Península, 1975).
3. Véase Hasok Chang, *Inventing Temperature: Measurement and Scientific Progress* (Oxford: Oxford University Press, 2007).
4. Robert Crease, *The Workshop and the World: What Ten Thinkers Can Teach Us about Science and Authority* (Nueva York: Norton, 2019).
5. Thomas Nagel, *The View from Nowhere* (Nueva York: Oxford University Press, 1986). Edición castellana: Thomas Nagel, *Una visión de ningún lugar,* trad. J. Issa González (México: Fondo de Cultura Económica, 1998).
6. Véase Jimena Canales, *The Physicist and the Philosopher: Einstein, Bergson, and the Debate That Changed Our Understanding of Time* (Princeton, NJ: Princeton University Press, 2015). Edición castellana: Jimena Canales, *El físico y el filósofo. Albert Einstein, Henri Bergson y el debate que cambió nuestra comprensión del tiempo,* trad. À. Guàrdia (Barcelona: Arpa Editores, 2020).
7. Michel Bitbol también sostiene que el punto ciego de nuestra cosmovisión científica es la experiencia pura. Véase Michel Bitbol, «Beyond Panpsychism: The Radicality of Phenomenology», en *Self, Culture, and Consciousness*, ed., S. Menon, N. Nagaraj y V. Binoy

(Singapur). S. Menon, N. Nagaraj y V. Binoy (Singapur: Springer, 2017), 337-356.

8. William James, «The Thing and Its Relations», *Journal of Philosophy, Psychology and Scientific Methods* 2, n.º 2 (1905): 29.
9. Kitarō Nishida, *An Inquiry into the Good*, trad. Masao Abe y Christopher Ives (New Haven: Yale University Press, 1992). Edición castellana: Kitaro Nishida, *Indagación del bien,* trad. A. L. Bixio (Barcelona: Editorial Gedisa, 1995).
10. Véase, Fujita Masakatsu, «The Development of Nishida Kitarō's Philosophy: Pure Experience, Place, Action-Intuition», en *The Oxford Handbook of Japanese Philosophy*, ed. Bret W. Davis (Oxford: Oxford University Press, 2019), 389-415.
11. Nishida, *An Inquiry into the Good,* 7.
12. Cuando nuestro libro ya estaba escrito, descubrimos William Byers, *The Blind Spot: Science and the Crisis of Uncertainty* (Princeton, NJ: Princeton University Press, 2011). La idea de Byers del punto ciego y su análisis de la ciencia convergen notablemente con los nuestros.

Capítulo 1

1. Edmund Husserl, *The Crisis of European Sciences and Transcendental Phenomenology*, trad. David Carr (Evanston, IL: Northwestern University Press, 1970), 14. Edición castellana: Edmund Husserl, *La crisis de las ciencias europeas y la fenomenología transcendental. Una introducción a la fenomenología,* trad. S. Mas (Madrid: Editorial Crítica, 1991).
2. Galileo, «The Assayer», en *Discoveries and opinions of Galileo*, trad. Stillman Drake (Nueva York: Anchor Books, 1957), 237-238.
3. Husserl, *The Crisis of European Sciences,* 51. Itálica en el original.

4. Véase Lee Hardy, *Nature's Suit: Husserl's Phenomenological Philosophy of Physical Sciences* (Athens: Ohio University Press, 2013).
5. Nancy Cartwright, *How the Laws of Physics Lie* (Oxford: Clarendon Press, 1983).
6. Nancy Cartwright, *The Dappled World: A Study of the Boundaries of Science* (Nueva York: Cambridge University Press, 1999).
7. Robert Crease, *The Workshop and the World: What Ten Thinkers Can Teach Us about Science and Authority* (Nueva York: Norton, 2019).
8. Véase, Crease, *The Workshop and the world,* capítulo 1.
9. Carolyn Merchant, *The Death of Nature: Women, Ecology, and the Scientific Revolution* (Nueva York: Harper, 1980), 80, 164.
10. Carolyn Merchant, «The Scientific Revolution and The Death of Nature», *Isis* 97 (2006): 515.
11. Crease, *The Workshop and the World,* 212.
12. Cartwright, *The Dappled World,* 2-3.
13. Cartwright, 25.
14. Crease, *The Workshop of the World,* 212-213. Véase también, William Finnegan, *Barbarian Days: A surfing Life* (Nueva York: Penguin, 2015).
15. Michel Bitbol, «Is Consciousness Primary?», *NeuroQuantology* 6 (2008): 53-72.
16. John Locke, *An Essay Concerning Human Understanding*, ed. Roger Woodhouse (Londres: Penguin, 1997), libro 2, capítulo 8, sección 21, 137-138. Edición castellana: John Locke, *Ensayo sobre el entendimiento humano,* trad. E. O'Gorman (Madrid: Fondo de Cultura Económica España, 1999).
17. Véase, Hardy, *Nature's Suit*.
18. Cartwright, *How the Laws of Physics Lie,* ensayo 4.
19. Para la discusión de Husserl sobre los signos indicativos, véase Edmund Husserl, *Logical Investigations*, traducido por J. N. Findlay (Londres: Routledge Press, 1970), Investigación I: expresión y sentido, 181-203.

20. Ian Hacking, *Representing and Intervening: Introductory Topics in the Philosophy of Natural Science* (Cambridge: Cambridge University Press, 1983), 22-23.
21. Cartwright, *The Dappled World*, 34.
22. Alfred North Whitehead, *The Concept of Nature* (Cambridge: Cambridge University Press, 1920; Ann Arbor: University of Michigan Press, 1957). Las citas se refieren a la edición de 1957. Edición castellana: Alfred North Whitehead, *El concepto de la naturaleza,* trad. J. Díaz (Madrid: Editorial Gredos, 1968).
23. Whitehead, *The Concept of Nature,* 30-31.
24. Arthur Eddington, *The Nature of the Physical World* (Cambridge: Cambridge University Press, 1928), xi-xii.
25. Whitehead, *The Concept of Nature,* 29
26. Whitehead, 3.
27. Whitehead, 29.
28. Whitehead, 40.
29. Whitehead, 30.
30. Isabelle Stengers, *Thinking with Whitehead: A Free and Wild Creation of Concepts*, traducido por Michael Chase (Cambridge, MA: Harvard University Press, 2011), 76, 136. Edición castellana: Isabelle Stengers, *Pensando con Whitehead. Una creación de conceptos libre y salvaje*, trad. A. Abril (Buenos Aires: Editorial Cactus, 2020).
31. Alfred North Whitehead, *Science and the Modern World* (Nueva York: Macmillan, 1925), 51, 55, 58. Edición castellana: Alfred North Whitehead, *La ciencia y el mundo moderno,* trad. M. Ruiz Lago (Buenos Aires: Editorial Losada, 1949).
32. Whitehead, 51.
33. Whitehead, *Concept of Nature,* 41.
34. Stengers, *Thinking with Whitehead,* 34.

35. Whitehead, *Concept of Nature*, 44. Véase también 32: «La razón por la que la bifurcación de la naturaleza está siempre reapareciendo en la filosofía científica es la extrema dificultad de exhibir el enrojecimiento y el calor percibidos del fuego en un sistema de relaciones con las agitadas moléculas de carbono y oxígeno, con la energía radiante procedente de ellas y con los diversos funcionamientos del cuerpo material. A menos que produzcamos las relaciones omnicomprensivas, nos encontramos ante una naturaleza bifurcada: a saber, el calor y el enrojecimiento por un lado, y las moléculas, los electrones y el éter por otro».
36. Whitehead, 44.

Capítulo 2

1. Nos basamos en E. A. Burtt, *The Metaphysical Foundations of Modern Science* (Mineola, NY: Dover, 2003); R. G. Collingwood, *The Idea of Nature* (Clarendon: Oxford University Press, 1945). Edición castellana: R. G. Collingwood, *La idea de la naturaleza*, trad. E. Maz (Madrid: Fondo de Cultura Económica España, 2006). E. J. Dijksterhuis, *The Mechanization of the World Picture*, trad. C. Dikshoorn (Clarendon: Oxford University Press, 1961).
2. Alfred North Whitehead, *Science and the Modern World* (Nueva York: Macmillan, 1925), 7.
3. Véase Edward Grant, *The Foundations of Modern Science in the Middle Ages: Their Religious, Institutional, and Intelectual Contexts* (Cambridge: Cambridge University Press, 1996). Véase también Peter Harrison, *The Fallo f Man and the Foundations of Science* (Cambridge: Cambridge University Press, 2007).
4. Para traducciones y análisis de los filósofos presocráticos, véase G.

S. Kirk, J. E. Raven y M. Schofield, *The Presocratic Philosophers: A Critical History with a Selection of Texts*, 2.ª ed. (Cambridge: Cambridge University Press, 1983). Edición castellana: G. S. Kirk, J. E. Raven, M. Schofield, *Los filósofos presocráticos,* trad. J. García Fernández (Madrid: editorial Gredos, 2008).

5. Véase Collingwood, *Idea of Nature*, 29-30.
6. Para un análisis de Empédocles, incluida una traducción de «On Nature», véase Kirk et al., *Presocratic Philosophers*, 280-332.
7. Aristotle, *Metaphysics*, trad. C. D. C. Reeve (Indianápolis: Hackett, 2016), 8, 10. Edición castellana: Aristóteles, *Metafísica*. Edición trilingüe. Traducción y edición V. García Yebra (Madrid: Ediciones Gredos).
8. Véase Dijksterhuis, *Mechanization of the World Picture*, 22-24.
9. Dijksterhuis, 82.
10. Véase Dijksterhuis, 8-13.
11. David Lindberg, *The Beginnings of Western Science: The European Scientific Tradition in Philosophical, Religious, and Institutional Context, Prehistory to A.D. 1450*, 2.ª ed. (Chicago: University of Chicago Press, 2007), 77.
12. En la obra de Stephen Greenblatt *The Swerve: How the World Became Modern* (Nueva York: Norton, 2011).
13. Aristotle, *Metaphysics*, 11.
14. Collingwood, *Idea of Nature*, 50.
15. Collingwood, 55-56.
16. Collingwood, 55-72.
17. Véase Francis M. Cornford, *Plato's Cosmology* (Indianápolis: Hackett, 1997); Plato, *Timaeus*, trad. Donald J. Zeyl (Indianápolis: Hackett, 2000). Edición castellana: Platón, *Diálogos VI. Filebo, Timeo, Critias,* Trad. F. Lisi, M. A. Durán (Madrid: Editorial Gredos, 2022).
18. Collingwood, *Idea of Nature*, 72-79.

19. Lindberg, *Beginnings of Western Science*, 37.
20. David Lindberg, *The Beginnings of Western Science*, 1.ª ed. (Chicago: University of Chicago Press, 1992), 282. Esta frase no aparece en la segunda edición de este libro.
21. Véase Lindberg, *Beginnings of Western Science*, 2.ª ed., 299-300.
22. Lindberg, 2.ª ed., 308.
23. Johannaes Buridanus, *Questiones in Metaphysicam Aristotelis*, bk. XII, pregunta 9. Edición de Iodocus Badius Ascensius, París, 1518; fol. 73 recto. Para un relato del descubrimiento por Buridán de la ley de la inercia, véase E. A. Moody, «Laws of Motion in Medieval Physics», *Scientific Monthly* 72 (1951): 18-23.
24. Whitehead, *Science and the Modern World*, 9.
25. Robert Crease, *The Workshop and the World: What Ten Thinkers Can Teach Us about Science and Authority* (Nueva York: Norton, 2019).
26. Para saber qué quería decir Bacon con «vejar» la naturaleza, véase Carolyn Merchant, «Francis Bacon and the "Vexations of Art": Experimentation as Intervention», *British Journal for the History of Science* 46, n.º 4 (2013): 551-559.
27. Véase Eric Schliesser, «Why Does Newton Use "Axioms or Laws of Motion"» *Digressions & Impressions* (blog), 26 de enero de 2016, https://digressionsnimpressions.typepad.com/digressionsimpressions/2016/01/why-does-newton-use-axioms-or-laws -de-movimiento.html
28. Einstein hizo estas observaciones en una conversación con Esther Salaman, estudiante de Física. Véase Max Jammer, *Einstein and Religion: Physics and Theology* (Princeton, NJ: Princeton University Press, 1999), 123.
29. Véase Geoffrey Gorham, «Newton on God's Relation to Space and Time: The Cartesian Framework», *Archiv für Geschichte der Philosophie* 93 (2011): 281-320.

30. Citado en Gorham, «Newton on God's Relation to Space and Time», 312.
31. Tomamos prestados los términos «la visión desde ninguna parte» de Thomas Nagel, *The View from Nowhere* (Nueva York: Oxford University Press, 1986), y «la concepción absoluta del mundo» de Bernard Williams, *Descartes: The Project of Pure Inquiry* (Londres: Pelican, 1978). Edición castellana: Bernard Williams, *Descartes. El proyecto de la investigación pura,* trad. J. Coll Mármol (Madrid: Editorial Cátedra, 1996).
32. Citado en Jennifer Coopersmith, *The Lazy Universe: An Introduction to the Principle of Least Action* (Oxford: Oxford University Press, 2017), 25.
33. Véase Alfred North Whitehead, *The Concept of Nature* (Cambridge: Cambridge University Press, 1920; Ann Arbor: University of Michigan Press, 1957), y Whitehead, *Science and the Modern World.*
34. Véase Eugene Wigner, «The Unreasonable Effectiveness of Mathematics in the Natural Sciences», *Communications on Pure and Applied Mathematics* 13, n.º 1 (1960): 1-14.

Capítulo 3

1. Aristotle, *Physics*, bk. IV, caps. 10-14. Para una traducción, véase Joe Sachs, *Aristotle's Physics: A Guided Study* (New Brunswick, NJ: Rutgers University Press, 1998). Edición castellana: Aristóteles, *Física,* trad. G. R. de Echandía (Madrid: Editorial Gredos, 2016).
2. Henri Bergson, *Time and Free Will: An Essay on the Immediate Data of Consciousness*, trad. F. L. Pogson (Mineola, NY: Dover, 1913).
3. Véase Alfred North Whitehead, *The Concept of Nature* (Cambridge: Cambridge University Press, 1920; Ann Arbor: University of Michigan Press, 1957), cap. 3. Las citas se refieren a la edición de 1957.

4. Isabelle Stengers, *Thinking with Whitehead: A Free and Wild Creation of Concepts*, trad. Michael Chase (Cambridge, MA: Harvard University Press, 2011), 56.
5. Bergson, *Time and Free Will*, 106, 107.
6. Sachs, *Aristotle's Physics*, 122.
7. Bergson, *Time and Free Will*, 107-110.
8. Edmund Husserl, *On the Phenomenology of the Consciousness of Inner Time (1893- 1917)*, trad. John Barnett Brough (Dordrecht: Springer, 1991), 32. Edición castellana: Edmund Husserl, *Lecciones de fenomenología de la conciencia interna del tiempo,* trad. A. Serrano de Haro (Madrid: Editorial Trotta, 2002).
9. Para una referencia accesible sobre el FOCS-1, véase https://cmte.ieee.org/futuredirections/2018/12/04/n-amazingly-accurate-atomic-clock/
10. William James, *The Principles of Psychology* (Cambridge, MA: Harvard University Press, 1981), 573-574.
11. Véase Marc Wittmann, «Moments of Time», *Frontiers in Integrative Neuroscience* 5 (2011): 66, https://doi.org/10.3389/fnint.2011.00066; Marc Wittmann, «The Inner Sense of Time: How the Brain Creates a Representation of Duration», *Nature Reviews Neuroscience* 14 (2013): 217-223.
12. Véase Marc Wittmann, *Felt Time: The Psychology of How We Perceive Time*, trans. Erik Butler (Cambridge, MA: MIT Press, 2016).
13. Whitehead, *Concept of Nature, 53-54.*
14. Para las complicadas opiniones de Aristóteles sobre el cielo y el tiempo, véase Ursula Coope, *Time for Aristotle* (Nueva York: Oxford University Press, 2005).
15. Estos son ejemplos de leyes en el tiempo, cinemáticas y dinámicas. Tales leyes deben contrastarse con las leyes de conservación, aquellas que reflejan la conservación (en el tiempo) de una cantidad, como

la conservación de la energía o de la carga eléctrica en los procesos subatómico. Las leyes de la física reflejan en su propia naturaleza la tensión entre el devenir y el ser.

16. La suposición de Newton de un tiempo universal único lleva implícita la idea de que la información viaja a velocidades infinitas. Este era el núcleo de su noción de acción a distancia, según la cual la gravedad actuaba instantáneamente en la inmensidad del espacio. Ahora sabemos que no es así, puesto que la velocidad de la luz es finita y las perturbaciones gravitatorias viajan a la velocidad de la luz. Pero en tiempos de Newton tenía mucho sentido como aproximación.
17. Isaac Newton, Scholium to the Definitions en *Philosophiae Naturalis Principia Mathematica*, bk. 1 (1689), trad. Andrew Motte (1729), rev. Florian Cajori (Berkeley: University of California Press, 1934), 6.
18. Alfred North Whitehead, *Science and the Modern World* (Nueva York: Macmillan, 1925), 44.
19. Los modelos newtonianos simples de órbitas planetarias no necesitan incluir los detalles calientes y viscosos de la formación planetaria; además, tienden a despreciar las fuerzas de marea gravitatorias a menos que se utilicen en escalas temporales largas.
20. Cuando las formas son relevantes, los objetos se tratan como cuerpos sólidos, con propiedades obtenidas de la suma (integración, para cuerpos continuos) sobre muchas partículas.
21. George F. R. Ellis, «Physics in the Real Universe: Time and Spacetime», *General Relativity and Gravitation* 38 (2006): 1797-1824.
22. El físico Nicolas Gisin y colaboradores han explorado este punto en varios trabajos recientes, llamándolo «principio de precisión infinita». Véase Flavio Del Santo y Nicolas Gisin, «Physics without determinism: Alternative Interpretations of Classical Physics», *Physical Review* A 100 (2019): 062107, https://doi.org/10.1103 /PhysRevA.100.062107.

Véase también George F. R. Ellis, Krysztof A. Meissner y Her- mann Nicolai, «The Physics of Infinity», *Nature Physics* 14 (2018): 770-772, https:// doi.org/10.1038/s41567-018-0238-1

23. David Hilbert, *David Hilbert's Lectures on the Foundations of Arithmetics and Logic, 1917-1933*, ed. W. Ewald y W. Sieg (Heidelberg: Springer, 2013, 730). W. Ewald y W. Sieg (Heidelberg: Springer, 2013), 730.
24. Para una breve historia del calor y la termodinámica, véase Marcelo Gleiser, *The Dancing Universe: From Creation Myths to the Big Bang* (Lebanon, NH: Dartmouth College Press, 2005), cap. 6.
25. Esta contabilidad no incluye las variables «internas», como los posibles movimientos de rotación de la molécula. Si hay *m* movimientos de rotación, los grados de libertad aumentan a 6 + *m*.
26. Esta velocidad media de equilibrio viene dada por la distribución de Maxwell-Boltzmann y es proporcional a la raíz cuadrada de la temperatura *T*.
27. Hans Reichenbach, *The Direction of Time* (Nueva York: Dover, 1956), 113.
28. A. Connes y C. Rovelli, «Von Neumann Algebra Automorphisms and Time-Thermodynamics Relation in Generally Covariant Quantum Theories», *Classical Quantum Gravity* 11 (1994): 2899-2917.
29. Carlo Rovelli, *The Order of Time* (Nueva York: Riverhead Books, 2018), 34. Edición castellana: Carlo Rovelli, *El orden del tiempo*, trad. F. J. Ramos Mena (Barcelona: Editorial Anagrama, 2018).

Capítulo 4

1. Véase Alfred North Whitehead, *Science and the Modern World* (Nueva York: Macmillan, 1925), caps. 3-6.

2. Locke da diferentes listas de las cualidades primarias, por lo que no está claro exactamente qué cualidades considera primarias. Véase Robert A. Wilson, «Locke's Primary Qualities», *Journal of the History of Philosophy* 40 (2002): 201-228.
3. Whitehead, *Science and the Modern World*, 54.
4. Whitehead, vii.
5. Whitehead, 18.
6. Alfred North Whitehead, *Process and Reality*, ed. corregida. David Ray Griffin y Donald W. Sherburne (Nueva York: Free Press, 1978), 20. Edición castellana: Alfred North Whitehead, *Proceso y realidad*, trad. M. Candel (Girona: Ediciones Atalanta, 2021).
7. Una carga eléctrica en circulación crea un campo magnético perpendicular a su dirección de movimiento, como una flecha que atraviesa el centro de una diana.
8. David Z. Albert, *Quantum Mechanics and Experience* (Cambridge, MA: Harvard University Press, 1994).
9. Por ejemplo, si tenemos una superposición inicial en la que ambos estados contribuyen por igual, los valores para los parámetros a y b en $t = 0$ serían $a = b = \sqrt{2}/2$. Para obtener las probabilidades de encontrar la partícula en cualquiera de los dos estados hay que elevar al cuadrado los coeficientes, de modo que $a2 = b2 = 1/2$, o el 50 % cada uno. (Para los expertos, los coeficientes a y b pueden ser números complejos. En ese caso, el cuadrado es en realidad el valor absoluto de los números complejos).
10. Para los expertos, la EPR utilizó la representación de posición de la mecánica cuántica, donde la función de estado se conoce comúnmente como función de onda, representada por la letra griega Ψ (pronunciada «psi»).
11. Albert, *Quantum Mechanics and Experience*.
12. Oliver Morsch, *Quantum Bits and Quantum Secrets: How Quantum*

Physics Is Revolutionizing Codes and Computers (Nueva York: Wiley-VCH, 2008).

13. N. David Mermin, «What's Wrong with This Pilow?», *Physics Today* 42 (1989): 9-11.
14. G. C. Ghirardi, A. Rimini y T. Weber, «Unified Dynamics for Microscopic and Macroscopic Systems», *Physical Review D* 34 (1986): 470-491.
15. Para una visión general, véase Sheldon Goldstein, «Bohmian Mechanics», *Stanford Enciclopedia of Philosophy* (ed. otoño 2021), https://plato.stanford.edu/archives/fall2021/entries/qm-bohm/.
16. Carlo Rovelli, «Relational Quantum Mechanics», *International Journal of Theoretical Physics* 35 (1996): 1637-1678.
17. Rovelli, 1643.
18. Véase Don Howard, «Who Invented the "Copenhagen Interpretation"? A Study in Mythology», *Philosophy of Science* 71 (2004): 669-682. Véase también Slobodan Perovic, *From Data to Quanta: Niels Bohr's Vision of Physics* (Chicago: University of Chicago Press, 2021).
19. Jan Faye, «Copenhagen Interpretation of Quantun Mechanics», *Enciclopedia Stanford de Filosofía* (ed. invierno 2019), https://plato.stanford.cdu/cntries/qm.-copenhague/.
20. John von Neumann, *Mathematical Foundations of Quantum Mechanics*, nueva edición, ed., Nicholas A. Wheeler (Princeton, NJ: Princeton University Press, 2018). Edición castellana. John Von Newmann, *Fundamentos matemáticos de la mecánica cuántica*, trad. R. Ortiz (Madrid: Consejo Superior de Investigaciones Científicas, 1991). Nicholas A. Wheeler (Princeton, NJ: Princeton University Press, 2018). El texto original en alemán apareció en 1932.
21. Eugene Wigner, «Remarks on the Mind-Body Question», en *The Scientist Speculates: An Anthology of Partly-Baked Ideas*, ed. I. J. Good (Nueva York: Basic Books, 1961), 171-184.

22. Véase C. A. Fuchs, «Notwithstanding Bohr, the Reasons for QBism», *Mind and Matter* 15 (2017): 245-300.
23. E. T. Jaynes, «Clearing Up Mysteries-the Original Goal», en *Maximum Entropy and Bayesian Methods*, ed. J. Skilling (Dordcht: Kluwer, 1989), 7. J. Skilling (Dordrecht: Kluwer, 1989), 7.
24. John B. DeBrota y Blake C. Stacey, «FAQBism», 14 de abril de 2018, 1, https://arxiv.org/abs/1810.13401
25. DeBrota y Stacey, 6.
26. N. David Mermin, «QBism Puts the Scientist Back into Science», *Nature* 507 (2014): 421-423.
27. N. David Mermin, «Why QBism Is Not the Copenhagen Interpretation and What John Bell Might Have Thought of It», en *Quantum [Un] Speakables II: Half a Century of Bell's Theorem*, ed. Reinhold Bertlmann y Anton Zeilinger (Cham: Switzerland: Springer, 2017), 88. Reinhold Bertlmann y Anton Zeilinger (Cham: Switzerland: Springer, 2017), 88.
28. Thomas Nagel, *The View from Nowhere* (Nueva York: Oxford University Press, 1986).
29. Véase John B. DeBrota, Christopher A. Fuchs, Jacques L. Pienaar y Blake C. Stacey, «Born's Rule as a Quantum Extension of Bayesian Coherence», *Physical Review A* 104 (2021): 02207.

Capítulo 5

1. Véase Jimena Canales, *The Physicist and the Philosopher: Einstein, Bergson, and the Debate That Changed Our Understanding of Time* (Princeton, NJ: Princeton University Press, 2015). Edición castellana: Jimena Canales, *El físico y el filósofo. Albert Einstein, Henri Bergson y el debate que cambió nuestra comprensión del tiempo,* trad. À. Guàrdia (Barcelona: Arpa Editores, 2020).

2. Canales.
3. Henri Bergson, *Duration and Simultaneity: Bergson and the Einstenian Universe*, ed. Robin Durie, trans. Robin Durie, trad. Mark Lews y Robin Durie (Mánchester: Clinamen Press, 1999). Edición castellana: Henri Bergson, *Duración y simultaneidad (A propósito de la teoría de Einstein)*, trad. J. Martin (Buenos Aires: Ediciones del Signo, 2004).
4. Para un análisis de los errores de Bergson, véase Steven Savitt, «What Bergson Should Have Said to Einstein», *Bergsoniana* 1 (2021), https://doi.org/10.4000/bergsoniana.333. Para una discusión sobre la rigurosa atención de Bergson a los detalles matemáticos de la teoría de Einstein, véase Canales, *The Physicist and the Philosopher*, y C. S. Unnikrishnan, «The Theories of Relativity and Bergson's Philosophy of Duration and Simultaneity during and after Einstein's 1922 Visit to Paris» (2020), https://arxiv.org/abs/2001.10043
5. C. S. Unnikrishnan, «Teorías de la relatividad», 4.
6. Para una transcripción de las observaciones de Bergson y la respuesta de Einstein, véase Henri Bergson, «Remarks on the Theory of Relativity (1922)», *Journal of French and Francophone Philosophy—Revue de la philosophie française et de langue française* 28, n.º 1 (2020): 167-172. Una traducción anterior puede encontrarse en Bergson, *Duration and Simultaneity*, 154-159. Sobre el estatus de celebridad de Bergson, véase Emily Herring, «Henri Bergson, Celebrity», *Aeon*, 6 de mayo de 2019, https://aeon.co/essays/henri-bergson-the-philosopher-damned-for-his-female-fans
7. Maurice Merleau-Ponty, «Einstein and the Crisis of Reason», en Maurice Merleau- Ponty, *Signos*, trad. Richard C. McCleary (Evanston, IL: Northwestern University Press, 1964), 195.
8. Bergson, *Duration and Simultaneity*, xxvii.

9. Bergson, «Remarks on the Theory of Relativity (1922)», 167.
10. Bergson, 170.
11. Bergson, 169.
12. Bergson, 171.
13. Bergson, 170.
14. Bertrand Russell, *A, B, C of Relativity* (Nueva York: Routledge Press, 2009), 138. Edición castellana: Bertrand Russel, ABC de la relatividad, trad. P. Rodríguez Santidrián (Barcelona: Editorial Ariel, 1978).
15. Bergson, «Remarks on the Theory of Relativity (1922)», 170.
16. A. Einstein, «On the Electrodynamics of Moving Bodies», en H. A. Lorentz, A. Einstein, H. Minkowski y H. Weyl, *The Principle of Relativity: A Collection of Original Memoirs on the Special and General Theory of Relativity*, trans. W. Perrett y G. B. Jeffrey (Nueva York: Dover, 1952), 40.
17. Einstein, 40.
18. Véase William Lane Craig, «Bergson Was Right about Relativity (Well, Partly)!», en *Time and Tense: Unifying the Old and the New*, ed. Stamatios Gerogiorgakis (Múnich: Philosophia Verlag, 2016), 317-352.
19. Einstein, «On the Electrodynamics of Moving Bodies», 39.
20. Bergson, «Remarks on the Theory of Relativity (1922)», 169, 170.
21. Durie, «Introduction», en Bergson, *Duration and Simultaneity*, xiv.
22. Durie, ix.
23. Henri Bergson, *Time and Free Will: An Essay on the Immediate Data of Consciousness*, trad. F. L. Pogson (Mineola, NY: Dover, 1913).
24. Henri Bergson, *Matter and Memory*, trad. Nancy Margaret Paul y W. Scott Palmer (Nueva York: Zone Books, 1991).
25. Alfred North Whitehead, *The Concept of Nature* (Cambridge: Cambridge University Press, 1920; Ann Arbor: University of Michigan Press, 1957), 55. La cita se refiere a la edición de 1957.

26. Véase Unnikrishnan, «Theories of Relativity».
27. Para un tratamiento accesible de la paradoja de los gemelos, véase Paul Davies, *About Time: Einstein's Unfinished Revolution* (Nueva York: Simon and Schuster, 1995), 59-67.
28. Bergson, *Duration and Simultaneity,* 132.
29. Véase Savitt, «What Bergson Should Have Said to Einstein», y Tim Maudlin, *Philosophy of Physics: Space and Time* (Princeton, NJ: Princeton University Press, 2021), 83.
30. J. C. Hafele y R. E. Keating, «Around-the-World Atomic Clocks: Predicted Relativistic Time Gains», *Science* 177 (1972): 166-168. Para el debate, véase Savitt, «What Bergson Should Have Said to Einstein», y Unnikrishnan, «Theories of Relativity».
31. Véase Jeremy Proulx, «Duration in Relativity: Some Thoughts on the Bergson-Einstein Encounter», *Southwest Philosophy Review* 32 (2017): 159.
32. Véase Craig, «Bergson Was Right».
33. Bergson, *Duration and Simultaneity,* 132.
34. Bergson, 123. Véase también Proulx, «Duration in Relativity», 160.
35. Véase Savitt, «What Bergson Should Have Said to Einstein»; Proulx, «Duration in Relativity», y Peter Kügler, «What Bergson Should Have Said about Special Relativity», *Synthese* 198 (2021): 10273-10288.
36. N. David Mermin, «QBism as Cbism: Solving the Problem of "the Now"» 30 de diciembre de 2013, https://arxiv.org/abs/1312.7825. Véase también N. David Mermin, «Making Better Sense of Quantum Mechanics», *Reports on Progress in Physics* 82 (2019): 012002, https://doi.org/10.1088/1361-6633/aae2c6
37. Savitt, «What Bergson Should Have Said to Einstein», 95-96. 38. Proulx, «La duración en la relatividad», 163.
38. Proulx, «Duration in Relativity», 163.

39. Whitehead, *Concept of Nature,* 53.
40. Para que el tiempo se comportara realmente como una coordenada espacial, los signos tendrían que ser iguales, de modo que ds2 = + c (dt)2 + (dX)2 . Se trata de un espacio euclidiano de cuatro dimensiones con coordenadas ct y X, que no tiene información sobre el flujo temporal, por lo que es muy diferente del espacio-tiempo de Minkowski de cuatro dimensiones. En la teoría de la relatividad, es incorrecto decir que el tiempo es solo otra dimensión espacial, aunque eso se repita a menudo.
41. En una representación gráfica del espacio-tiempo de Minkowski, la velocidad de la luz define el cono luminoso, una superficie cónica que forma un ángulo de cuarenta y cinco grados con (una de) las coordenadas espaciales y temporales. Los sucesos físicamente permitidos, conectados causalmente, viven dentro del cono de luz. Los sucesos fuera del cono de luz, llamados sucesos «espaciales», están causalmente prohibidos.
42. Véase Hans Reichenbach, *The Direction of Time* (Nueva York: Dover, 1956), 11- 12.
43. Hilary Putnam presenta un argumento clásico a favor de la teoría del universo de bloques en «Time and Physical Geometry», *Journal of Philosophy* 64 (1967): 240-247. Como observa Carlo Rovelli en *The Order of Time* (Nueva York: Riverhead Books, 2018), 149-150, Putnam supone que la definición de simultaneidad de Einstein tiene un valor ontológico, mientras que es sobre todo una definición de conveniencia para relacionar tiempos diferentes medidos por relojes diferentes. Nuestra preocupación, sin embargo, es cómo distinguimos entre la abstracción matemática y nuestra percepción de la realidad. Al invocar la construcción matemática abstracta de un espacio-tiempo cuatridimensional, la teoría del universo de bloques no resuelve las dificultades de comprensión del hecho experiencial evidente de que el tiempo fluye.

44. Hermann Weyl, *Philosophy of Mathematics and Natural Science*, revisada y aumentada basada en la edición inglesa traducida por Olaf Helmer (Princeton, NJ: Princeton University Press, 1949), 116.
45. Véase Proulx, «Duration in Relativity», 153.
46. Bergson, *Duration and Simulaneity*, 107. Énfasis de Bergson.
47. Véase Proulx, «Duration in Relativity», 153.
48. *Albert Einstein-Michele Besso Correspondence, 1903-1955* (París: Hermann, 1972), 537-553.
49. Véase Rovelli, *The Order of Time*, 114-115.
50. Para los lectores con inclinaciones matemáticas, este ejemplo lo ha elaborado Matthew Schwartz en sus apuntes de mecánica estadística, disponibles en línea en https://scholar.harvard.edu/files/schwartz/files/physics_181_lectures.pdf
51. En mecánica cuántica, la posición y el momento se convierten en operadores hermitianos definidos en el espacio de Hilbert. Se pueden definir valores de expectativa de la posición y el momento, que son los que importan para el principio de incertidumbre. El concepto mismo de una posición o momento precisos de un objeto cuántico no tiene realmente sentido, lo que se suma a la idea de borrosidad.
52. Lee Smolin argumenta eficazmente este punto en su *Time Reborn: From the Crisis of Physics to the Future of the Universe* (Toronto: Vintage Canada, 2013).
53. Para los curiosos, hay esencialmente tres contribuciones principales a los materiales que llenan el cosmos, cada una contribuyendo de manera diferente a la tasa de expansión; la que domine determina la tasa de expansión: radiación, o partículas relativistas efectivamente sin masa (incluidos fotones y neutrinos); partículas masivas no relativistas (incluida materia oscura de interacción débil); y una constante cosmológica efectiva o energía del vacío, como la energía oscura.

54. Para la historia de la cosmología del siglo xx, véase Marcelo Gleiser, *The Dancing Universe: From Creation Myths to the Big Bang* (Lebanon, NH: Dartmouth College Press, 2005).
55. Para una crítica de la idea de unificación en las teorías físicas, véase Marcelo Gleiser, *A Tear at the Edge of Creation: A Radical New Vision for Life in an Imperfect Universe* (Nueva York: Free Press, 2010); Peter Woit, *Not Even Wrong: The Failure of String Theory and the Continuing Challenge to Unify the Laws of Physics* (Londres: Jonathan Cape, 2006); Sabine Hossenfelder, *Lost in Math: How Beauty Leads Physics Astray* (Nueva York: Basic Books, 2018); Lee Smolin, *Three Roads to Quantum Gravity: Una nueva comprensión del espacio, el tiempo y el universo* (Nueva York: Basic Books, 2001).
56. Isaiah Berlin, «Logical Translation», en Isaiah Berlin, *Concepts and Categories: Philosophical Essays*, ed. Henry Hardy (Nueva York: Viking, 1979), 76.
57. Véase, por ejemplo, Erik Verlinde, «On the Origin of Gravity and the Laws of Newton», *Journal of High Energy Physics* 29 (2011), https://doi.org/10.1007/JHEP04 (2011)029
58. Usamos «efectivamente sin masa» cuando la relación entre la masa de la partícula y la temperatura de radiación ambiental es mucho menor que uno: $m/T \ll 1$.
59. Ciertos modelos de la física de los primeros universos predicen la existencia de cúmulos de materia de diferentes tipos y masas, potencialmente formados tras un periodo de expansión muy rápida conocido como inflación. Entre ellos se encuentran los miniagujeros negros y los oscilones, este último codescubierto y bautizado por uno de nosotros; véase Marcelo Gleiser, «Pseudostable Bubbles», *Physical Review D* 49 (1994): 2978-2981. Aunque podrían contribuir de forma importante a la densidad de masa total del universo, no dominarían la tasa de expansión.

60. Para los expertos, este valor supone un universo plano con contribuciones del 4,8 % de materia normal, 26,2 % de materia oscura y 69 % de energía oscura.
61. Más concretamente, los fotones también se vieron afectados por la atracción gravitatoria de los pozos de materia oscura y reaccionaron cayendo o escapando. Estos dos movimientos opuestos provocaban pequeños cambios en sus frecuencias llamados «oscilaciones acústicas», que los detectores leen hoy como pequeñas variaciones de 1 parte en 100 000 en la suavidad de la temperatura del fondo cósmico de microondas. Estos mapas son absolutamente cruciales, ya que nos permiten reconstruir las condiciones que prevalecían en el universo cuando solo tenía cuatrocientos mil años.
62. David Albert, *Time and Chance* (Cambridge, MA: Harvard University Press, 2000).
63. Sean M. Carroll y Jennifer Chen, «Spontaneous Inflation and the Origin of the Arrow of Time» (2004), https://arxiv.org/abs/hep-th/0410270
64. Véase Roberto M. Unger y Lee Smolin, *The Singular Universe and the Reality of Time* (Cambridge: Cambridge University Press, 2015), y Smolin, *Time Reborn*.
65. Para una revisión, véase, por ejemplo, A. Ijjas y Paul J. Steinhardt, «Bouncing Cosmology Made Simple», *Classical and Quantum Gravity* 35 (2018): 135004. Para un enfoque diferente de las cosmologías de rebote, véase Stephon Alexander, Sam Cormack y Marcelo Gleiser, «A Cyclic Approach to Fine Tuning», *Physics Letters B* 757 (2016): 247-250.
66. Véase Roger Jackson, «Dharmakīrti's Refutation of Theism», *Philosophy East and West* 36 (1986): 315-348, y Parimal G. Patil, *Against a Hindu God: Buddhist Philosophy of Religion in India* (Nueva York: Columbia University Press, 2009).

Capítulo 6

1. Georges Canguilhem, *Knowledge of Life*, trad. Stefanos Geroulanos y Daniela Ginsburg (Nueva York: Fordham University Press, 2008), 90. Edición castellana: Georges Canguilhem, *El conocimiento de la vida*, trad. F. Cid (Barcelona: Editorial Anagrama, 1976).
2. Hans Jonas, *The Phenomenon of Life: Toward a Philosophical Biology* (Evanston, IL: Northwestern University Press, 2001), 91. Edición castellana: Hans Jonas, *El principio vida. Hacia una biología filosófica*, trad. J. C. Mardomingo Sierra, 2000).
3. Hans Jonas, «Is God a Matematitian? The Meaning of Metabolism», en Jonas, *El fenómeno de la vida*, 64-98.
4. Francisco J. Varela, *Principles of Biology Autonomy* (Nueva York: Elsevier North-Holland, 1979); Álvaro Moreno y Matteo Mossio, *Biological Autonomy: A Philosophical and Theoretical Inquiry* (Dordrecht: Springer, 2015).
5. Véase Daniel J. Nicholson, «The Return of the Organism as a Fundamental Explanatory Concept in Biology», *Philosophy Compass* 9 (2014): 347-359; Tobias Cheung, «From the Organism of a Body to the Body of an Organism: Occurrence and Meaning of the Word "Organism" from the Seventeenth to the Nineteenth Centuries», *British Journal for the History of Science* 39 (2006): 319-339.
6. Sobre el Club de Biología Teórica, véase Erik L. Peterson, *The Life Organic: The Theoretical Biology Club and the Roots of Epigenetics* (Pittsburgh, PA: University of Pittsburgh Press, 2017); Emily Herring y Gregory Radick, «Emergencia en biología: del organicismo a la biología de sistemas», en *The Routledge Handbook of Emergence*, ed. Sophie Gibb, Robin F. Hendry y Tom Lancaster (Londres: Routledge Press, 2019), 352- 362. Para Barry Commoner, véase su «Is DNA the "Secret of Life"?», *Clinical Pharmacology and Therapeutics* 6

(1965): 273-278. Sobre el retorno del organismo en la biología de finales del siglo xx y del siglo xxi, véase Nicholson, «The Return of the Organism». Véase también Evan Thompson, *Mind in Life: Biology, Phenomenology, and the Sciences of Mind* (Cambridge, MA: Harvard University Press, 2007), caps. 5-7.

7. Véase Scott F. Gilbert y Sahotra Sarkar, «Embracing Complexity: Organicism for the 21st Century», *Developmental Dynamics* 219 (2000): 5.
8. Commoner, «Is the DNA the "Secret of Life"?», 276-277. Véase también Barry Commoner, «Unraveling the DNA Myth: The Spurious Foundation of Genetic Engineering», *Harper's Magazine* 304, n.º 1821 (2002): 39-47.
9. Commoner, «Is the DNA the "Secret of Life"?», 273.
10. Nicholson, «The Return of the Organism», 353.
11. Erwin Schrödinger, *What is Life? With Mind and Matter and Autobiographical Sketches* (Cambridge: Cambridge University Press, 1992). Edición castellana. Erwin Schródinger, *¿Qué es la vida?*, trad. R. Guerrero (Barcelona: Tusquets Editores, 1983).
12. Schrödinger, 125.
13. Eugene Wigner, «Physics and the Explanation of Life», *Foundations of Physics 1*, n.º 1 (1970): 35-45.
14. Los puntos de referencia clave son Varela, *Principles of Biological Autonomy*; Robert Rosen, *Life Itself: A Comprehensive Inquiry into the Nature, Origin, and Fabrication of Life* (Nueva York: Columbia University Press, 1991); Stuart A. Kauffman, *Investigations* (Nueva York: Oxford University Press, 2000); Tibor Gánti, *The Principles of Life*, con comentarios de James Gresemer y Eros Szathmary (Oxford: Oxford University Press, 2003); Moreno y Mossio, *Biological Autonomy*.
15. Immanuel Kant, *Critique of Judgement*, trad. W. S. Pluhar (Indianápolis, IN: Hack- ett, 1987). Edición castellana: Immanuel Kant, Crítica del juicio, trad. M. García Morente (Madrid: Editorial Tecnos, 2007).

16. Kant, 252-253. Para el debate, véase Evan Thompson, *Mind in Life: Biology, Phenomenology, and the Sciences of Mind* (Cambridge, MA: Harvard University Press, 2007), 129-140.
17. Véase Moreno y Mossio, *Biological Autonomy*; Matteo Mossio, Maël Montévil y Giuseppe Longo, «Theoretical Principles for Biology: Organization», *Progress in Biophysics and Molecular Biology* 122 (2016): 24-35.
18. Véase Juan Carlos Letelier, María Luz Cárdenas y Athel Cornish-Bowden, «From *L'Homme Machine* to Metabolic Closure: Steps towards Understanding Life», *Journal of Theoretical Biology* 286 (2011): 100-113.
19. Jean Piaget, *Biology and Knowledge: An Essay on the Relations between Organic Regulations and Cognitive Processes* (Chicago: University of Chicago Press, 1971). Edición castellana: Jean Piaget, *Biología y conocimiento. Ensayo sobre las relaciones entre las regulaciones orgánicas y los procesos cognoscitivos*, trad. F. González Aramburu (Madrid: Siglo XXI España, 1969).
20. Piaget, 155-156.
21. Varela, *Principles of Biological Autonomy*, 55-58.
22. Francisco J. Varela, «The Creative Cycle: Sketches on the Natural History of Circularity», en *The Invented Reality*, ed. Paul Watzlavick (Nueva York: Norton, 1984), 311-312. Paul Watzlavick (Nueva York: Norton, 1984), 311-312.
23. Humberto R. Maturana y Francisco J. Varela, *Autopoiesis and Cognition: The Realization of the Living* (Dordrecht: D. Reidel, 1980).
24. Rosen, *Life Itself*.
25. Stuart A. Kauffman, «Cellular Homeostasis, Epigenesis, and Replication in Randomly Aggregated Macromolecular Systems», *Journal of Cybernetics* 1 (1971): 71-96; Stuart A. Kauffman, «Autocatalytic Sets of Proteins», *Journal of Theoretical Biology* 119 (1986): 1-24.

26. Stuart A. Kauffman, *Investigations* (Nueva York: Oxford University Press, 2000). Edición castellana: Stuart Kauffman, *Investigaciones. Complejidad, autoorganización y nuevas leyes para una biología general,* trad. L. Enrique de Juan (Barcelona: Tusquets Editores, 2003).
27. Moreno y Mossio, *Biological Autonomy*; Mossio et al., «Theoretical Principles for Biology: Organization».
28. Mossio et al., «Theoretical Principles for Biology: Organization», 7.
29. Mossio et al., 7.
30. Véase Moreno y Mossio, *Biological Autonomy,* cap. 3.
31. Véase Fermin Fulda, «Natural Agency: The Case of Bacterial Cognition», *Journal of the American Philosophical Association* 3 (2017): 69-90.
32. Moreno y Mossio, *Biological Autonomy,* 98.
33. Véase Ezequiel Di Paolo, «Autopoiesis, Adaptivity, Teleology, Agency», *Phenomenology and the Cognitive Sciences* 4 (2005): 429-452.
34. Francisco J. Varela, «Living Ways of Sense-Making: A Middle Path for Neuroscience», en *Disorder and Order: Proceedings of the Stanford International Symposium (14-16 de septiembre de 1981)*, ed. Paisley Livingston (Saratoga, CA: Anma Libri, 1984). Paisley Livingston (Saratoga, CA: Anma Libri, 1984), 208-224; Francisco J. Varela, «Patterns of Life: Intertwining Identity and Cognition», *Brain and Cognition* 34 (1997): 72-87.
35. Artemy Kolchinsky y David H. Wolpert, «Semantic Information, Autonomous Agency and Non-Equilibrium Statistical Physics», *Interface Focus* 8 (2018): 20180041, http://dx.doi.org/10.1098/rsfs.2018.0041
36. Evan Thompson, «Living Ways of Sense-Making», *Philosophy Today*, suppl. (2011): 114-123.
37. Véase Di Paolo, «Autopoiesis, Adaptivity, Teleology, Agency», y Ezequiel Di Paolo y Evan Thompson, «The Enactive Approach», en *The Routledge Handbook of Embodied Cognition*, ed. Lawrence

Shapiro (Londres: Routledge Press, 2014), 68-78. Lawrence Shapiro (Londres: Routledge Press, 2014), 68-78.

38. Ezequiel Di Paolo, «Extended Life», *Topoi* 28 (2009): 16n5. Véase también Ezequiel Di Paolo, «The Enactive Conception of Life»,, en *The Oxford Handbook of 4E Cognition*, ed., Oxford: Oxford University Press, 2018: Albert Newen, Leon De Bruin y Shaun Gallagher. Albert Newen, Leon De Bruin y Shaun Gallagher (Oxford: Oxford University Press, 2018), 71-94.
39. Theodosius Dobzhansky, «Nothing in Biology Makes Sense Except in the Light of Evolution», *American Biology Teacher* 35 (1973): 125-129.
40. Moreno y Mossio, *Biological Autonomy,* 113.
41. Moreno y Mossio, 116. Véase también Thompson, *Mind in Life,* 167-170.
42. Marcelo Gleiser y Sara Imari Walker, «Toward Homochiral Protocells in Non-catalytic Peptide Systems», *Origins of Life and Evolution of the Biosphere* 39 (2009): 479-493; véase también Pier Luigi Luisi, *The Emergence of Life: From Chemical Origins to Synthetic Biology*, 2.ª ed. (Cambridge: Cambridge University Press, 2019).
43. Moreno y Mossio, *Biological Autonomy*, 135-137. Véase también Kepa Ruiz-Mirazo, Jon Umerez y Álvaro Moreno, «Enabling Conditions for "Open-Ended Evolution"», *Biology and Philosophy* 23 (2008): 67-85.
44. Kepa Ruiz-Mirazo, Juli Peretó y Álvaro Moreno, «A Universal Definition of Life: Autonomy and Open-ended evolution», *Origins of Life and Evolution of the Biosphere* 34 (2004): 323-346.
45. Véanse Daniel J. Nicholson, «Organisms ≠ Machines», *Studies in History and Philosophy of Biological and Biomedical Sciences* 44 (2013): 669-678, y Daniel J. Nicholson, «Is the Cell *Really* a Machine?», *Journal of Theoretical Biology* 477 (2019): 108-126.
46. Los conceptos de descomponible, casi descomponible y no descom-

ponible proceden de Herbert Simon, *The Sciences of the Artificial* (Cambridge, MA: MIT Press, 1969).

47. Nicholson, «Is the Cell *Really* a Machine?».
48. Nicholson, 110.
49. Nicholson, 123.
50. Nicholson, 122.
51. Stuart Kauffman, *A World Beyond Physics: The Emergence and Evolution of Life* (Nueva York: Oxford University Press, 2019).
52. Giuseppe Longo, Maël Montévil y Stuart Kauffman, «No Entailing Laws, But Enablement in the Evolution of the Biosphere», *Proceedings of the 14th Annual Conference Companion on Genetic and Evolutionary Computation* (Nueva York: ACM, 2012), 1379-1392, https://dl.acm.org/doi/10.1145/2330784.2330946; Giuseppe Longo y Maël Montévil, «Extended Criticality, Phase Spaces, and Enablement in Biology», *Chaos, Solitons and Fractals* 55 (2013): 64-79. Véase también Giuseppe Longo y Maël Montévil, *Perspectives on Organisms: Biological Time, Symmetries and Singularities* (Berlín: Springer-Verlag, 2014); Kauffman, *A World beyond Physics*.
53. Longo ct al., «No Entailing Laws», 1390.
54. Véase David D. Nolte, «The Tangled Tale of Phase Space», *Physics Today* 63 (2010): 33-38.
55. Longo et al., «No Entailing Laws», 1384.
56. Stephen Jay Gould y Elisabeth S. Vrba, «Exaptation-a Missing Term in the Science of Form», *Paleobiology* 8 (1982): 4-15.
57. Longo et al., «No Entailing Laws».
58. Stuart Kauffman, «Answering Schrödinger's Question,"What is Life?"», *Entropy* 22 (2020): 8, https://doi.org/10.3390/e22080815
59. Este punto plantea la cuestión filosófica de la emergencia. La idea de Kauffman de que la vida no tiene un espacio de fases preestable-

cido es un ejemplo de lo que el filósofo Paul Humphreys denomina «emergencia diacrónica» (emergencia a lo largo del tiempo). En la actualidad existe una amplia literatura técnica sobre la emergencia en la filosofía de la ciencia y la metafísica. Hemos optado por no abordar esta literatura aquí porque va más allá de nuestra crítica del punto ciego. Véase Paul Humphreys, *Emergence: A Philosophical Account* (Nueva York: Oxford University Press, 2016); Jessica M. Wilson, *Metaphysical Emergence* (Nueva York: Oxford University Press, 2021); Robert C. Bishop, Michael Silberstein y Mark Pexton, *Emergence in Context: A Treatise in Twenty-First Century Natural Philosophy* (Nueva York: Oxford University Press, 2022).

60. Stuart Kauffman, «Is There a Fourth Law for Non-Ergodic Systems That Do Work to Construct Their Expanding Phase Space?» (2022), https://doi.org/10.48550/arXiv.2205.09762

61. Francisco J. Varela, «Laying Down a Path in Walking», en *Gaia: A Way of Knowing: Political Implications of the New Biology*, ed. William Irwin Thompson. William Irwin Thompson (Hudson, NY: Lindisfarne Press, 1987), 48-64. Edición castellana: W. I. Thompson (Ed.), *Gaia. Implicaciones de la nueva biología*. G. Bateson, J. Lovelock, L. Margulis, H. Atlan, F. Varela, H. Henderson, H. Maturana y otros, trad. Darryl Clark (Barcelona: Editorial Kairós, 2009).

62. Véase Longo y Montévil, *Perspectives on Organisms*; Ana M. Soto, Giuseppe Longo, Paul-Antoine Miquel, Maël Montévil, Matteo Mossio, Nicole Perret, Arnaud Pocheville y Carlos Sonnenschein, «Toward a Theory of Organisms: Three Founding Principles in Search of Useful Integration», *Progress in Biophysics and Molecular Biology* 122 (2016): 77-82; D. M. Walsh, *Organisms, Agency, and Evolution* (Cambridge: Cambridge University Press, 2015).

63. Kauffman, *A World Beyond Physics*, 128.

Capítulo 7

1. Véase Francisco Varela, Evan Thompson y Eleanor Rosch, *The Embodied Mind: Cognitive Science and Human Experience*, ed. rev. (2017; repr., Cambridge, MA: MIT Press, 1991).
2. Varela y otros, *The Embodied Mind*. Véase también Evan Thompson, *Mind in Life: Biology, Phenomenology, and the Sciences of Mind* (Cambridge, MA: Harvard University Press, 2007); Ezequiel Di Paolo, Elena Clare Cuffari y Hanne De Jaegher, *Linguistic Bodies: The Continuity of Life and Language* (Cambridge, MA: MIT Press, 2018).
3. Véase John Vervaeke, Timothy Lillicrap y Blake A. Richards, «Relevance Realization and the Emerging Framework in Cognitive Science», *Journal of Logic and Computation* 22, n.º 1 (2012): 79-99.
4. Tomamos el término *realización de relevancia* de Vervaeke et al., «Relevance Realization».
5. Véase Brian Cantwell Smith, *The Promise of Artificial Intelligence: Reckoning and Judgment* (Cambridge, MA: MIT Press, 2019). Melanie Mitchell, *Inteligencia artificial: A Guide for Thinking Humans* (Nueva York: Farrar, Straus and Giroux, 2019). Erik J. Larson, *El mito de la inteligencia artificial: Why Computers Can't Think the Way We Do* (Cambridge, MA: Harvard University Press, 2021). Para una crítica clásica y aún muy relevante de la IA, véase Hubert Dreyfus, *What Computers Can't Do: A Critique of Artificial Reason* (Nueva York: Harper & Row, 1972), y *What Computers Still Can't Do: A Critique of Artificial Reason* (Cambridge, MA: MIT Press, 1992).
6. John Searle, *Minds, Brains and Science* (Cambridge, MA: Harvard University Press, 1986).
7. Véase Mitchell, *Artificial Intelligence*, y Larson, *The Myth of Artificial Intelligence*.

8. Véase Mitchell, *Artificial Intelligence*, 110-116.
9. Smith, *The Promise of Artificial Intelligence*.
10. Para una visión general, véase Murray Shanahan, «The Frame Problem», *Stanford Encyclopedia of Philosophy*, última revisión el 8 de febrero de 2016, https://plato.stanford.edu/archives/spr2016/entradas/frame-problem/
11. Daniel C. Dennett, «Cognitive Wheels: The Frame Problem of AI», en *Minds, Machines and Evolution: Philosophical Studies*, ed. Christopher Hookway (Cambridge: Cambridge University Press, 1984), 129-151.
12. Esto es cierto tanto para la versión técnica y estrictamente definida del problema del marco como para la versión más amplia conocida como problema del marco generalizado o problema del marco epistemológico. Véase Shanahan, «The Frame Problem». El problema del marco que hemos descrito es la versión generalizada.
13. Véase Mitchell, *Artificial Intelligence*, cap. 9.
14. David Silver, Julian Schrittwieser, Karen Simonyan, Ioannis Antonoglou, Aja Huang, Arthur Guez, Thomas Hubert y otros, «Mastering the Game of Go without Human Knowledge», *Nature* 550 (2017): 354-359; Michael Nielsen, «Is AlphaGo Really Such a Big Deal?», *Quanta Magazine*, 29 de marzo de 2016.
15. Silver et al., «Mastering the Game of Go».
16. Gary Marcus y Ernest Davis, *Rebooting AI: Building Artificial Intelligence We Can Trust* (Nueva York: Pantheon Books, 2019), 145-146. Véase también Larson, *The Myth of Artificial Intelligence*, 161-162.
17. Smith, *The Promise of Artificial Intelligence*, 77-78.
18. En contra de Nielsen, «Is AlphaGo Really Such a Big Deal?».
19. Mitchel, *Artificial Intelligence*, 166.
20. John Pavlus, «The Computer Scientist Training AI to Think with

Analogies» (entrevista con Melanie Mitchell), *Quanta Magazine*, 14 de julio de 2021, https://www.quantamagazine.org/melanie-mitchell-trains-ai-to-think-with-analogies-20210714/#

21. Véase Vervaeke et al., «Relevance Realization».
22. Mitchell, *Artificial Intelligence*, 166-167, 256. Para un ejemplo de los avances recientes en el aprendizaje abierto, véase «Open-Ended Learning Leads to Generally Capable Agents» de DeepMind, 27 de julio de 2021, https://www.deepmind.com/publications/open-ended-learning -leads-to-generally-capable-agents
23. Mitchell, *Artificial Intelligence*, 168-169. Véase también Gary Marcus, «Innateness, AlphaZero, and Artificial Intelligence» (2018), arXiv:1801.05667.
24. Mitchell, *Artificial Intelligence*,172.
25. Mitchell, 268.
26. Véase Mitchell, 270.
27. Smith, *The Promise of Artificial Intelligence*, 7-8.
28. Hubert Dreyfus, «Intelligence without Representation: Merleau-Ponty's Critique of Mental Representation», *Phenomenology and the Cognitive Sciences* 1, no. 4 (2002): 413-425.
29. Smith, *The Promise of Artificial Intelligence*, 24, 28, 38, 67.
30. Stephen Grossberg, «Adaptive Resonance Theory: How a Brain Learns to Consciously Attend, Learn, and Recognize a Changing World», *Neural Networks* 37 (2013): 1-47. Véase también Stephen Grossberg, *Conscious Mind, Resonant Brain: How Each Brain Makes a Mind* (Nueva York: Oxford University Press, 2021).
31. Smith, *The Promise of Artificial Intelligence*, xiv.
32. Smith, 35.
33. Véase Mitchell, *Artificial Intelligence*, 106-108, 195-196; Kate Crawford, *Atlas of AI: Power, Politics, and the Planetary Crisis of*

AI (New Haven: Yale University Press, 2021), cap. 4; Abeba Birhane, «The Impossibility of Automating Ambiguity», *Artificial Life* 27 (2021): 44-61.

34. Birhane, «The Impossibility of Automating Ambiguity», 44.
35. Mitchell, *Artificial Intelligence*, 106-107.
36. Smith, *The Promise of Artificial Intelligence,* 50.
37. Véase Melanie Mitchell y David C. Krakauer, «The Debate Over Understanding in AI's Large Language Models», *Proceedings of the National Academy of Sciences* 120, n.º 13 (2023): e2215907120.
38. Mitchell, *Artificial Intelligence,* 104-105.
39. Abeba Birhane, Pratyusha Kalluri, Dallas Card, William Agnew, Ravit Dotan y Michelle Bao, «The Values Encoded in Machine Learning Research», 21 de junio de 2022, arXiv:2016.15590 [cs.LG].
40. Crawford, *Atlas de la IA*, 135-136.
41. Crawford, 8.
42. Crawford, 15.
43. Crawford, 8.
44. Véase Varela et al., *The Embodied Mind*; Thompson, *Mind in Life*.
45. Di Paolo et al., *Linguistic Bodies*, 21.
46. Stephen Grossberg, «A Path toward Explainable AI and Autonomous Adaptive Intelligence: Deep Learning, Adaptive Resonance, and Models of Perception, Emotion, and Action», *Frontiers in Neurorobotics*, 25 de junio de 2020, doi.org/10.3389/fnbot.2020.00036
47. Crawford, *Atlas of AI*, 8.
48. Smith, *The Promise of Artificial Intelligence*, xix-xx.
49. Smith, xx.

Capítulo 8

1. Véase D. E. Harding, *On Having No Head: Zen and the Rediscovery of the Obvious* (Londres: Buddhist Society, 1961; Londres: Sholland Trust, 2014). Véase también Brentyn J. Ramm, «Pure Awareness Experience», *Inquiry* (2019), doi:10.1080/0020174X.2019.1592
2. Ludwig Wittgenstein, *Tractatus Logico-Philosophicus*, trad. D. F. Pears y B. F. McGuinness (Londres: Routledge Classics, 2001), 5.633, 69. Edición castellana: Ludwig Wittgenstein, *Tractatus Logico-Philosophicus*, trad. L. M. Valdés Villanueva (Madrid: Editorial Tecnos, 2017).
3. El término *espacio-consciente* procede de Harding, *On Having No Head*. Véase también Ramm, «Pure Awareness Experience».
4. Véase Maurice Merleau-Ponty, *Signs*, trad. Richard C. McCleary (Evanston, IL: Northwestern University Press, 1964), 166. Maurice Merleau-Ponty, *Signos*, trad. C. Martínez y G. Oliver (Barcelona: Seix Barral, 1964).
5. Harding, *On Having No Head*.
6. Véase Gilbert Harman, «The Intrinsic Quality of Experience», en *The Nature of Consciousness: Philosophical Debates*, ed. Ned Block, Owen Flanagan y Guven Güzeldere (Cambridge, MA: MIT Press, 1997), 663-676.
7. Véase Thomas Metzinger, *Being No One: The Self-Model Theory of Subjectivity* (Cambridge, MA: MIT Press, 2003), 163-179.
8. Véase Evan Thompson, *Mind in Life: Biology, Phenomenology and the Sciences of Mind* (Cambridge, MA: Harvard University Press, 2007), 282-287.
9. Véase Evan Thompson, *Waking, Dreaming, Being: Self and Consciousness in Neuroscience, Meditation, and Philosophy* (Nueva York: Columbia University Press, 2015), cap. 5.

10. El concepto de «conciencia testigo» procede de la filosofía india. Aquí lo utilizamos estrictamente en un sentido fenomenológico, sin comprometernos con la metafísica de fondo más amplia en la que ha figurado tradicionalmente, según la cual la única realidad última es la conciencia. Véase Bina Gupta, *The Disinterested Witness: A Fragment of Advaita Vedānta Phenomenology* (Evanston, IL: Northwestern University Press, 1998). Véase también Miri Albahari, «Witness-Consciousness: Its Definition, Appearance, and Reality», *Journal of Consciousness Studies* 16, n.º 1 (2009): 62-84.
11. Véase John D. Dunne, Evan Thompson y Jonathan Schooler, «Mindful Meta-Awareness: Sustained and Non-Propositional», *Current Opinion in Psychology* 28 (2019): 307-311. Véase también John D. Dunne, «Buddhist Styles of Mindfulness: A Heuristic Approach», en *Handbook of Mindfulness and Self-Regulation*, ed. Brian D. Ostafin, Michael D. Robinson y Brian Meier (Nueva York: Springer, 2015), 251-270.
12. El subtítulo de *On Having No Head*, de Harding, es *Zen and the Rediscovery of the Obvious*. Véase también Brentyn Ramm, «The Technology of Awakening: Experiments in Zen Phenomenology», *Religions* 12, n.º 3 (2021): 192, https://doi.org/10.3390 /rel12030192.
13. Para una introducción a la vida y el pensamiento de Dōgen, véase Hee-Jin Kim, *Eihei Dōgen: Mystical Realist* (Boston: Wisdom Publications, 2004).
14. Robert H. Sharf, «Epilogue: Mind in World, World in Mind», en Sharf , *What Can't Be Said: Paradox and Contradiction in East Asian Thought*, ed. Yasuo Deguchi, Jay L. Garfield, Graham Priest y Robert H. Sharf (Nueva York: Oxford University Press, 2021), 192.
15. Tomamos los términos *closure* y *trascendence* de Graham Priest, *Beyond the Limits of Thought* (Oxford: Oxford University Press, 2002).
16. Véase Edmund Husserl, *The Idea of Phenomenology*, trad. Lee Hardy

(Dordrecht: Kluwer Academic, 1999), 23, 33, 37. Edición castellana: Edmund Husserl, *La idea de la fenomenología,* trad. J. Adrián Escudero (Barcelona: Herder Editorial, 2012). Edmund Husserl, *Ideas: General Introduction to Pure Phenomenology*, trad. W. R. Boyce Gibson (Nueva York: Macmillan, 1931; Londres: Routledge, 2002), sec. 32. Las citas se refieren a la edición de 2002. Edición castellana: Edmund Husserl, *Ideas relativas a una fenomenología pura y una filosofía fenomenológica*, trad. J. Gaos (Madrid: Fondo de Cultura Económica, 1993).

17. El término *ejercicio espiritual* procede de Pierre Hadot, *Philosophy as a Way of Life*, trad. Michael Chase (Oxford: Blackwell, 1995).
18. Véase Michel Bitbol, «Is Consciousness Primary?», *NeuroQuantology* 6 (2008): 53-72.
19. Para más información sobre la concepción horizonal de la conciencia, véase J. J. Valberg, *Dream, Death, and the Self* (Princeton, NJ: Princeton University Press, 2007). El término *horizonte* en este contexto procede de Husserl. Véase Salius Geniusas, *The Origins of the Horizon in Husserl's Phenomenology* (Nueva York: Springer, 2012).
20. Véase Bitbol, «Is Consciousness Primary?».
21. Maurice Merleau-Ponty, *Phenomenology of Perception*, trad. D. Landes (Londres: Routledge Press, 2013), 84.
22. Tomamos el término *bucle extraño* de Douglas Hofstadter. Véase Douglas Hofstadter, *Gödel, Escher, Bach: An Eternal Golden Braid* (Nueva York: Basic Books, 1979), y Douglas Hofstadter, *I Am a Strange Loop* (Nueva York: Basic Books, 2007). Véase también Francisco J. Varela, «The Creative Circle: Sketches on the Natural History of Circularity», en *The Invented Reality*, ed. Paul Watzlavick (Nueva York: Nor). Paul Watzlavick (Nueva York: Norton, 1984), 309-323; y Sharf, «Epilogue: Mind in World, World in Mind».
23. Merleau-Ponty, *Phenomenology of Perception,* 454.

24. Véase Ezequiel Di Paolo, «The Enactive Conception of Life», en *The Oxford Hand- book of 4E Cognition*, ed., Alfred Newen, Leon De Bruin y Shaun Gallagher (Oxford: Oxford University Press, 71-94). Alfred Newen, Leon De Bruin y Shaun Gallagher (Oxford: Oxford University Press), 71-94.
25. Merleau-Ponty, *Phenomenology of Perception,* 456.
26. Véase David Suárez, «Nature and the Limits of Science and Phenomenology», *Journal of Transcendental Philosophy* 1, no 1 (2020): 109-133.
27. El filósofo David Chalmers acuñó el término «el problema difícil de la consciencia» en la década de 1990. Véase David J. Chalmers, *The Conscious Mind: In Search of a Funda- mental Theory* (Nueva York: Oxford University Press, 1996).
28. Thomas H. Huxley, *Lessons in Elementary Physiology* (Londres: Macmillan, 1866), 193.
29. John Tyndall, citado por William James, *The Principles of Psychology* (Cambridge, MA: Harvard University Press, 1981), 150. Véase también Marcelo Gleiser, *The Island of Knowledge: The Limits of Science and the Search for Meaning* (Nueva York: Basic Books, 2014), 266-267.
30. El término *brecha explicativa* procede del filósofo Joseph Levine. Véase Joseph Levine, «Materialism and Qualia: The Explanatory Gap», *Pacific Philosophical Quarterly* 64, no. 4 (1983): 354-361.
31. John Locke, *An Essay Concerning Human Understanding*, ed. Roger Woolhouse. Roger Woolhouse (Londres: Penguin, 1997), bk. 4, cap. 3, sec. 13, 484.
32. G. W. Leibniz, *Philosophical Essays*, ed. y trad. Roger Ariew y Daniel Garber (Indianápolis: Hackett, 1989), 215.
33. Véase Thomas Nagel, «What Is It Like to Be a Bat?», *Philosophical Review* 83 (1974): 435-450, y Chalmers, *Conscious Mind*.
34. Véase Bitbol, «Is Consciousness Primary?».

35. Para el dualismo naturalista, véase Chalmers, *Conscious Mind*, y David Chalmers, «Facing Up to the Hard Problem of Consciousness», *Journal of Consciousness Studies* 2, n.º 2 (1995): 200-219. Sobre el panpsiquismo y su relación con el dualismo naturalista, véase William Seager, «Consciousness, Information, and Panpsychism», *Journal of Consciousness Studies* 2, n.º 3 (1995): 272-288.
36. El término «ingrediente extra» procede de Chalmers. Véase Chalmers, «Facing Up to the Hard Problem of Consciousness».
37. Para una panorámica reciente, véase Anil K. Seth y Tim Bayne, «Theories of Consciousness», *Nature Reviews Neuroscience* (2022), https://doi.org/10.1038/s41583-022-00587-4
38. Véase Christof Koch, Marcello Massimini, Melanie Boly y Giulio Tononi, «Neural Correlates of Consciousness: Progresos y problemas», *Nature Reviews Neuroscience* 17 (2016): 307-321.
39. Koch y otros, 307-321.
40. Véase Francesca Siclari, Benjamin Baird, Lampros Perogamvros, Giulio Bernardi, Joshua J. LaRocque, Brady Riedner, Melanie Boly, Bradley R. Postle y Giulio Tononi, «The Neural Correlates of Dreaming», *Nature Neuroscience* 20 (2017): 872- 878. Véase también Jennifer M. Windt, Tore Nielsen y Evan Thompson, «Does Consciousness Disappear in Dreamless Sleep?», *Trends in Cognitive Sciences* 20 (2016): 871-882.
41. Véase Melanie Boly, Marcello Massimini, Naotsugu Tsuchiya, Bradley R. Postle, Christof Koch y Giulio Tononi, «Are the Neural Correlates of Consciousness in the Front or in the Back of the Cerebral Cortex? Clinical and Neuroimaging Evidence», *Journal of Neuroscience* 37 (2017): 9603-9613, y Brian Odegard, Robert T. Knight y Hakwan Lau, «Should a Few Null Findings Falsify Prefrontal Theories of Conscious Perception?», *Journal of Neuroscience* 37 (2017): 9593-9602.

42. Véase Ned Block, «What Is Wrong with the No-Report Paradigm and How to Fix It», *Trends in Cognitive Sciences* 23 (2019): 1003-1013.
43. Véase Evan Thompson, *Waking, Dreaming, Being: Self and Consciousness in Neuroscience, Meditation, and Philosophy* (Nueva York: Columbia University Press, 2015). Véase también Thomas Metzinger, *The Ego Tunnel: The Science of the Mind and the Myth of the Self* (Nueva York: Basic Books, 2010), y Anil Seth, *Being You: A New Science of Consciousness* (Nueva York: Dutton, 2021).
44. Seth, por ejemplo, hace esta afirmación en *Being You*, 30-31. Bitbol, «Is Consciousness Primary?».
45. Bitbol, «Is Consciousness Primary?».
46. Véase Evan Thompson, «Could All Life Be Sentient?», *Journal of Consciousness Studies* 29 (2022): 229-265.
47. Para restringir la conciencia a los animales con cerebro, véase Simona Ginsburg y Eva Jablonka, *The Evolution of the Sensitive Soul: Learning and the Origins of Consciousness* (Cambridge, MA: MIT Press, 2019); Peter Godfrey-Smith, *Metazoa: Animal Life and the Birth of the Mind* (Nueva York: Farrar, Straus y Giroux, 2020). Para un caso que toda la vida es sintiente, véase Arthur Reber, *The First Minds: Caterpillars, 'Karyotes, and Consciousness* (Nueva York: Oxford University Press, 2019). Para una discusión crítica de estas opciones, véase Thompson, «Could All Life Be Sentient?».
48. Véase Eric Schwitzgebel, «Is There Something It's Like to Be a Garden Snail?» (2020), http://www.faculty.ucr.edu/~eschwitz/SchwitzPapers/Snails-201223.pdf
49. Véase, por ejemplo, Seth, *Being You*, 31-33.
50. Véase Thompson, *Mind in Life*.
51. Véase Seth, *Being You*.
52. Véase Jakob Howy, *The Predictive Mind* (Nueva York: Oxford University Press, 2013).

53. Seth, *Being You*, 87-89, 111-112. Seth atribuye al psicólogo Chris Frith la frase «alucinación controlada». El neurocientífico Rodolfo Llínas expuso una idea similar al afirmar que la percepción es un estado onírico limitado por los sentidos. Véase Rodolfo Llínas, «Perception as an Oneiric State Modulated by the Senses», en *Large-Scale Neuronal Theories of the Brain*, ed. Christof Koch y Joel L. Frith. Christof Koch y Joel L. Davis (Cambridge, MA: MIT Press, 1994), 111-124. Véase también Aaron Sloman, «Experiencing Computation: A Tribute to Max Cloes», abril de 2014, https://www.cs.bham.ac.uk/research/projects/cogaff/sloman-clowestribute.html; y Aaron Sloman, «What the Brain's Mind Tells the Mind's Eye», 29 de noviembre de 2005, https://www.cs.bham.ac.uk/research/proyectos/cogaff/sloman-vis-affordances.pdf
54. Llínas, «Perception as an Oneiric State Modulated by the Senses».
55. Sobre los problemas de la teoría del procesamiento predictivo, véanse Kevin S. Walsh, David McGovern, Andy Clark y Redmond G. O'Connell, «Evaluating the Neurophysiological Evidence for Predictive Processing as a Model of Perception», *Annals of the New York Academy of Sciences* 1464, n.º 1 (2020): 242-268; Johan Kwisthout e Iris van Rooij, «Computational Resource Demands of a Predictive Bayesian Brain» *Computational Brain and Behavior* 3 (2020): 174-188; Madeleine Ransom, Sina Fazelpour, Jelena Markovic, James Kryklywy, Evan T. Thompson y Rebecca M. Todd, «Affect-Biased Attention and Predictive Processing», *Cognition* 203 (2020), https://doi.org/10.1016/j.cognition.2020.104370
56. Luiz Pessoa (@PessoaBrain), «No one calls the brain the Newtonian Brain», Twitter, 26 de marzo de 2022, 13:04, https://twitter.com/PessoaBrain/status/15077.65399391195138
57. La frase «the math is not the territory» procede de Mel Andrews, «The Math Is Not the Territory: Navigating the Free Energy Prin-

ciple», *Biology and Philosophy* 30 (2021), https://doi.org/10.1007/s10539-021-09807-0.

58. Véase Jakob Hohwy y Anil Seth, «Predictive Processing as a Systematic Basis for Identifying the Neural Correlates of Consciousness», *Philosophy and the Mind Sciences* (2020), https://doi.org/10.33735/phimisci.2020.II.64
59. El término «problema de generación» de la conciencia procede de William Seager, *Metaphysics of Consciousness* (Londres: Routledge Press, 1991).
60. Seth, *Being You*, 120; véase también 80; Anil K. Seth, «The Real Problem», *Aeon*, 2 de noviembre de 2016, https://aeon.co/essays/the-hard-problem-of-consciousness-is- a-distraction-from-the-real-one
61. J. J. Gibson, *The Ecological Approach to Visual Perception* (Hillsdale, NJ: Erlbaum, 1979). Véase también Anthony P. Chemero, *Radical Embodied Cognitive Science* (Cambridge, MA: MIT Press, 2009).
62. Véase Alva Noë, *Action in Perception* (Cambridge, MA: MIT Press, 2004); Ezequiel Di Paolo, Thomas Buhrmann y Xabier Barandiaran, *Sensorimotor Life: An Enactive Proposal* (Oxford: Oxford University Press, 2017).
63. Véase Alva Noë, «Review of Andy Clark, Surfing Uncertainty: Prediction, Action, and the Embodied Mind», Mind 127 (2018): 611-618.
64. Véase Jan Westerhoff, *The Non-Existence of the Real World* (Oxford: Oxford University Press, 2020), 66-68.
65. Tomamos esta analogía de Evan Thompson, *Why I Am Not a Buddhist* (New Haven: Yale University Press, 2020), 123.
66. Esta imagen procede de Jakob Hohwy, *The Predictive Mind* (Oxford: Oxford University Press, 2013), 15-16.
67. Véase Alva Noë, *Out of Our Heads: Why You Are Not Your Brain and Other Lessons from the Biology of Consciousness* (Nueva York: Hill and Wang, 2009); Evan Thompson y Diego Cosmelli, «¿Brain

in a Vat or Body in a World? Brainbound versus Enactive Views of Experience», *Philosophical Topics* 39 (2011): 163-180; y Thomas Fuchs, *Ecology of the Brain: The Phenomenology and Biology of the Embodied Mind* (Oxford: Oxford University Press, 2018).

68. Véase Giulio Tononi, «Integrated Information Theory», *Scholarpedia* 10, n.º 1 (2015): 4164, doi:10.4249/scholarpedia.4164
69. Giulio Tononi, «Consciousness as Integrated Information: A Provisional Manifesto», *Biological Bulletin* 215 (2008): 216-242.
70. Tononi, 216-242.
71. Giulio Tononi, Melanie Boly, Marcello Massimini y Christof Koch, «Integrated Information Theory: From Consciousness to Its Physical Substrate», *Nature Reviews Neuroscience* 17 (2016): 450-461.
72. Erik P. Hoel, Larissa Albantakis y Giulio Tononi, «Quantifying Causal Emergence Shows that Macro Can Beat Micro», *Proceedings of the National Academy of Sciences* 110 (2013): 19790-19795; Erik P. Hoel, Larissa Albantakis, William Marshall y Giulio Tononi, «Can the Macro Beat the Micro? Integrated Information Across Spatiotemporal Scales», *Neuroscience of Consciousness* 1 (2016): 1-13.
73. Miguel Aguilera y Ezequiel A. Di Paolo, «Integrated Information in the Thermodynamic Limit», *Neural Networks* 114 (2019): 136-146.
74. Véase Husserl, *Ideas*, sec. 73-74.
75. Véase Tim Bayne, «On the Axiomatic Foundations of the Integrated Information Theory of Consciousness», *Neuroscience of Consciousness* 4 (2018): 1-8.
76. Véase Jay Garfield, *The Fundamental Wisdom of the Middle Way: Nāgārjuna's Mūlamadhyamakakārikā* (Nueva York: Oxford University Press, 1995), 89-90, 220-224; Jan Westerhoff, *Nāgārjuna's Madhyamaka: A Philosophical Investigation* (Oxford: Oxford University Press, 2009), cap. 2.

77. Véase Thompson, *Waking, Dreaming, Being*, caps. 3 y 8. Véase también Thomas Metzinger, «Minimal Phenomenal Experience: Meditation, Tonic Alertness, and the Phenomenology of "Pure" Consciousness», *Philosophy and the Mind Sciences* 1 (2020), https://doi.org/10.33735/phimisci.2020.I.46
78. Véase Tim Bayne, «Unity of Consciousness», *Scholarpedia* 4, n.º 2 (2009): 7414, doi:10.4249/scholarpedia.7414.
79. Véase Bayne, «On the Axiomatic Foundations». Véase también Bjorn Merker, Kenneth Williford y David Rudrauf, «The Integrated Information Theory of Consciousness: A Case of Mistaken Identity», *Behavioral and Brain Sciences* 45 (2022): E41, doi:10.1017/S0140525X21000881
80. Para más críticas en esta línea, véase Merker et al., «The Integrated Information Theory of Consciousness».
81. Para tratar este punto en relación con la TII, véase Mike Beaton e Igor Aleksander, «World-Related Integrated Information: Enactivist and Phenomenal Perspectives», *International Journal of Machine Consciousness* 4 (2012): 439-455.
82. Véase Giulio Tononi y Christof Koch, «Consciousness: Here, There, and Everywhere?», *Philosophical Transactions of the Royal Society B* 370 (2015): 201460167, https://doi.org/10.1098/rstb.2014.0167; Hedda Hassel Mørch, «Is the Integrated Information Theory of Consciousness Compatible with Russellian Panpsychism?», *Erkenntnis* 84 (2018): 1065-1085. Para las críticas a la TII por considerar que conduce al panpsiquismo, véase Merker y otros, «The Integrated Information Theory of Consciousness».
83. Véase Marcelo Gleiser, *The Island of Knowledge: The Limits of Science and the Search for Meaning* (Nueva York: Basic Books, 2014).
84. Carl G. Hempel, «Comments on Goodman's Ways of Worldmaking», *Synthese* 45 (1980): 193-199. Véanse también Tim Crane y D. H.

Mellor, «There Is No Question of Physicalism», *Mind* 99 (1990): 185-206, y Noam Chomsky, *New Horizons in the Study of Language and Mind* (Cambridge: Cambridge University Press, 2000).

85. Henry Stapp, «Quantum Approaches to Consciousness», en *The Cambridge Handbook of Consciousness*, ed., Philip David Zelazo, Morris Moscovitch y Evan Thompson (Nueva York: Cambridge University Press, 2007), 881-907. Philip David Zelazo, Morris Moscovitch y Evan Thompson (Nueva York: Cambridge University Press, 2007), 881-907.
86. Galen Strawson, «Realistic Monism—Why Physicalism Entails Panpsychism», *Journal of Consciousness Studies* 13, n.º 10-11 (2006): 3-31.
87. Galen Strawson, «The Consciousness Deniers», *New York Review of Books*, 13
88. Las versiones de este argumento se remontan a Arthur Eddington y Bertrand Russell y pueden encontrarse en muchos autores panpsiquistas contemporáneos. Véase William E. Seager, «The "Intrinsic Nature" Argument for Panpsychism», *Journal of Consciousness Studies* 13, nos. 10-11 (2006): 129-145.
89. Véase Westerhoff, *Nāgārjuna's Madhyamaka*, cap. 2.
90. Para los argumentos inspirados en Madhyamaka en la filosofía analítica de que no puede haber propiedades intrínsecas, véase Westerhoff, *The Non-Existence of the Real World*, 195-213. Para la mecánica cuántica, véase Carlo Rovelli, *Helgoland: Making Sense of the Quantum Revolution* (Nueva York: Riverhead Books, 2021), 148-158.
91. Keith Frankish, «The Mental Life of Mountains», *New Humanist*, 22 de abril de 2022, https://newhumanist.org.uk/articles/5951/the-mental-life-of-mountains
92. El *locus classicus* del ilusionismo es Daniel C. Dennett, *Consciousness Explained* (Boston: Little Brown, 1991). Véase también Keith

Frankish, «Illusionism as a Theory of Consciousness», *Journal of Consciousness Studies* 23. n.º 11-12 (2016): 11-39.

93. Véase Strawson, «The Consciousness Deniers».
94. Merleau-Ponty, *Phenomenology of Perception*, 52.
95. Merleau-Ponty, 5.
96. Sin embargo, existe otro tipo de ilusionismo, que podemos denominar ilusionismo budista. Sostiene, basándose en ciertos linajes de la filosofía budista, que tanto la estructura sujeto-objeto de la conciencia ordinaria como la impresión de que la conciencia tiene una naturaleza intrínseca, son ilusiones experienciales y cognitivas. El ilusionismo budista no se basa en el fisicalismo y simpatizaría en parte con nuestra crítica del punto ciego. Considerar este tipo de ilusionismo nos llevaría más allá del alcance de este capítulo. Véase Jay Garfield, «Illusionism and Givenness», *Journal of Consciousness Studies* 21 (2016): 73-82. Para una respuesta crítica, véase Evan Thompson, «Sellarsian Buddhism: Comments Jay Garfield, Engaging Buddhism: Why It Matters to Philosophy», *Sophia* 57 (2018): 565-579.
97. Chalmers, *The Conscious Mind*.
98. Véase Piet Hut y Roger Shepard, «Turning the 'Hard Problem' Upside Down and Sideways», *Journal of Consciousness Studies* 3, n.º 4 (1996): 313-329; Francisco J. Varela, «Neurophenomenology: A Methodological Remedy for the Hard Problem», *Journal of Consciousness Studies* 3, no. 4 (1996): 330-349; Michel Bitbol, «Science as If Situation Mattered», *Phenomenology and the Cognitive Sciences* 1 (2002): 181-224.
99. Edmund Husserl, *On the Phenomenology of the Consciousness of Inner Time (1893- 1917)*, trad. John Barnett Brough (Dordrecht: Springer, 1991). Edición castellana: Edmund Husserl, *Lecciones de fenomenología de la conciencia interna del tiempo*, trad. A. Serrano de Haro (Madrid: Editorial Trotta, 2002). Alfred North Whitehead,

The Concept of Nature (Cambridge: Cambridge University Press, 1920; Ann Arbor: University of Michigan Press, 1957).

100. Kathleen A. Garrison, Dustin Scheinost, Patrick D. Worhunksy, Hani M. Elwafi, Thomas A. Thornhill IV, Evan Thompson, Clifford Saron, Gaëlle Desbordes, Hedy Kober, Michael Hampson, Jeremy R. Gray, R. Todd Constable, Xenophan Papademtris y Judson A. Brewer, «Real-Time fMRI Links Subjective Experience with Brain Activity during Focused Attention», *Neuroimage* 81 (2013): 110-118.

101. Hut y Shepard, «Turning the Hard Problem Upside Down and Sideways», 320- 321.

102. Dunne et al., «Mindful Meta-Awareness: Sustained and Non-Propositional»; Antoine Lutz y Evan Thompson, «Neurophenomenology: Integrating Subjective Experience and Brain Dynamics in the Neuroscience of Consciousness», *Journal of Consciousness Studies* 10 (2003): 31-52; Sina Fazelpour y Evan Thompson, «The Kantian Brain: Brain Dynamics from a Neurophenomenological Perspective», *Current Opinion in Neurobiology* 31 (2015): 223-229.

103. Véase Claire Petitmengin y Jean-Philippe Lachaux, «Microcognitive Science: Bridging Experiential and Neuronal Microdynamics», *Frontiers in Human Neuroscience* 27 (2013), https://doi.org/10.3389/fnhum.2013.00617

104. Véase Christopher Timmerman, Prisca R. Bauer, Olivia Grosseries, Audrey Vanhaudenhuyse, Franz Vollenweider, Steven Laureys, Tania Singer, *Mind and Life Europe (MLE) ENCECON Research Group*, Elena Antonova y Antoine Lutz, «A Neurophenomenological Approach to Non-Ordinary States of Consciousness: Hypnosis, Meditation, and Psychodelics», *Trends in Cognitive Sciences* 27, n.º 2 (2023): 139–159, https://doi.org/10.1016/j.tics.2022.11.006

105. Véase Thompson, *Waking, Dreaming, Being*.

Capítulo 9

1. Véase Carolyn Merchant, *The Death of Nature: Women, Ecology, and the Scientific Revolution* (Nueva York: HarperOne, 1980).
2. Vladimir Vernadsky, citado en A. V. Lapo, «Problemy biogeokhimii» [«Problemas de biogeoquímica»], *Trabajos del Laboratorio de Biogeoquímica* 16 (1980): 123, http://scihi.org/vladimir-vernadsky-biosphere/
3. Vladimir I. Vernadsky, *La biosfera*, trad. David B. Langmuir (Nueva York: Springer Science + Business Media, 1998), 44.
4. Vernadsky, 56.
5. Citado en Alexej M. Ghilarov, «Vernadsky's Biosphere Concept: An Historical Perspective», *Quarterly Review of Biology* 70 (1995): 197. 6. Ghilarov, 196.
6. Ghilarov, 196.
7. James Lovelock, *Homage to Gaia: The Life of an Independent Scientist* (Nueva York: Oxford University Press, 2000), 255.
8. Véase James Lovelock, *Gaia: A New Look at Life on Earth* (Nueva York: Oxford University Press, 1979), 49. «Sobre el papel de la cibernética en la teoría de Gaia», véase Bruce Clarke, *Gaian Systems: Lynn Margulis, Neocybernetics, and the End of the Anthropocene* (Minneapolis: University of Minnesota Press, 2020).
9. James E. Lovelock, «Gaia as Seen through the Atmosphere», *Atmospheric Environment* 6 (1972): 579-580. Véase también Lovelock, *Gaia*.
10. Véase Lynn Margulis, *Symbiosis in Cell Evolution: Microbial Communities in the Archean and Proterozoic Eras*, 2.ª ed. (Nueva York: Freeman, 1992); Lynn Margulis, *Symbiotic Planet: A New Look at Evolution* (Nueva York: Basic Books, 1998).
11. Robert J. Charlson, James E. Lovelock, Meinrat O. Andreae y Stephen

G. Warren, «Oceanic Phytoplankton, Atmospheric Sulphur, Cloud Albedo and Climate», *Nature* 326 (1987): 655-661.

12. Véase Lynn Margulis y Dorion Sagan, *What is Life?* (Nueva York: Simon and Schuster, 1995). Véase también Clarke, *Gaian Systems*.
13. Para más información, véase Evan Thompson, *Mind in Life: Biology, Phenomenology, and the Sciences of Mind* (Cambridge, MA: Harvard University Press, 2007), 119-122.
14. James W. Kirchner, «The Gaia Hypothesis: Fact, Theory, and Wishful Thinking», *Climatic Change* 52 (2002): 391-408.
15. Timothy M. Lenton, Stuart J. Daines, James G. Dyke, Arwen E. Nicholson, David M. Wilkinson, y Hywel T. P. Williams, «Selection for Gaia across Multiple Scales», en *Trends in Ecology and Evolution* 33 (2018): 633-645.
16. Will Steffen, Katherine Richardson, Johan Rockström, Hans Joachim Schellnhuber, Opha Pauline Dube, Sébastien Dutreuil, Timothy M. Lenton y Jan Lubchenco, «The Emergence and Evolution of Earth System Science», *Nature Reviews Earth and Environment* 1 (2020): 54.
17. Steffen y otros, 54.
18. Svante Arrhenius, *Words in the Making: The Evolution of the Universe*, trad. H. Born (Nueva York: Harper, 1908).
19. Roger Revelle y Hans E. Suess, «Carbon Dioxide Exchange between Atmosphere and Ocean and the Question of an Increase of Atmospheric CO_2 during the Past Decades», *Tellus* 9 (1957): 18-27.
20. Citado en Dale Jamieson, *Reason in a Dark Time: Why the Struggle against Climate Change Failed—and What It Means for Our Future* (Nueva York: Oxford University Press, 2014), 20.
21. Paul J. Crutzen y Eugene F. Stoermer, «The Anthopocene», *Global Change Newsletter* 41 (2000): 17-18.
22. Peter M. Vitousek, Harold A. Mooney, Jane Lubchenco y Jerry M.

Melillo, «Human Domination of Earth's Ecosystems», *Science* 277 (1997): 494-499; Steven W. Running, «A Measurable Planetary Boundary for the Biosphere», *Science* 377 (2012): 1458- 1459. Para el debate, véase Jamieson, *Reason in a Dark Time*, 178-179.

23. Vitousek et al., «Human Domination of Earth's Ecosystems», 494.
24. Clarke, *Gaian Systems*, 256.
25. Kathleen Dean Moore, *Great Tide Rising: Towards Clarity and Moral Courage in a Time of Planetary Change* (Berkeley, CA: Counterpoint, 2016), 132.
26. Véase Andreas Malm y Alf Hornborg, «The Geology of Mankind?» A Critique of the Anthropocene Narrative», *Anthropocene Review* 1 (2014): 62-69.
27. Kyle Whyte, «Indigenous Climate Change Studies: Indigenizing Futures, Decolonizing the Anthropocene», *English Language Notes* 55 (2017): 159.
28. Jamieson, *Reason in a Dark Time*.
29. Lukas Rieppel, Eugenia Lean y William Deringer, «Introduction: The Entangled Histories of Science and Capitalism», *Osiris* 33 (2018): 4.
30. Rieppel y otros, 2.
31. Rieppel et al., 2. Para estudios feministas, véase Donna Haraway, «Situated Knowledges: The Science Question in Feminism and the Privilege of Partial Perspective», *Feminist Studies* 14 (1988): 575-599; Sandra G. Harding, *Whose Science? Whose Knowledge? Thinking from Women's Lives* (Ithaca, NY: Cornell University Press, 1991); Evelyn Fox Keller, *Reflections on Gender and Science*, 10th ann. ed. (New Haven: Yale University Press, 1995).
32. Rieppel et al., «Introduction», 5.
33. Harold J. Cook, «Sciences and Economies in the Scientific Revolution: Concepts, Materials and Commensurable Fragments», *Osiris* 33 (2018): 43.

34. Cook, 43.
35. Véase Amitav Ghosh, *The Great Derangement: Climate Change and the Unthinkable* (Chicago: University of Chicago Press, 2016). Véase también Whyte, «Indigenous Climate Change Studies».
36. William Deringer, *Calculated Values: Finance, Politics, and the Quantitative Age* (Cambridge, MA: Harvard University Press, 2018), xi.
37. Deringer, 6.
38. Deringer, xi.
39. Deringer, xi.
40. Deringer, 6.
41. William Nordhaus, «Projections and Uncertainties about Climate Change in an Era of Minimal Climate Policies», *American Economic Journal: Economic Policy* 10 (2018): 333-360.
42. Jamieson, *Reason in a Dark Time,* 6, 142.
43. Jamieson, 6, 143.
44. Jamieson, 143.
45. Jamieson, 143.
46. Stefan Thurner, Rudolf Hanel y Peter Klimek, *Introduction to the Theory of Complex Systems* (Nueva York: Oxford University Press, 2018), 1.
47. Véase Stuart A. Kauffman, *Investigations* (Nueva York: Oxford University Press, 2000), y Stuart A. Kauffman, *A World Beyond Physics: The Emergence and Evolution of Life (Nueva York: Oxford* University Press, 2019).
48. Kauffman, *Investigations*.
49. Thurner et al., *Introduction to the Theory of Complex Systems*.
50. Alfred North Whitehead, *Process and Reality* (Nueva York: Free Press, 1978), 289.
51. David K. Campbell, «Fresh Breather», *Nature* 432 (2004): 455.

Índice